Vorrede.

Das gegenwärtige Werk hat seine Veranlassung in dem Schmerz, welchen dem Verfasser jene Form der Lebensauffassung und des Lebens erregt, die sich im fünften Abschnitt der Einleitung auf ihre Beziehungen zurückgebracht findet. Ein solcher Schmerz richtete sein Nachdenken auf das absolut Gesetzliche im Leben. Er forschte zunächst danach beim menschlichen Leben. Diese Forschung brachte ihn auf das Lebensgesetz, wie er es im ersten Buch ausgesprochen; zugleich auf drei absolut bestimmte Akte oder Momente des menschlichen, organischen Lebens; auf den Zusammenhang zwischen diesem und dem übrigen organischen Leben; auf gewisse absolute Beziehungen zwischen letzterem überhaupt und dem Leben in chemischer, elementarischer, primittiver Wirkungsform.

War das von ihm aufgefasste Gesetz des Lebens das wahre; musste dasselbe nicht nur das menschliche, es musste das Leben in jeglicher Erscheinung bestimmen, und somit sich kund geben wie im Leben des Menschen, im Leben der Natur.

Das Verlangen die aufgefasste Wahrheit zu erhärten, sie der Menschheit zu Nutze zu machen, trieb in Folge dieses Gedankens ihn zu Studien, bisher ihm fremd. Glückliche Umstände führten reiche Quellen, treffliche Lehrer ihm zu als Freunde; und freudig fand er sich erstaunt, mit Hülfe seiner Auffassungen, in den ihm fremden Gebieten, wo er anfänglich auch mit ihm unbekannter Terminologie, gleich als mit fremden Sprachen zu kämpfen hatte, wie durch eine Fackel erleuchtet, wie auf gebahnten Pfaden zu gehn; die Richtigkeit seiner Gedanken bestätigt zu finden durch die Auffassungen der herrlichsten Geister, eine und alle; seinen Auffassungen immer mehr Vollständigkeit und Bestimmtheit zu erwerben.

Jahrelang, seit 1834, hat er diese Forschungen in der Stille fortgesetzt. Er durfte damit nicht an's Licht treten ohne denselben eine gewisse Vollendung, innere und äussere Begründung erarbeitet zu haben.

Dahin meint er gekommen zu sein. Schüchtern doch vertrauensvoll übergiebt er der Oeffentlichkeit sein Werk. Enthält es Wahrheit, wird die Menschheit es aufnehmen, es berichtigen, ausbilden.

Allemal kann das Neue und Grossartige der Auffassung des irdischen Lebens als ein absolutes Ganzes, einem gesetzlichen bestimmten Zusammenhange nach, den Geist anfänglich stutzig machen; und kein berühmter Name tritt voran, ihn durch seine Autorität zu beruhigen.

Der Zustand der Naturwissenschaft macht zum ersten Mal eine solche Auffassung möglich. Sie schliesst sich einerseits an die Naturphilosophie, andererseits an die **Hegel**'sche Lehre.

Die philosophischen Doctrinen aller Zeiten ordnet sie vereint der christlichen Lehre unter. Dieser gesellt sie einen speculativen Erweis, eine physikalische Begründung.

Die Lehre von der absoluten Progression des menschlichen Lebens nicht nur, des gesammten irdischen Lebens, erhält durch sie eine bestimmte Basis.

Diese Auffassung entspricht den erweiterten Lebensbeziehungen der Menschheit. Sie löst das menschliche Leben von egoistischer, sinnlicher und bildlicher Beschränktheit. Sie knüpft den Menschen an die irdische Natur, mit dieser an das Weltleben, an die Gottheit.

Der Verfasser dieser Blätter hat angestanden, ob er das erste Buch den zwei folgenden als Einleitung vorausschicken sollte?

Die Lebensauffassung, welche die zween folgenden Bücher entwickeln, giebt im ersten Buche sich kund wie in Schlaglichtern, in Reflexen.

Allemal hat jene Auffassung angehoben von den Betrachtungen, welche das erste Buch enthält: so schien am Gerathensten, mit dem Beginn zu beginnen; den Leser auf den Standpunkt zu stellen, von welchem der Verfasser ausging. In Schlaglichtern und Reflexen bereite die Wahrheit ihre unmittelbare, volle

Auffassung vor; ihre Anwendung lege Zeugniss von ihrer Anwendbarkeit.

Alle philosophische Terminologie ist nach Möglichkeit vermieden. Zu lange schon ward das Licht der Wahrheit für die Menge unterm Scheffel ihr unverständlicher Ausdrücke gestellt.

Zu lange schon macht eine solche Terminologie ein Philosophiren möglich, das seine müssige Schwäche hinter unverständlichen Ausdrücken verbirgt.

Am Rhein', 1840.

1.

Ansichten vom Leben,

philosophische Einflüsse, welche die Lebensansicht seit Kant in Deutschland ihrer gegenwärtigen Form nach bestimmt.

Einleitung.

1.

Allgemeine Form der Lebensauffassung.

An der allgemeinen Form der Lebensauffassung, haben Jahrtausende so gut als Nichts verändert. Ihr ist die Zeit ein problematisches Phänomen: Erscheinungen, allgemein bestimmt der Zahl, dem Bilde nach, gewissen Veränderungen unterworfen, wodurch sie grösser, vielförmiger, stärker, schöner auftreten, dann verfallen, sich auflösen, verschwunden sind. Sie bringt dieses Phänomen in Zusammenhang mit einer schöpferischen Kraft, welche sie in abstracter, geheimnissvoller Persönlichkeit begreift.

Unter den Erscheinungen der Zeit ist stets, vorzugsweise bis zur Ausschliesslichkeit, die menschliche Erscheinung in Betracht gekommen. Alles übrige Leben entnahm Berücksichtigung und Bedeutsamkeit aus seiner Beziehung zum menschlichen Leben.

Durch äussere Gesetze hat, so weit von ihm die Kunde reicht, das Menschengeschlecht seine mittelbaren und unmittelbaren Lebensbeziehungen bestimmt. Die rein menschlichen, durch das Moralgesetz;

die allgemeinen gesellschaftlichen, durch allgemeine gesellschaftliche, bürgerliche Gesetze; die zufälligen gesellschaftlichen, sofern letztere darauf nicht Anwendung leiden, durch willkührliche Bestimmungen, Regeln der Klugheit.

Das griechische Alterthum machte die zeitlichen Zustände des Menschen abhängig von speciellen, wandellosen Verfügungen im Betreff jedes einzelnen Lebens, denen es eine Beziehung auf sie selber gab. Solche Fügungen betrafen jedoch ausschliesslich das Leben bevorrechteter menschlicher Individuen, der Könige und Helden. Wie seine Könige und Helden, dachte es seine persönlichen Gottheiten denselben unterworfen.

Der Islamismus nimmt eine gleiche Bestimmung an und bezieht sie auf alle männlichen Bekenner des Islams. Er knüpft jene Bestimmung an den Urheber des Lebens, welchen er in despotischer, doch weiser, wohlwollender Allgewalt begreift.

Vom Glauben an Mahomed, als den absoluten Interpreten jener Allgewalt und ihres Willens; von Beobachtung der Vorschriften des Korans, als dessen Interpretation, macht der Islamismus ausserdem eine Fortdauer des zeitlichen Lebens nach dessen Beendigung als ein solches in einem durchaus beglückten Zustande abhängig, dessen Glück er in sinnlicher und bildlicher Beschränktheit auffasst.

Religion der Menschheit umfasst das Christenthum alle Nationen, Stände, Geschlechter, Alter. Die Zustände des Menschen, dessen zeitliche, so wie die Zustände desselben nach dem Schluss seines Lebens als ein zeitliches, bezieht es auf den Urheber des Daseins und dessen Willen, dem es keinen unbedingt wandellosen, doch einen unbedingt vernünftigen Charakter ertheilt. In Bezug auf diesen Willen nimmt es, darin gleich dem Mohamedanismus, einen bestimmten

Interpreten an, eine bestimmte Interpretation. An Uebereinstimmung des Lebens mit derselben knüpft es, wie jener, die Verheissung eines glücklichen, doch seinem Glücke nach geheimnissvollen Zustand nach Beendigung des irdischen.

Ausserdem bezieht das Christenthum ein solches Glück auf ein mystisches Versöhnungswerk eben jenes Interpreten zwischen dem Urheber des Daseins und der Menschheit. Den Glauben des Menschen an diesen Akt macht es zur Bedingung seiner Theilhaftigkeit an demselben.

Gott, Gesetz, Glück, als unzertrennliche Begriffe zu nehmen: darin kommen alle Religionen überein. Unzertrennlich sind diese Begriffe in der menschlichen Auffassung.

Was vor dem griechischen Alterthum der Orient an Aufklärung über das Leben besessen haben mag — für den Occident blieb es verloren. Mit den verabsäumten, vergessenen orientalischen Sprachen lag es begraben in Schweigen. Die Kirche bewahrte den Schlüssel zu seiner Gruft. Nicht an sich besass sie, nicht durch die Umstände erhielt sie Veranlassung es an den Tag zu ziehen. Ihr Interesse heischte im Gegentheil, dass es in Vergessenheit ruhe. Andererseits warf die griechische Philosophie ihren Schatten auf das Licht, welches sie selber erleuchtet.

Wie im Allgemeinen heut, ist von jeher Alles in reiner oder in collectiver Einzelheit genommen worden: Gott, Kraft, Raum, Zeit, Geist, Materie, Bewegung waren und sind vereinzelte Begriffe. Theorie und Praxis stehen getrennt. Im Reiche ist die Natur zerstückt, und der Ausdruck Natur bezeichnet vorzugsweise das anorganische, das untergeordnete organische Leben. Die physikalischen Wissenschaften bilden ein Grenzgebiet zwischen Speculation und wirklicher Erfahrung. Nach einer räumlichen und zeitlichen, einzelnen oder collectiven einzelnen Auffassung, betrifft die Geschichte: Biographie, Provincial-Länder-Staaten-Welt-Geschichte, Geschichte einzelner Begebenheiten, als ein zerstücktes, agregatives, das Leben des Menschengeschlechtes.

2.
Kant.

Eine absolute gesetzliche Form, eine Idee der schöpferischen Kraft vom Leben, als Wille derselben in Bezug auf das Leben, lebendig in allem Lebenden, ahnete Kant.

„Zwei Dinge", sagt er, „sind, die mich mit immer neuer Bewunderung erfüllen, das Moralgesetz in mir, und der gestirnte Himmel über mir."

Wie wäre er zu der grossartigen Combination gekommen, welche in den obigen Worten enthalten ist, als durch die Ahnung, dass eben derselbe schöpferische Lebensgedanke und Lebenswille, welcher, als ein dem Menschen eingeborener, dessen Leben im Verhältniss zum übrigen Leben bestimmt, auch das planetarische Leben im Verhältniss zu dem übrigen planetarischen Leben bestimme.

Eine Ahnung blieb bei Kant jene Auffassung, das will sagen, eine allgemein bestimmte, undeutliche Vorstellung.

Dass sie solches blieb, Kant das Gesetzliche im Leben nicht absolut, deshalb nicht klar erfasste (Schuld des Erkenntnissvermögens seiner Zeit, nicht seines individuellen Erkenntnissvermögens; denn Alles ist progressiv und alles Einzelne Theil eines Ganzen, die Erkenntniss wächst von Moment zu Moment, von Jahrhundert zu Jahrhundert, und die Erkenntniss des Einzelnen in der Zeit bildet einen Theil der Erkenntniss derselben, sei's auch deren äusserste Spitze,) dass

Kant das Gesetzliche im Leben nicht absolut begriff, verdammte sein Wissen, Stückwerk zu bleiben.

Ihm entging das Band, welches Schöpfer und Schöpfung, welches die letztere in sich selber verknüpft; ihm entging der Gipfel der Wahrheit. Die ewige Natur der Seele zu verbürgen, blieb von der kantischen Philosophie der christlichen Dogmatik übergeben. Sie liess die absolute Progression des Lebens zweifelhaft. Sie machte die Begriffe von Raum und Zeit nicht vollkommen klar. Die kantischen Ideen a priori sind eine Vermengung in eigenthümlicher Form der angebornen Ideen des Plato mit dem Kanon der Erkenntniss des Aristoteles.

Das Wesen der Dinge erklärte Kant durch die absoluten Eigenschaften der Dinge. Er begriff demnach die menschliche Natur zufolge gewisser absoluter menschlicher Thätigkeiten. Da er das absolut Gesetzliche im Leben nicht vollständig begriff, unterschied er nicht unbedingt Kraft und Form des Lebens; nicht, dass jene Thätigkeiten des Menschen einer Kraft Aeusserung in verschieden bedingter und bestimmter Form sind; dass ihre Form allgemein bedingt werde durch die ihr zum Grunde liegende Kraft; speciell bestimmt durch ihre Beziehung; absolut bestimmt durch das Lebensgesetz; dass sie absolute, weil ihre Bestimmung und ihre Beziehungen absoluter Art; immer als dieselben auftreten. So sprach er die wesentlichen Formen der menschlichen Thätigkeit an, als wesentliche Kräfte des Menschen. Ihrer Analogie zufolge unterschied und ordnete er diese, als Kräfte aufgefasste Formen, unter bestimmte Kategorien. Inbegriff dieser Kategorien war ihm das menschliche Wesen. Und so erschien dieses letztere als ein mechanisches Agregat von Kräften; nicht, der Wahrheit gemäss, als ein durch sich selbst bedingtes und bestimmtes, aus sich selber heraus und in sich selber hinein lebendiges, organisches Ganze.

Dass Kants Philosophie den absoluten Zusammenhang der Dinge nicht erklärt, ist der einzige Vorwurf, welcher derselben zu machen. Wie ein neuer Tag brach sie an über die Lebenserscheinung. Nie zuvor ward das Einzelne mit gleichem Tiefsinn, und mit gleicher Schärfe durchschaut.

Kant danken wir die Unterscheidung eines Absoluten, Transcendentalen, eines Relativen, Materiellen bei der menschlichen Auffassung; der Bezüglichkeit jenes ersteren auf dieses letztere als ein wirklich Wahres, der Bezüglichkeit dieses Letzteren auf jenes erstere, als ein unbedingt Wahres; ihm die Unterscheidung eines auf das Wesen des auffassenden Individuums, auf das Wesen des aufzufassenden Gegenstandes Bezüglichen bei der Auffassung; die Unterscheidung von einem Subjectiven und Objectiven derselben. Ihm danken wir die Erklärung der Erscheinungen durch ihre absoluten Eigenthümlichkeiten und deren Beziehungen, jene analytisch-synthetisch-kritische Methode der Erkenntniss, welche die Form des Urtheils verändert hat, in allen Ländern wo sie Ausbreitung gewann; welche den Todesstoss dem Jesuitismus versetzt, der, statt des Wesens der Dinge, die Wirkungen der Dinge zum Criterium ihrer Beurtheilung erhob, (ein Criterium, welches ein andres in jeglicher andrer Beziehung, der Unterscheidung von Recht und Unrecht eine absolute Basis entzieht, scheinbar ihr eine solche ertheilend;) der seine kluge, mitunter wohlwollende, wohlthätige, stets gewissenlose Macht auf jenen Lehrsatz gestützt.

Wie Prometheus zuerst die starre Einheit der menschlichen Gestalt ihren Theilen nach gelöst, jeglichen Theil dargestellt in eigenthümlicher Bewegung und Beziehuug zu den andern, so ist von Kant hinsichts der geistigen Lebensform des Menschen geschehn.

Jegliche Philosophie, welche nicht nur mittelst des Einflusses, den sie auf die wissenschaftliche Forschung übt, welche unmittelbar eingreift in's Leben, gestaltet neu die Ansicht, im Zusammenhange damit die Verhältnisse des Lebens, die Poesie.

Mit der kantischen Philosophie steht der abstracte Schwung des Gefühls und der Bildlichkeit bei Schiller in wesentlichem Zusammenhange.

Der Ansicht des Lebens ertheilte jene Philosophie eine Richtung auf das Absolute, rein Gesetzliche, das Sittliche, das Ideale. Zufolge einer solchen Richtung ihres Lebens, zufolge ihrer Fähigkeit und Fertigkeit zu Thätigkeit unter den verschiedenen Formen des Lebens, welche Kant angesprochen als Lebenskräfte des Menschen, würdigten einander wechselseitig die menschlichen Individuen. Die zufällige Prärogative hatte die kantische Philosophie von der absoluten unterschieden; eine absolute Prärogative stellte sie neben der zufälligen auf: es entstand eine Art von moralischem und intellectuellem Aristokratismus.

Bestimmt giebt eine solche Wirkung jener Philosophie sich kund im Leben und in den Schriften der geistiger Lebendigen jener Tage auf solchen Punkten Deutschlands, wo selbe znnächst Ausbreitung gewann.

Die Auffassung Kant's vom absolut Gesetzlichen, als einem auf die schöpferische Kraft Bezüglichen, dem Leben Aeusserlichen, welches sich seiner absoluten Anwendung auf das menschliche Leben zufolge, als Moralgesetz offenbart; entsprach der Auffassung der Kirche und der bürgerlichen Obergewalt von ebendemselben. Insofern ward durch die kantische Philosophie an der allgemeinen Lebensauffassung und am Leben nichts verändert.

Anders verhielt sich dies hinsichtlich der kantischen Lehre, dass jegliche Erscheinung absolut durch sich selber zu begreifen sei, das Criterium ihrer Beurtheilung in sich selber enthalte.

Durch diese Lehre wurde das kritische Princip zu einem absoluten Princip erhoben; das Urtheil, welches sich auf diese oder jene Autorität bezogen, erhielt von nun an eine Beziehung auf sich selbst.

Relative Kritik zu üben erfordert eine relative Befugniss. Absolute Kritik zu üben, war jeder befugt, vom Moment an, da, wie durch Kant gesehen, das logisch kritische Vermögen, als ein wesentliches Vermögen der menschlichen Natur erwiesen worden. Die Anleitung zu Ausübung solcher Kritik fand sich theoretisch und praktisch in Kant's Kritik der Urtheilskraft, in seiner Kritik der reinen Vernunft, in seiner Metaphysik enthalten.

Sobald das kritische Princip als ein absolutes Princip aufgefasst war, unterlag demselben Alles, somit auch die Kirche und ihre Dogmen, somit auch die bürgerliche Obergewalt, ihre Verfügungen, ihre Gesetze.

Die Kirche betrachtet sich als absolute Interpretin des göttlichen Wesens und Willens; ihre Dogmen als deren Interpretation. Sie ertheilt sich eine unmittelbare Beziehung auf die Gottheit, identificirt sich mit dieser, als deren irdische Repräsentantin, identificirt ihren Willen mit deren Willen, als Religion.

Die bürgerliche Obergewalt ertheilt sich eine gleiche Beziehung, als die Kirche; ihren Gesetzen eine Beziehung auf sich selbst: so nimmt auch sie einen absoluten Character an.

Darin besteht das Princip der Legitimität.

Die Kritik unterschied in Bezug auf die Kirche und die kirchlichen Dogmen, auf die bürgerliche Obergewalt und deren Satzungen ein Zwiefaches: ein Absolutes, Rationelles; ein Mystisch-Traditionelles. Das erstere hat zur Gewähr die Vernunft; das letztere den Glauben, welcher über die Vernunft, diese doch auch zur Gewähr hat.

Indem aber Kirche und bürgerliche Obergewalt der absoluten Beziehung nach, welche sie sich ertheilen, sich über die Vernunft, gleich mit dem Glauben stellen; entheben sie sich aller Kritik, ausser ihrer eignen; diese aber hat keine Gewähr ausser sich selbst: ein Circulus vitiosus schliesst sie ab wie ein Zauberkreis.

Das vernünftige kritische Princip als höchstes Princip constituirend, trat die kantische Philosophie im Widerspruch mit der Autorität der Kirche und der bürgerlichen Obergewalt im Moment, als diese abwichen von der Vernunft. Ihr Einfluss in dieser Hinsicht schliesst sich dem Einflusse an, welchen durch den Esprit des lois Montesquieu, durch den Contract social Rousseau, Voltaire durch seine penetrante Persiflage gewisser mystisch-traditioneller kirchlicher Dogmen, oder vielmehr ihrer rein sinnlichen Auffassung geübt; denn das Rationelle auch in diesen, das rein rationelle kirchliche Dogma hat kein menschlicher Verstand je anzugreifen gewagt; kein Religionskrieg hat sich darüber entsponnen, es ist vom Blute, wie vom Irrthume rein.

3.
Herder und Condorcet.

Kant hatte den Erscheinungen eine Beziehung auf sie selber ertheilt; Condorcet lehrte eine progressive Entwickelung der Menschheit; und seine Lehre erhielt eine historische Grundlage an Herder's Ideen zur Geschichte der Menschheit.

Herder, welcher ein so eifriger Gegner der kantischen Philosophie war, ertheilte die erste bedeutsame Anwendung der kantischen Lehre vom Absoluten, das heisst von der Beziehung der Erscheinungen auf sie selber und deren Erkenntniss durch den absoluten logischen Begriff.

„Sie werden Dich fünfzig Jahre lang ausschreiben“, sagte Göthe zu Herder in Bezug auf dessen Ideen zur Geschichte der Menschheit. Ausgeschrieben konnte dieses Werk, dem Wesen des Verdienstlichen und Neuem bei demselben zufolge, nicht werden. Der historischen Forschung war Herder vorangeschritten auf einer Bahn, welche Kant ihr gebrochen; und selbstständig hat jene seitdem diese Bahn verfolgt.

Unter den Historikern Deutschlands entstand wie ein Schisma. Je nachdem abstracte logische, oder materielle sinnliche und bildliche Auffassung ihnen eigenthümlicher, richteten sie ihr Angenmerk mehr auf das rein Absolute, den wesentlichen Zusammenhang, oder den äussern Zusammenhang der Dinge.

Johannes von Müller und Heeren treten als Repräsentanten dieser letztern, Spittler und K. L. von Woltmann als Repräsentanten jener ersteren Richtung auf.

Als eigentliches pragmatisches Prinzip aber fasste die Lehre von einer progressiven Entwickelung des Menschengeschlechtes Fuss in der historischen Wissenschaft. Immer bedeutsamere Geschichtswerke bezogen sich auf sie, Guizot's Geschichte der europäischen Civilisation ragt unter denselben hervor.

Vollständige historische Begründung erlangte jene Lehre dadurch nicht. Die historische Basis, welche sie in Anspruch nahm, war zu umfassend, als dass sie alsbald eine solche hätte gewinnen können. Mehr und mehr erweiterte sich jene Basis.

Durch Entdeckung immer neuer, für eine allgemeine progressive Entwickelung des Lebens zeugender Phänomene; wurde der Beweis für eine solche bald auch von der Naturwissenschaft, geführt.

Allemal blieb sie, und noch immer bleibt sie bestritten, wie auch für sie das Leben zeugen mag.

4.

Fichte.

Den cartesianischen Lehrsatz: cogito ergo sum, die kantische Lehre vom absoluten Begriff verbindend in eigenthümlicher Form, stellte die fichtische Lehre vom sich selbst setzenden Ich das menschliche Wesen dar, als bezüglich auf seine eigene logische Thätigkeit. Das Wie eines solchen selbstschöpferischen Lebensaktes *blieb* Fichte, dem damaligen Standpunkt der Naturwissenschaft zufolge, grösstentheils schuldig. Sofern seine Lehre zu erweisen war, ertheilte er ihr eine speculative Begründung, imponirend durch logische Bündigkeit, einen freiherzigen herausfordernden Ton.

An sich war jener Lehrsatz zu wahr — was die Ahnung weiss, bevor der Verstand es begreift — zu verwegen ausgedrückt, um, aufgefasst, aus der Reihe der Vorstellungen zu verschwinden. An der festgegliederten logischen Kette der Deduction, woran sein Urheber *ihn* geknüpft, schwebte er gesichert, doch im Blauen. Und so erhielt er sich unter den Auffassungen der Zeit, nicht angenommen, nicht verworfen, am allerwenigsten vollkommen begriffen, ohne wesentlichen Einfluss auf sie zu üben.

Jene logische Bündigkeit und männliche Schlagfertigkeit, welche den Character der fichteschen Philosophie bezeichnen, waren mit poetischer Bildlichkeit, vager Unendlichkeit der Empfindung wenig vereinbar; der directe Einfluss jener Philosophie auf das Leben betraf die kantische Lehre vom Absoluten.

In freiester Anwendung eines kühnen Geistes, mit der Begeisterung eines edlen Gemüthes für die Wahrheit, mit scharfer logischer Bündigkeit, in einer derben, runden Sprache wurde jene Lehre von **Fichte** verbreitet, umfassend, und tief eingewurzelt in das Leben.

5.

Die Naturphilosophie.

Kant hatte dem absoluten Begriff der Erscheinungen eine Beziehung auf diese ertheilt; **Fichte** dem menschlichen Wesen eine Beziehung auf seinen absoluten Begriff. **Kant** hatte das menschliche Wesen durch die menschliche Thätigkeit erklärt; die Naturphilosophie begriff das Wesen des Schöpfers zufolge seiner schöpferischen Thätigkeit, der Natur: sie begriff das Wesen der Natur durch deren eigenes Leben.

Bei der Auffassung von Lebensformen als Lebenskräfte blieb es; auch bei der alten Bedeutung, worin der Ausdruck Natur genommen ward, zur Bezeichnung des anorganischen, des untergeordneten organischen Lebens.

Das Wesen des Menschen liess sich zufolge der absoluten Formen der menschlichen Thätigkeit mit einiger Vollkommenheit begreifen: Psychologie und Physiologie hatten zu einem solchen Begriff die nöthigen Vorarbeiten geliefert.

Das Naturleben war keinesweges gleich vollständig erfasst. Das Verhältniss zwischen Kraft und Form, die absoluten Beziehungen zwischen den anorganischen und organischen Formen der irdischen Lebensthätigkeit waren nicht unterschieden.

Die Naturphilosophie konnte nur in Bezug auf dergleichen mangelhafte Daten speculiren: ein analogisch combinatives Verfahren, welches nicht zu vollkommener Erkenntniss verhelfen kann, während es, seinem absoluten Wesen als ein speculatives zufolge, mit dem Wahne täuscht, als habe es dazu verholfen;

welches Dämmerung verbreitet, kein Licht; und so nur bestimmterem Irrthum, als gänzliches Dunkel unterwirft.

Der Allgemeinheit ihrer Beziehungen nach war die magnetische Form der irdischen Lebensthätigkeit zu jener Zeit in Betracht gekommen. Sie ward wegen jener Allgemeinheit als Grundform des irdischen Lebens, der Auffassung der Lebensformen als Lebenskräfte nach als dessen Grundkraft betrachtet.

Auch diese Form der irdischen Lebenswirksamkeit war keineswegs vollständig begriffen.

Ihre Identität mit der elektrischen Thätigkeit, ihre Verschiedenheit von dieser, ihre Manifestation als Elektromagnetismus, Galvanismus, Thermoelektromagnetismus waren kaum oder gar nicht unterschieden und auf ihre Beziehungen zurück geführt. Unter der Benennung Polarität wurde die Manifestation des magnetischen Lebens in einzelner impulsiver Wirkungsform, in wechselseitiger Beziehung unter solcher begriffen; diese Auffassung galt als absolute Auffassung desselben. Humphry Davy wandte den glänzendsten Scharfsinn auf, durch sie die Erscheinung des Elektromagnetismus zu erklären, und gestand mit noch ausgezeichneterer Wahrheitsliebe das Unzulängliche dieser Erklärung.

Jener Auffassung nach stellt die magnetische Thätigkeit sich wesentlich als dieselbe dar; Kraft und Richtung nur bilden den Unterschied. Die schwächere Thätigkeit wird durch die stärkere bestimmt: gleich gewaltig, heben beide Wirksamkeiten einander auf, fixiren einander wechselseitig auf einem Punkt, welcher als Centralpunkt zugleich und als Indifferenzpunkt erscheint.

In solcher Form der Wirksamkeit nun ward die magnetische Thätigkeit als Grundform des Lebens begriffen. Die Grundform des Lebens aber wurde ganz richtig aufgefasst als dessen gesetzliche, als diejenige Form, unter welcher dasselbe in unmittelbarer Beziehung zur schöpferischen Kraft steht; der zufolge also das Wesen der schöpferischen Kraft begriffen werden kann.

So erschien das Leben wesentlich als ein Kampf gleicher, nur der Kraft und Richtung nach entgegengesetzter Thätigkeiten, welcher dauert oder sich in Indifferentismus löst, nach geheimnissvoller Willkühr der Kraft, von welcher das Vermögen zu solcher Bewegung emanirt. Das Warum dieser Emanation, das Warum einer solchen Beschaffenheit des Lebens war Geheimniss jener Kraft.

Das Wesen derselben erschien, der Grundform des Lebens entsprechend, quantitativ gewaltig, indifferent erhaben; der Art, wie Göthe den Begriff der Gottheit im Prologe zum Faust personificirt hat.

Demnach ward nun die Gottheit, entsprechend der dogmatischen Vorstellung von derselben, nicht in zeitlicher, nicht in körperlicher, wohl aber in räumlicher, transcendentaler Persönlichkeit begriffen.

An der Auffassung Newtons vom Gesetze der Bewegung als ein quantitatives, ein Gesetz der Schwere, fand diese Auffassung eine wissenschaftliche Stütze. Da aber bei absoluter, expansiver und contrahiver, auf sich selbst bezüglicher Bewegung ein Punkt erscheiut, wo der quantitative Gehalt gleich bedingt nach beiden Richtungen hin auftritt; dieser Punkt sich unbedingt als Mittelpunkt und Emanationspunkt der Bewegung in einer und der anderen Richtung darstellt: wurde, dem analog, jener räumlichen, imponderabeln Gottheit ihr Sitz im Mittelpunkt des Naturlebens angewiesen; dieser Punkt angesehen als Punkt vom Ausgange des Lebens aus dem Indifferentismus, von Rückkehr desselben in den Indifferentismus.

Die primitiven Formen des Naturlebens nahmen

zugleich, ihrer Auffassung nach als Naturkräfte, etwas Absolutes, ihrer imponderabeln Manifestation zufolge, etwas räumlich Persönliches an. So stellten selbe ihrer Beziehung nach zur schöpferischen Kraft und zum übrigen Leben, insonderheit zum Leben des Menschen, sich als eine phantastische Mittelgewalt zwischen der Gottheit und letzterem dar.

Eine analogisch combinative, sprunghafte Form der Speculation hatte plötzlich die ungeheuerste Veränderung in der Lebensauffassung bewirkt.

Alle Attributionen der Gottheit, wie sie bisher gegolten, alle absolute Gesetzlichkeit in derjenigen Form, wie sie bisher auf die Gottheit bezogen worden, erschienen als etwas Veraltetes, Irrthümliches.

Das Gesetz des Lebens hiess Polarität; es lag in der Natur des Lebens. Alles in diesem war göttlich, nichts wesentlich böse oder gut, wahr oder falsch, recht oder unrecht; solches waren nur correspondirende, durch die Natur des Lebens bedingte Gegensätze. Wie das Leben seyn mochte: es war so göttlicher, so gewaltiger es war. Das Faustrecht kehrte wieder, in geistiger Gestalt; und, wie zur Zeit des Faustrechts, blieb kein Gesetz in Ansehn, als das Gesetz der Klugheit; weil dieses sich nicht an die Gottheit knüpft; weil die Vergehn dawider sich durch sich selber rächen.

Mächtig aber und durchgängig griff die Naturphilosophie ein in das Leben.

Ein unbestimmter grossartiger Zusammenhang war aufgefasst; keineswegs analytisch-kritisch, welches eine kräftige und geübte Geistesthätigkeit voraussetzt, einen solchen zu begreifen; analogisch-combinativ, in der anfänglichsten leichtesten Form rein abstracter Thätigkeit. Das Umfassende, das Geheimnissvolle jenes Zusammenhanges, die göttliche Beziehung einerseits, andererseits die persönliche Beziehung lockten allgemein zu Beschäftigung mit demselben; und allgemein verstattete die Methode seiner Auffassung eine solche Beschäftigung.

Eine theosophische Mystik richtete sich auf die Beziehungen zwischen dem Menschen und der Gottheit; eine physikalische Mystik betraf die Beziehungen zwischen dem Menschen und der Natur. Alle diese Beziehungen wurden einzeln, combinativ begriffen, oft in der sprunghaftesten Manier. Das mystisch-traditionelle Dogma der Kirche erlangte plötzlich wieder das seit Kant eingebüsste Uebergewicht über das rationelle, moralische Dogma. Dem Aberglauben waren Thür und Thor geöffnet. In Beziehung zu den geheimnissvollen Kräften der Natur nahmen die trivialsten Erscheinungen eine unbestimmte, phantastische Bedeutsamkeit an. Die Trivialität säumte nicht, sich anzuthun mit diesem Nimbus: Ahnungen, Visionen, magnetische Zustände gaben sich allseitsher kund.

Die Poesie bemächtigte sich der ihr entsprechenden Elemente. Sie bürgerten die Romantik ein in Verhältnisse, deren Nüchternheit und Beschränktheit ihrem Charakter der Grossartigkeit und des Reichthums entgegengesetzt waren; einen neuen frappanten Zug verlieh dieser Contrast ihrem Bilde.

Einem solchen Moment des Einflusses der Naturphilosophie auf die Poesie gehören ein Theil der Dichtungen Göthe's, Tieck's, gehören die Dichtungen des Novalis, Wackenroder's, auch Hoffmann's phantastische Gebilde.

Wie das Einzelne, das bildlich Combinative in der philosophischen Auffassung herrschend war, wurde es herrschend in der Poesie; wie das Gesetzliche in Nichtachtung gerathen war, gerieth es darin bei letzterer.

Der Charakter des Romantischen ist bildlich und combinativ. Es entsteht durch colossale, schroff aneinandergestellte Gegensätze, welche einander wechselseitig durch Widersprüche heben.

Das Classische ist das Gesetzliche, Ideale. Vollendung, Harmonie in Einheit, absoluter Zusammenhang, welcher alle Contraste versöhnt, bilden seinen Charakter.

Die abstracte, rein gesetzliche Grossartigkeit des Classischen trat nüchtern auf im Verhältniss zur zufälligen, bildlichen Fülle uud Grossartigkeit der Romantik.

Das Quantitative, Ungestüm, Gewalt, Starrheit, Schwerfälligkeit, stellte sich als das wesentlich Bedeutsame dar.

Dem Menschen aber ist ein Bewusstsein vom absolut Gesetzlichen mit der Kraft eingeboren, die in ihm als seine Lebenskraft wirkt. Als Gewissen giebt jenes Bewusstsein sich kund in Bezug auf sein eigenes Leben; in Bezug auf die äussere Lebenserscheinung als Sinn des Rechten, des Schönen, u. s. w. Die Auffassung der Naturphilosophie vom Gesetz des Lebens als Polarität, einem mechanischen Gesetz, wie ein solches Wippe und Waage regiert, that jenem menschlichen Bewusstsein nicht genug.

Kant hatte das Gesetz des Lebens in allgemeiner Beziehung auf das menschliche Leben angesprochen als Moralgesetz; das Moralgesetz auf die Gottheit bezogen. Indem Fichte das menschliche Wesen auf dieses an sich bezog; bezog er dasselbe auf dessen gesetzliche Bestimmung seiner selbst.

Die kantische Auffassung war durch das Grandiose der naturphilosophischen verdrängt. Indem die naturphilosophische Auffassung vom Lebensgesetz dem menschlichen Bewusstsein eines solchen, dem damit zusammenhängenden Bedürfniss des Menschen eines solchen in Bezug auf sein Leben und auf das Leben überhaupt nicht genug that: kehrte man sich zu der fichteschen Auffassung; mit dieser kam die kantische Lehre vom Absoluten überein: im Ich forschte man nach einem absoluten Gesetz in Bezug auf das Ich. —

Vortrefflich; hätte man danach beim absoluten idealen Ich geforscht.' — Allein man forschte danach beim relativen realen Ich mit allen seinen Auswüchsen und Mängeln.

Da kam zu einseitiger Beachtung und Würdigung des Quantitativen, der blinden Gewalt, eine gleiche Beachtung und Würdigung des rein Persönlichen, ein absoluter Egoismus.

Als wichtig, nicht nur für das Individuum, als wichtig an sich nahmen sich nun die trivialsten Interessen; machten sie sich geltend, vorgetragen, durchgesetzt mit rein quantitativer Gewalt, mit Dreustigkeit, Frechheit, Ungestüm, mit Schwerfälligkeit oder Starrheit.

Jegliche Queerheit, Albernheit, Verschrobenheit, Halbheit, die zahllose Missgestalt des Egoismus, führte als originell ihre Rechtfertigung, als derb und dreust ihre Apotheose mit sich.

In der Poesie entstand ein Behagen an zügelloser, sinnlich-phantastischer, oder rein quantitativer brutaler Leidenschaft und Gewalt; auch an solcher verbrecherischen Leidenschaft und Gewalt. Der Begriff, das rein Gesetzliche, Absolute traten mehr nnd mehr zurück. Die Poesie selbst verlor sich mehr und mehr in's Einzelne, in's Reale; verliess ihr ideales, ihr wesentliches Gebiet als Kunst; und statt des Schönen, des Edlen wurde ihr Vorwurf das Baare, das Wirkliche.

Bildlich und analogisch-combinativ war die speculative Methode. Diese leichte Methode machte die speculative Thätigkeit allgemein. Als Philosophie galt nun ein Durcheinander, nicht nur verwegener, unverschämter Combinationen der heterogensteu Dinge; ein Raisonnement, welches Alles betastete und sich das Ansehn gab, Alles begriffen zu haben.

Das Bildliche wurde auch herrschend in der Wissenschaft. Da das Absolute sich absolut verkörpert, galt die Körperlichkeit an sich für das Absolute; für eine absolute deren relative sinnliche und bildliche Auffassung.

Ein Irrthum, welcher die Naturwissenschaft zurückgehalten hätte in ihrem Fortschreiten, ohne die gleichzeitige Vervollkommnung der optischeu Werkzeuge, wodurch das Auge wie vergeistiget, der Bereich des Sehvermögens ausgedehnt ward bis an seine äussersten Grenzen; nicht hinaus über diese: das Absolute, die Bewegung an sich, das Imponderable, sind nur durch die Logik zu begreifen. Auf einem Punkt hat es ein Ende mit allen mikrometrischen Messungen und Beobachtungen: das Leben hat daselbst noch keineswegs sein Ziel.

Unterdessen fasste die Naturwissenschaft die primitiven, die elementarischen, die chemischen Formen des Lebens immer vollständiger an sich und ihren Beziehungen nach auf. So kam das Phantastische, Haltlose der naturphilosophischen Speculationen an den Tag.

Davon durchdrungen machte ein Theil der Naturphilosophen das Mystische im Wesen der Gottheit zur Brücke, worauf sie von dem lecken Wrack ihrer Doctrinen sich an den sichern Bord der Kirche, unter die Flagge des mystisch traditionellen Dogmas retteten.

Das Leben aber blieb der Ansicht nach zerstückt: ohne wesentlichen Halt flatterte die eine Hälfte in den Lüften; ohne wesentliche Würde kroch die andre im Staub.

Von jeher wurden in Deutschland die Lebensansicht und das Leben durch theologische und philosophische Lehrsätze bestimmt; da in Frankreich und in England politische Lehren beide vorzugsweise gestalten: Deutschland hatte bisher nur eine geistige, diese Länder besitzen schon längst auch eine materielle Einheit.

Inwiefern daselbst ähnliche Modalitäten der Lebensauffassung, als die kaum verfolgten, einerlei Bezüglichkeiten mit diesen haben; oder welche besondere Beziehungen ihnen zuständig sind — erforderte zu specielle Untersuchungen, als dass hier darauf eingegangen werden könnte.

6.
Hegel.

Zween Aesten hervorgewachsen aus dem Stamme der kantischen Philosophie sind die Philosophie Fichte's und die Naturphilosophie vergleichbar. Die letztere beruht auf einer grandiosen Anwenduug der kantischen Lehre vom Absoluten. Diese Anwendung, das Fördersame, Geniale dabei rührt her von Schelling.

Beide Doctrinen, die fichtische und die Naturphilosophie, haben den menschlichen Geist weiter geführt, welcher immer, auf seinen unteren Stufen jedoch, tastend und taumelnd vorwärts geht.

Beide Doctrinen finden sich wieder in der Hegelschen Lehre; Hegel aber brach sich eigenthümlich Bahn.

Er fasste die schöpferische Kraft auf als Lebenskraft: so gab er der Lebensauffassung jene, von der Naturphilosophie beabsichtigte, absolute Einheit. Er fasste auch ein specielles Absolutes im Leben auf, den reinen Begriff; hierin im Allgemeinen übereinstimmend mit Kant. Er lehrte ein Progressives des Begriffs; und, dass sich die Gottheit im Menschen begreife.

Absolute Bestimmtheit, somit Klarheit ertheilte Hegel seiner Lehre nicht. Lehre von der schöpferischen Wirksamkeit als Lebenswirksamkeit, Lehre von einem absolut Intellectuellen dieser Wirksamkeit, ist sie, in Bezug auf ersteres, sich selbst nicht vollkommen deutlich; reichst an Tiefsinn, gleiches Scharfsinnes ermangelnd. Sie macht das Wesen des absoluten Begriffes nicht vollkommen deutlich, wesentlich nicht klarer, als Kant dasselbe gemacht; daher auch nicht vollständig klar das Verhältniss zwischen Gottheit und Leben, den gesetzlichen Zusammenhang des Lebens.

Es heisst, Hegel habe gesagt: „von allen seinen Schülern hätte ihn nur einer begriffen; dieser eine nicht recht.“ Die Aeusserung hat innere Wahrscheinlichkeit. Allgemeinbestimmte Auffassungen modificiren sich anders in der Auffassung jedes Andern; wie Hegel selbst seine Lehre begriff, konnte nur er sie begreifen. Ein Schüler Hegel's, welcher dessen Lehre absolut begriffen hätte; hätte ihr absolute Bestimmtheit und damit Vollendung ertheilt. Ihr fehlt nur Eines: den absoluten Begriff auszusprechen; dieser aber kann kein andrer sein, als der Lebensgedanke, Lebensbegriff der Gottheit. Anders modificirt er sich in jedem Lebendigen, in jedem ein absoluter, doch ein absolut relativer.

Indem Hegel nicht bestimmt das Wesen der schöpferischen Lebenswirksamkeit und der absoluten Wirksamkeit des Schöpfers unterschied, konnte er seine Lehre auch nie genügend vom Vorwurfe des Pantheismus reinigen.

Die Natur der Logik, das Wesen der menschlichen Natur hat er nicht klarer, als die kantische Auffassung beide zurückliess, gemacht.

Nach ihm soll der Mensch die Gottheit begreifen; der Mensch, ein absolut bedingtes und bestimmtes, somit beschränktes, endliches, ein rein absolutes, ewiges Wesen! — Nach ihm soll die Gottheit sich im Menschen begreifen; dieser Begriff kann der Natur des Menschen zufolge nur ein relativer sein, und die Gottheit ist ein

Absolutes. Nach Hegel soll der Mensch das absolute Nichts begreifen: er, ein absolutes Etwas! —

Die Hegel'sche Philosophie enthält die höchste Wahrheit als eine allgemeinbestimmte, unvollständige.

Im Vergleich znr kantischen Philosophie liegt in derselben ein Vorschritt und ein Rückschritt. Der Vorschritt betrifft das Allgemeine, das Ganze; der Rückschrittt das Absolute, das Ganze als ein Allgemeines und Specielles.

Das unbedingt Wahre zugleich und das Undeutliche, Mangelhafte dieser Philosophie wurden empfunden. So wenig als Fichte den selbstschöpferischen Lebensakt des Menschen vollkommen deutlich gemacht, das Verhältniss des Menschen zu sich selbst in dieser Beziehung: machte Hegel den Akt klar, wodurch der Schöpfer seine schöpferische Wirksamkeit als Lebenswirksamkeit constituirt.

Die Brücke vom rein Absoluten, Transcendentalen des Begriffes in's absolut Reale des Lebens liess er sowohl als jener unerbaut. Indem er aber die schöpferische Kraft als Lebenskraft begriff und auf die Bedeutsamkeit des absoluten Begriffes die Aufmerksamkeit richtete, führte Hegel auf den Weg der Wahrheit und bereitete die Vollendung seiner Lehre vor.

7.

Herbart.

Gleichzeitig mit Hegel, wie im Gegensatze zu ihm, fasste Herbart das Absolutbestimmte der Lebenserscheinung auf; rein scharfsinnig, daher unvollständig.

Das selbstbestimmte Vernünftige des Lebens, dessen göttliche Beziehung, Einheit und Wechsel des Lebens unter allen seinen Formen übergeht die Herbartsche Philosophie. Starr, einzeln treten die Eigenschaften andern Eigenschaften, gleich als Zeichen und Zahlen entgegen; modificiren sich im Einzelnen, wie mathematische Figuren.

Das Blut- und Seelenlose, das Nüchterne, Karge der Herbartschen Methode war zu frappant, zu wenig anziehend, als dass sie sich allgemein Freunde gewinnen konnte.

Die Auffassung des Lebens in absoluter Einheit, welche diese Methode der Auffassung bedingt, das Grossartige einer solchen Auffassungsweise, der eigenthümliche Scharfsinn sicherten ihr wissenschaftliches Ansehen.

8.

Spaltungen in der Lebensauffassung.

Die bisher verfolgten Einflüsse bewirkten eine Spaltung in der Lebensansicht, demnach im Leben, welche sich nicht auf Deutschland beschränkt, welche die gesammte Menschheit trennt, sofern diese geistiger Interessen fähig ist.

Den Beziehungen der Menschheit zu Gott, den wechselseitigen Beziehungen derselben zufolge nimmt diese Spaltung einen religiösen oder politischen Charakter an. In drei Fractionen trennt sie die Menschheit, welche Theil daran hat.

Eine der gedachten Fractionen behält die Lebensansicht bei, deren wir am Eingang dieser Blätter Meldung gethan; den Bestimmungen nach, welche das Christenthum ihr beigefügt.

Diese Fraction betrachtet den momentanen Zustand des Lebens als dessen absoluten Zustand. Sie bezieht das Leben auf die Gottheit, und nimmt dasselbe an, als gleichvollendet der Erscheinung, wie dem göttlichen Gedanken nach. So betrachtet sie dasselbe als vorhanden im Raum; unter Raum aber versteht sie eine absolute allgemeine Begrenzung. Zufälligen, auf dasselbe bezüglichen Veränderungen hält sie das Leben unterworfen und begreift deren Summe als die Zeit.

Ein absolut Gesetzliches in Bezug auf das Leben begreift sie. Dieses ist ihr jedoch kein dem Leben Innehaftendes, nicht das Band, welches Schöpfer und Schöpfung verknüpft: sie bezieht dasselbe zwar auf die Gottheit; allein wie diese scheint es ihr etwas dem Leben unbedingt Aeusserliches: sie nimmt im Betreff desselben eine specielle göttliche Offenbarung an.

Als Repräsentanten dieser Offenbarung betrachtet sie die Kirche und die bürgerliche Obergewalt. Jene als Repräsentantin desselben, sofern es das Leben in Beziehung zur Gottheit, diese als dessen Repräsentantin, sofern es das Leben der Menschen seinen wechselseitigen Beziehungen nach betrifft.

Dieser Auffassung gemäss will sie an den Bestimmungen der Kirche und der bürgerlichen Obergewalt, an der Form, welche diese dem Leben ertheilt, und worin sie selber auftreten, durchaus nichts verändert wissen. Das mystisch traditionelle Dogma soll nicht seiner rationellen, absoluten Bedeutsamkeit nach, rein soll es der sinnlichen und bildlichen Auffassung nach begriffen werden, wie frühere Jahrhunderte es begriffen und ausgedrückt haben. Daher ihre allgemeine Benennung, die conservative. Der Ausdruck, die stationäre, würde sie eigentlicher bezeichnen. Als kirchliche Parthei nennt sie sich dann wieder mit einer uneigentlichen allgemeinen Bezeichnung die orthodoxe; besser bezeichnet durch ihre speziellen Benennungen, die supranaturalistische, als protestantische; die ultramontanistische, als katholisch-kirchliche Parthei.

In jeder Beziehung ist sie im Widerstreit mit der Natur. Das Leben hat absolut gesetzliche Formen; diesen zufolge bleibt es unveränderlich dasselbe. Solche allgemeine Formen sind seine Wirksamkeit: als gesetzlich bestimmte Kraft, in expansiver und contrahiver Bewegungsform, unter den drei allgemein bestimmten, den zwei absolut bestimmten Formen der Verkörperung; solche specielle Formen sind seine primitiven, seine elementarischen, alle seine absolut bestimmten Formen. Unter diesen Formen aber geht es, seinem absoluten Wesen als Kraft und seiner absolut gesetzlichen Bestimmung zufolge, fort und fort wechselseitige Beziehungen ein; stellt vermöge solcher sich fort und fort in veränderter Erscheinung, vervielfältigt der Form, gesteigert der Kraft nach dar. So setzt es sich in einzelner, so in bestimmter allgemeiner, so in absoluter allgemeiner Progression fort: in absoluter Allgemeinheit auf sich selbst in bestimmter Allgemeinheit, dieser zufolge auf sich selbst im Einzelnen bezüglich; durchaus bezüglich auf seine absolute Wirkungsform als gesetzlich bestimmte Kraft, als Seele.

Hat nun das Leben im Einzelnen eine veränderte, vervielfältigte Form angenommen, kann es derjenigen bestimmten Allgemeinheit nach, welcher zufolge es sich auf ein solches Einzelnes bezieht, nicht unverändert bleiben; kann es auch in der einen und der anderen Beziehung seiner gesetzlichen Bestimmung nach nicht unverändert bleiben, ebensowenig seinen sonstigen Beziehungen oder Formen nach: die Beziehung bestimmt die Form.

Hat ein Theil des Einzelnen, worauf das Leben in bestimmter Allgemeinheit beruht, seine Form, nicht entsprechend dem andern Theil, verändert: thun, in Gemässheit der absoluten gesetzlichen Bestimmung des Lebens, beide Theile sich zu verschiedenen bestimmten Allgemeinheiten zusammen. Will derjenige Theil, welcher die alte Form unverändert beibehielt, denjenigen, der sie veränderte, zwingen, mit ihm eine und dieselbe Allgemeinheit, den vorigen gesetzlichen Formen und Bestimmungen nach, zu bilden: entsteht nothwendig Kampf. Bei einem solchen Kampf aber siegt unbedingt diejenige Parthei, welche die Form ihres Lebens veränderte; denn selbe verändernd vervielfältigte sie selbe; selbe vervielfältigend steigerte sie ihre Lebenskraft, so wie sie den Bereich ihrer Lebenswirksamkeit erweiterte, indem sie ihre Lebensbeziehungen vervielfältigte.

Solches ist die absolute Geschichte der Revolutionen, wird deren nothwendige Catastrophe durch die specielle Form eines solchen Kampfes auch so lange vertagt, dass sie sich in neue Kämpfe und Catastrophen gleicher Art hinüberspinnt. Bei der Unterjochung cultivirter Völker durch barbarische Nationen siegten entweder rein quantitative Gewalt, oder das gesetzliche, sittliche Princip; diese bedingten und bestimmten die Form der überwundenen Nationalität als eine erneute, unter ihren vorigen Formen.

Nicht von Neuerungen heben die Revolutionen an: vom unvernünftigen Beharren beim Alten. Sie wären unbedingt zu vermeiden: hielten die Bestimmer oder Regierer des Lebens in gewisser Allgemeinheit, kirchliche und bürgerliche Obergewalt, mit einsichtsvollem Willen die Hand an dem Puls der Zeit; veränderten sie, der Veränderung des Einzelnen entsprechend, die Form des Allgemeinen; stellten das Neue, der Form nach vervielfältigte, an die Spitze der Dinge; und bildeten eine absolute Norm mit gleicher Berücksichtigung des Alten und des Neuen.

Eine Dogmatik, Philosophie, Rechtsform, Politik und Diplomatie, welche vor Jahrhunderten vernünftig waren, sind dieses nach Jahrhunderten nicht mehr. Die Zeit ist im Leben enthalten, nicht das Leben in der Zeit.

Die Modalitäten, welche das Leben in bestimmter Allgemeinheit empfängt, werden, einem rein conservativen Princip zufolge, immer zu karg bemessen; desswegen verzögern sie nur den revolutionären Krampf. Krampf sagen wir, denn Krampf ist ein Kampf des Lebens wider ihn selber gerichtet. Die revolutionäre Catastrophe verhindern sie nicht. Sie ist in den Sternen geschrieben: Bewegung und Stellung der Gestirne nämlich bestimmt dasselbe wandellose Gesetz des Lebens, wodurch auch sie bestimmt wird.

Die zweite der Fractionen, worin eine allgemeine veränderte Form der Lebensauffassung die geistiger lebendige Menschheit trennt, kommt darin mit der ersten überein, dass sie den momentanen Zustand des Lebens als dessen absoluten Zustand betrachtet. Die zeitlichen Lebensveränderungen hält sie einer rein quantitativen Bestimmung unterworfen; indifferent hinsichtlich aller übrigen Gesetzlichkeit.

Dem Einzelnen, Partikularistischen der Auffassung des Lebens beider Partheien gemäss sind beide egoistisch.

Der Egoismus der ersteren hat jedoch absolute gesetzliche Schranken; es ist bei demselben eine Vergessenheit des rein Persönlichen, eine bornirte Begeisterung und Hingebung denkbar. Der Egoismus der zweiten Parthei hat nur allgemeine gesetzliche Schranken, jene, welche Kraft oder Ohnmacht ihm ertheilen; das heisst, soviel als keine.

Und somit führt diese Parthei in der That ihren Namen der radicalen.

Beide Partheien verbinden sich leicht, dem Entsprechenden ihrer Lebensauffassung gemäss; und indem die radicale Parthei, gleichgültig gegen das Gesetzliche, welches für die conservative eine gewisse Bedeutsamkeit behält, darüber mit dieser nicht in Streit gerathen kann.

Die dritte der in Frage stehenden Fractionen bekennt sich zur Vernunft; dass heisst zu einer absolut gesetzlichen Form des Lebens und zu einer gesetzlichen Progression desselben.

Dieses ist der Sinn des Ausdruckes Vernunft, welchen die hegelsche Philosophie, deren Stärke Definitionen überhaupt nicht sind, unvollkommen definirt; der in seiner Allgemeinbestimmtheit der Wolke gleicht, welche sowohl als Kameel, wie als Göttin erscheint. Und so ist auch die Vernunft dem Einen etwas Thierisches, etwas Göttliches dem Andern.

Auch die fragliche Parthei hat versäumt, den Begriff des Ausdruckes Vernunft festzustellen; diese Versäumniss macht sie schwach.

Sie hat keinen absoluten Beziehungspunkt; sie kann ihr Streben nicht auf ein bestimmtes Princip zurückführen; sie kann nicht positiv auftreten; nicht constructiv in Bezug auf ein solches.

Als kirchliche rationalistische Fraction, wird der Mangel an absoluter Begründung ihr mit Recht von ihren conservativen supranaturalistischen und ultramontanistischen Gegnern zum Vorwurf gemacht; welche eine solche an den mystisch-traditionellen Dogmen der Kirche besitzen; wird ihr zum Vorwurf gemacht, dass sie nur zerstörend, nicht schaffend verfährt. Allerdings; Strauss hat mit trefflicher kritischer Kühnheit, wenn auch keineswegs neuen und scharfen kritischen Auffassungen zufolge, und in dieser Hinsicht gar nicht vergleichbar seinem grossen Vorgänger Lessing, ein altes, regelloses, durch die Zeit geheiligtes Gebäude als morsch in seinen Grundvesten erwiesen, und so es erschüttert. Die rationale Strohhütte aber, die er auf dessen Trümmern erbauet, kann dem menschlichen eingeborenen Bewusstsein des absolut Gesetzlichen, Göttlichen im Leben so wenig Genüge thun, wie ein mechanisches Gesetz demselben als Lebensgesetz Genüge thut. Mögen die Evangelien sich noch so invalid als historische Urkunden erweisen: einzige Urkunde einer Wahrheit, welche als eine unwandelbare göttliche jenes Bewusstsein vollkommen befriedigt, welche als eine solche vom Verstande erkannt werden muss; enthalten sie in sich selbst eine Bedeutsamkeit, wodurch sie unerschütterlich feststehn ihrer Wichtigkeit nach für die Menschheit, wie in der menschlichen Verehrung. Ausserdem aber — was hat der Rationalismus von Strauss mit dem Rationalismus Schleiermachers, was haben beide gemein mit dem Hermesianismus, dem Rationalismus der deutschen katholischen Kirche? —

Wegen Mangel an absoluter Klarheit in Bezug auf ihr Princip scheint die fragliche Parthei, ihrer politischen Beziehung nach, der zufolge sie als Doctrinäre, als Parthei des juste milieux auftritt, eines Princips zu ermangeln. Mag sie noch so redlich handeln, noch so kräftig: vom egoistischen Standpunkt der zwei andern Partheien betrachtet, erscheint sie unredlich, erscheint sie schwach; denn bald mit dieser, bald mit jener von beiden, sucht sie ein absolut Gesetzliches durch beide zu vermitteln, hält es mit beiden, die Vernunft weiss von keiner Parthei, überlässt aber so die Initiative beiden, und gilt beiden dafür, Alles zu ihrem Vortheil zu verkehren, oder, sich hinreissen zu lassen von Allem.

Nur so lange kann dies dauern, bis der Begriff Vernunft allgemein klar erkannt und seiner absoluten Bedeutsamkeit nach von ihr als Princip vindicirt worden ist.

Dann ist die Herrschaft der Dinge ihr gesichert; denn jede Kraft wird bestimmt durch eine überlegene Kraft; alle Kraft aber durch jenes Gesetz, welches sie zur vernünftigen macht. Möge die Kraft noch so gewaltig sein, welche sich durch eine egoistische, partikularistische Bestimmung regiert; sie muss der absoluten Kraft und ihrer Bestimmung unterliegen; ja sie muss als eine vernünftige sich ihr unterwerfen.

9.

Göthe.

Die Poesie verbildlicht abstracte Auffassungen und macht sie dergestalt zugänglich einem Theile der Menschheit, dem sie in rein abstracter Form nicht fasslich sein würden.

Unter den Einflüssen, welche seit Kant die Lebensansicht ihren gegenwärtigen Formen nach bestimmt haben, sind einige poetische nicht zu übergehen, der Einfluss Göthe's und Lord Byron's.

Beide waren subjectiv. Zu ihrer Erklärung ist, wie Lessing hinsichts desselben überhaupt meint, der gerade Weg der kürzeste nicht; wir schlagen einen andern ein, der unbedingter zum Ziele führt, und erklären jene subjectiven Einflüsse mittelst der Persönlichkeiten, welche sie geübt.

Ungemein war bei Göthe die Lebenskraft; Lebenskraft aber und Form des Lebens standen bei ihm in einem so harmonischem Wechselverhältnisse, dass in dieser Hinsicht sein Wesen als ein ideales angesprochen werden muss.

Ausserdem aber war bei ihm das Leben keineswegs allen Formen nach wirksam, unter welchen Thätigkeit demselben, als einem menschlichen Leben, zustand.

Die Auffassung hat mehrere Formen. Sie betrifft als Affinität speciell die Bewegung, deren Richtung und Kraft. Als Instinct bezieht sie sich auf die Akte der Ernährung, der Reproduction. Als Sinnenthätigkeit begreift sie die körperliche Lebenserscheinung. Als logische Thätigkeit bezieht sie sich absolut auf die Bewegung. Jeden Akt der Auffassung schliesst der Moment des Urtheils. Dieser betrifft die Lebensthätigkeit an sich oder ihrer Beziehung nach zu sich selber als ein ihr Aeusseres; er betrifft sie ihrer Beziehung nach zu der ihr rein äusserlichen Erscheinung; er betrifft sie in der einen und der andern Hinsicht im Verhältnisse zu ihrer gesetzlichen Bestimmung. Entspricht das Leben in einer und der andern letzterer: erklärt das Urtheil es für recht, schön, gut; entspricht es derselben in der einen oder andern Hinsicht nicht: erklärt das Urtheil es für schlecht, unrecht, böse.

Die Form des Urtheils kommt demnach mit der Form der Auffassung überein; diese aber vervielfältigt sich mit den Momenten der Lebensthätigkeit. Nach Maassgabe ihrer Vervielfältigung wird das Leben mannigfacheren Beziehungen, einem erweiterten Bereiche zufolge aufgefasst, betrifft das Urtheil die gesetzliche Bestimmung des Lebens in mehr und mehr allgemeiner Anwendung, bis es sie endlich in Anwendung auf die gesammte irdische Lebenserscheinung, so, wie in absoluter Beziehung auch in absoluter Form, in reiner Gesetzesform betrifft.

Die affinitive, die instinctartige Erkenntniss betreffen nur ein specielles Leben. Durch sinnliche Auffassung wird das Leben schon absolut begriffen; noch nicht vollständig: allein seiner körperlichen Erscheinung nach. Die Bewegung wird durch die Sinne nur erfasst, sofern sie sich in solcher Erscheinung manifestirt; dasselbe gilt hinsichts der gesetzlichen Bestimmung des Lebens und dessen reiner Wirksamkeit als Lebenskraft. In beiden Beziehungen ist die sinnliche Auffassung symbolisch und problematisch. Die körperliche Beschaffenheit der Dinge ist eine andre hinsichts jegliches Gegenstandes; jeglicher hat in Bezug darauf nur ihm eigenthümliche gesetzliche Bestimmungen und Beziehungen. Sie wechselt mit jedem Momente: sonach sind auch diese Bestimmungen und Beziehungen momentan, wechselvoll. Die sinnliche Auffassung hängt mit der körperlichen allgemeinen Beschaffenheit des

Lebens zusammen, zu dessen Akten oder Momenten sie gehört; sie hat Bezug auf dessen momentanen körperlichen Zustand; sie hat Bezug auf den allgemeinen und speciellen Zustand der äussern körperlichen Erscheinung; auf bestimmte unmittelbare Beziehungen zwischen jenem Leben und dieser; auf das allgemeine und specielle gesetzliche Verhalten zwischen beiden: sie ist demnach, wie die affinitive oder instinctartige Auffassung, relativ, subjectiv, egoistisch. Die bildliche Auffassung, ein absoluter organischer Reflex der sinnlichen in transcendentaler Verkörperung, theilt, derselben wesentlich gleich, deren wesentliche Eigenschaften. Mit beiden Formen der Auffassung ist kein absolutes, nur ein relatives, subjectives, egoistisches Urtheil verknüpft. Durch beide wird das Lebensgesetz nicht seinen sämmtlichen Beziehungen nach, somit nicht rein an sich, in absolut gesetzlicher Form, nur symbolisch und problematisch erfasst.

Die logische Auffassung betrifft die Bewegung an sich ihrer rein gesetzlichen Bestimmung nach. Sie hat eine dreifache Form: analogisch-combinativ erscheint sie hinsichts der Dinge in einzelner Beziehung; objectiv, hinsichts der Dinge in bestimmter Allgemeinheit der Beziehungen; absolut hinsichts derselben in durchgängiger Allgemeinheit letzterer.

Da die Bewegung auf die Kraft, die Verkörperung Bezug hat auf die Bewegung; diese sämmtlich in Beziehung stehn zu ihrer gesetzlichen Bestimmung: kann durch logische Auffassung und verhältnissmässig ihrer Bezüglichkeiten als eine analogisch-combinative, eine objective oder absolute, das Leben vollständig begriffen werden, im Einzelnen, in bestimmter, in absoluter Allgemeinheit. Demnach betrifft das logische Urtheil auch das Lebensgesetz und das Leben in absoluter Beziehung einer dreifachen Progression zufolge. Als ein analogisch-combinatives betrifft es jenes aber nur in einzelner Beziehung und Form, der Modalität nach, welche diese ihm ertheilen; es betrifft dasselbe in absoluter Beziehung und Form in Anwendung auf die Lebenskraft. Einer solchen Beziehung nach stellt dasselbe sich dar als ein Gesetz, welches unbedingt das Schwächere der Bestimmung durch ein Stärkeres unterwirft, ein Recht des Stärkeren.

Da das Urtheil den Moment der Auffassung beschliesst, dieser Moment einen bestimmten Lebensakt: tritt das Urtheil im Verhältniss zu einem solchen, als ein absolutes auf. So lange das Leben nicht in vervielfältigter Form, in umfassenderer Beziehung wirksam ist, wird auch das relative, subjective, egoistische Urtheil von demselben als ein rein absolutes genommen. Erst wenn dasselbe sich ausgelebt zu umfassenderer Erkenntniss, begreift es seiner früheren Urtheile Mangelhaftigkeit.

Alles hier im Allgemeinen Bemerkte leidet Anwendung auf Göthe.

Ueber affinitive, instinctartige, sinnliche Auffassung, über logische Auffassung in einzelner Beziehung und Form ging es im Allgemeinen mit Göthe nicht hinaus; ausgenommen in den Formen als Tact, Ahnung. Somit wohnte in Bezug auf das rein Gesetzliche im Leben ihm nur eine specielle, eine allgemeinbestimmte, daher eine undeutliche Auffassung bei; sofern er dasselbe absolut begriff, begriff er es als ein Gesetz, welches unbedingt das Schwächere dem Stärkeren untergiebt.

Der Kraft seines Wesens nach war seine Erkenntniss stark; innig und lebendig war sie zufolge der Harmonie zwischen Kraft und Form in seinem Wesen.

Solchergestalt bestimmte sie sein Leben als Trieb, Wille, That, nnd ertheilte demselben jenes Bestimmte, in sich Beruhende, Grossartige, welches seine Erscheinung bezeichnet.

Eine vollkommene war sie nur in beschränkter Beziehung; von ihm aber wurde sie, wie von der Menge, sofern diese nicht über deren Form hinaus thätig war, als eine absolute begriffen; als eine absolute, die mit ihr zusammenhängende Auffassung des Lebensgesetzes; als ein absolutes, das auf sie bezügliche relative, subjective, egoistische, symbolische und problematische Urtheil. Stark und bestimmt allen Formen nach einer solchen war seine sinnliche Auffassung derb, genau; zugleich luftig, musikalisch, licht. So wurde sie bei ihm zur bildlichen Vorstellung; so erhielt diese im Zusammenhange mit seiner symbolischen problematischen Auffassung des rein Gesetzlichen im Leben, mit seinem Tact, seiner Ahnung desselben, etwas Ideales, Vages, Unendliches, Verschwebendes, das sie wie mit einem Nimbus umgab. So war ein objectiver Character den bildlichen Vorstellungen Göthe's eigen, ohne wesentliche Objectivität. Sie glichen darin den bildlichen Vorstellungen der Alten. Ueberhaupt ertheilten die Kraft seines Wesens, die Harmonie in seinem Wesen zwischen Kraft und Form seine sinnliche und logische Beschränktheit Göthe etwas Antikes; während er der symbolischen und problematischen Auffassung, dem Tacte, der Ahnung eines absolut Gesetzlichen zufolge auch ganz und gar ein Moderner war.

Sobald es gilt, die Erscheinungen in bestimmter Allgemeinheit logisch erfassen, zeigt Göthe sich unbehülflich, confus. Er entwirft Stammbäume der Begriffe; er nimmt ein tabellarisches Verfahren zu Hülfe; wie er kann, stützt er sich durch bildliche Ordnung; der Verworrenheit wird er nicht Herr.

Seine logische Auffassung war analogisch-combinativ. Eine oder die andere Erscheinung begreift er einzelnen speziellen oder allgemeinen Attributen nach. So combinirt er sie mit einer oder der andern, ihr äussern Erscheinung und schliesst in Bezug auf solche Combinationen mit einem richtigen Tact, einer richtigen Ahnung des absolut Gesetzlichen; doch unbekümmert um sämmtliche Eigenschaften nnd Beziehungen der Dinge.

Ein Beispiel dieser Art der Auffassung liefert das Dämonische, welches Göthe während seiner letzten Jahre bei seinen Gesprächen mit Eckermann so anhaltend beschäftigte.

Ist nämlich bei irgend einem menschlichen Individuum, so wie beim Lebendigen überhaupt, die Lebenskraft an sich oder einzelnen Beziehungen nach unverhältnissmässig stark im Vergleiche zur formellen, auf sie bezüglichen Thätigkeit; nimmt ein solches Wesen etwas sich selbst Widersprechendes an; das, unvollkommen begriffen, sich als etwas Geheimnissvolles darstellt; zugleich übt dasselbe allgemeine Anziehung, und wie es anzog, so täuscht es.

Dem Rüstigen begegnet Rüstigkeit, entsprechend der seinen, dieser Beziehungen bietend; damit verbunden erscheint eine Untüchtigkeit, welche ihn geneigt macht, dergleichen Beziehungen einzugehn, im Verein mit jener Rüstigkeit auch diese in Tüchtigkeit zu verwandeln, so das Leben darzustellen in jener harmonischen Einheit, wonach, dunkel oder deutlich, alles Lebendige sich sehnt.

Der Schwache trifft eine Schwäche, der die seine entspricht, welche dieser Beziehungen verstattet. Dabei erscheint eine Kraft, welche ihn lockt, zu derselben in Beziehung zu treten, der Hoffnung, wie jene Nichtigkeit werde die seine neben ihr in Selbstständigkeit bestehn, eine Stütze an ihr haben. Auch das Verlangen nach Selbstständigkeit und Stärke ist ein durchgängiges in der Natur.

Bei wirklicher Beziehung sehen Schwäche wie Kraft in ihren Erwartungen sich betrogen. Dem Rüstigen begegnet Stärke zum Schutz der ihr beigesellten Schwäche, welche im Vereine mit ihr er in Tüchtigkeit zu verwandeln meinte. Der Nichtige wird von der Tüchtigkeit, woneben er Selbstständigkeit, vor der er Schutz gehofft, der mit ihr verbundenen Nichtigkeit, oder sonst einer beliebigen Form unterworfen. Und gewährt jene ihm Schutz und lässt sie ihn in Selbstständigkeit verharren, so hat dies, weil sie nicht durchaus tüchtig ist, keine unbedingte Dauer. Unverhofft wird er sich von ihr verrathen und verlassen sehn.

Dergleichen individuelle Halbheit des Wesens aber ist beim gegenwärtigen Moment der Lebensentwickelung eine vielfältige Erscheinung im Leben. Bildlich fasste Göthe sie auf; analogisch-combinativ suchte er sie zu erklären. —

Angezogenheit des Verschiedenartigsten, eben so verschiedenartige Täuschung des Angezogenen, und im Ausgange für letzteres im Allgemeinen unerspriessliche Folgen — Welches Analogon gab es dafür? —

Die mystisch-traditionellen Dogmen des Christenthums boten ein solches dar, den Teufel, Vater der Lügen, ein durchaus gewaltiges, geheimnissvolles und verderbenfrohes Wesen.

Mit dieser dogmatischen Figur brachte Göthe die fragliche Erscheinung in Zusammenhang; bezeichnete sie als dämonisch: und menschliche Halbheit erscheint vergöttert, wenn auch als Teufelei; erst recht in Dunkel, und in ein Dunkel, welches sie verherrlicht, gehüllt, durch die Auffassung, welche sich das Ansehn giebt, sie zu erklären, durch die auf selbe bezügliche Benennung.

Ausser der ihm zuständigen Form der Auffassung leugnet Göthe eine andre.

Er höhnt die Logik: sie ist ihm ein willkürliches, wissenschaftliches, abstractes Formelwesen. „Die Logica recht wohl studiert, da wird der Geist in spanische Stiefeln eingeschnürt." Vom absoluten Wesen der logischen Thätigkeit begreift er nichts; alles Erkennen ist ihm problematisch, symbolisch, oder sinnlich und bildlich.

Er hasst die Speculation. Sein eigenes analogisch combinatives Speculiren ist ihm die Speculation an sich; und mit richtigem Tact in Bezug auf die Unzulänglichkeit desselben, welches Schluss für Schluss die Einseitigkeit vervielfältiget, wovon es anhub, doch rein subjectiv verachtet er jene.

Im Zusammenhange damit leugnet Göthe dann ferner die Möglichkeit absoluter Erkenntniss gewisser complicirter Lebensphänomene, welche sinnlich und bildlich nicht vollständig zu erfassen sind, wie z. B. das organische Leben.

Mit sinnlicher und mit bildlicher Auffassung in Bezug auf die sinnliche oder auf die logisch combinative ist keine absolute Grossartigkeit der Vorstellungen verknüpft; die Vorstellungen entnehmen eine solche nur durch objective oder absolute logische Thätigkeit.

In Bezug auf symbolische, problematische Erkenntniss des Gesetzlichen im Leben ist eine allgemein bestimmte, undeutliche Grösse ihnen eigen; im Zusammenhange mit einer Auffassung desselben in reiner Beziehung auf die Lebenskraft stellt das Grossartige sich als ein Gewaltiges, Herrschendes dar, es wird durch die Menge repräsentirt, im Zusammenhange mit sinnlicher Auffassung tritt es als ein Colossales auf.

Den Vorstellungen Göthe's war keine andere Grösse eigen, als eine solche, oder eine subjective, relative, welche in Beziehung stand zur Kraft seines Wesens, zu der Harmonie in diesem zwischen Kraft und Form.

Für Erscheinungen, welche sinnlich und bildlich nicht zu begreifen standen, fehlte seiner Natur das Analogon; er hatte dafür keine Theilnahme, ausser sofern sie durch subjective Beziehungen vermittelt ward.

Die grösste Begebenheit seiner Tage, die französische Revolution, ist die verschiedenartigsten Phasen hindurch an ihm vorübergegangen, ohne direkt seinen Antheil zu erregen. Nur insofern sie eingriff in persönliche Verhältnisse, in Verhältnisse, zu denen er in persönlicher Beziehung stand, beschäftigte sie ihn; nur in Hinsicht ihres Tumultuarischen fasste er sie auf. Dieses war ihm zuwider als ein solches, seiner symbolischen Auffassung des Gesetzlichen als ein Geregeltes zufolge; es war ihm zuwider, als gerichtet gegen eine herrschende Gewalt, seiner problematischen Auffassung desselben nach; zuwider seiner abstracten, absoluten Bezüglichkeit wegen.

Alles und Jedes, dem eine solche zum Grunde lag, hielt Göthe verdächtig; es war ihm verdriesslich; selbst Triebe und Thaten dieser Art, die höchsten der menschlichen Natur. Glaubte er daran — und er konnte sich dem Glauben daran nicht versagen: zu mächtig zeugte davon die Wirklichkeit — betrachtete er sie als eine Ueberschwänglichkeit des jugendlichen Alters, gewisser eigenthümlich organisirter Individualitäten. Als das eine und das andere liess er sie, wie alles Wirkliche, gelten ohne sie als diejenige Form des menschlichen Lebens zu begreifen, wodurch dieses wesentlich den Stempel eines menschlichen trägt; im Ganzen dawider eingenommen, weil sie, materiellen Lebensbeziehungen hinderlich, das sinnliche Leben beunruhigen und das sinnliche Glück verkümmern können.

Unbedingt war dagegen Göthe's Interesse für das Gesetzliche, der Form nach, wie er es begriff; und stärker, je zufolge, als er dasselbe bestimmter begriff.

So liebte er das Lebendige, das Einfache, das Natürliche; Ordnung, Schönheit, Gesundheit; vor allen Dingen aber das Kräftige, das Herrschende, Bestimmende.

In welcher Gestalt das Kräftige auftreten mochte, als Beschränktheit, als Rohheit, als Gewaltsamkeit; wie das Herrschende, das Autoritative sich zu einem solchen gemacht haben, oder dazu gemacht worden sein mochten; wie es um Dasjenige stand, welches ihrer Herrschaft unterworfen war, dem sie als Autorität galten, oder welcher Beschaffenheit die Herrschaft und Autorität an sich: ihn kümmerte das nicht; rein als ein Kräftiges, ein Herrschendes, als Autorität behandelte er sie mit Pietät, das heisst mit einer Verehrung, der eine absolute gesetzliche Beziehung zum Grunde liegt: so widrig Göthe die Speculation; auch speculative Autoritäten waren ihm verehrlich.

Das Ideale als ein Wirkliches, war ihm Hirngespinnst, die momentane reale Form des Lebens dessen absolute Form. Er vermochte nicht das Reale seiner Mangelhaftigkeit, das Ideale seiner Vollkommenheit nach auf ihre Beziehungen zurück zuführen; die Möglichkeit des Realen als ein Ideales aus dem absoluten Wesen beider zu entnehmen.

So sehr tyrannisirte sein bestimmtes relatives sinnliches und bildliches sein allgemeinbestimmtes absolutes Erkennen, dass selbst jene Manifestation des idealen Sinnes in Bezug auf das eigene Leben, welche wir als Gewissen bezeichnen, ihm verdächtig war, als hinderlich materiellen Erfolgen und Genüssen.

Aus dieser Ursach erklärt Göthe, bei seinen Gesprächen mit Eckermann, sich unzufrieden damit, dass bei einem seiner Enkel das Gewissen sich vorzüglich lebendig erweise.

Eine Schwacheit ist ihm diese Seelenstärke.

Der Art der Auffassung Göthe's entsprach die

Art seines Urtheils. Unbedingt war dieses bildlich combinativ, subjectiv, egoistisch, relativ unklar und mangelhaft.

Das ihm persönlich Angenehme, Gedeihliche war ihm ein Schönes, ein Gutes. Das ihm persönlich Unangenehme, Schädliche, ebenso unbedingt als ein Schlechtes, Schädliches zu begreifen, wehrten ihm Sinn und Tact. Sie hinderten ihn nicht, es als ein solches zu behandeln, indem er es unbedingt ablehnend nahm, und sich so die Möglichkeit entzog, es seinem wahren Wesen nach kennen zu lernen.

Mit wahrhaft naiver Bequemlichkeit, welche von der Kraft seines Wesens und der Harmonie zwischen Kraft und Form in seinem Wesen etwas Grossartiges, Gediegenes entnimmt, ihr wesentlich fremd und über sie täuschend, beseitigt er Treffliches, hegt und hebt Trivialität und Mittelmässigkeit, unbekümmert um des einen und der andern eigentliche Art; sein Urtheil und das Urtheil im Allgemeinen abfindend mit discreter, Spruchhaftigkeit; und feierlich gefühllos gegen das Lächerliche, welches die Anwendung oft seinen Sprüchcn gesellt.

Der Vollkommenheit seiner sinnlichen Auffassung zufolge, hätte Göthe Kunsturtheil zugestanden. Die Kunst hat es mit dem Sinnlichen und Bildlichen, mit der materiellen Erscheinung des rein Gesetzlichen zu thun, mit der Idee als Ideal.

Hierin liegt der Bund zwischen Kunst und Religion.

So aber hat die Kunst zwei Kriterien; das Schöne, es ist die körperliche Manifestation jenes Gesetzlichen; das Wahre, es ist dessen rein absoluter Ausdruck. Die Natur ist durchaus schön und wahr; denn sie ist durchaus gesetzlich.

Lag dem Kunstwerk eine Idee zu Grunde, welche sinnlich und bildlich zu erfassen war; erscheint

Göthe's Kunsturtheil idealisch. Der Vollkommeuheit desselben und der Vollkommenheit seines Ausdrucks nach tritt dasselbe an sich, als ein Kunstwerk auf. So zeigt es sich in der kleinen Abhandlung über Myron's Kuh.

Bezog sich das Kunstgebild auf einen Gegenstand, welcher objectiv und absolut begriffen sein wollte, war Göthe's Kunsturtheil oberflächlich und einseitig. Nicht das rein Gesetzliche, Ideale: das Starke, diente ihm als Kriterium; sei's der körperlichen Manifestation desselben zufolge, wo es ein Colossales, sei's dessen Manifestation als Bewegung zufolge, wo es als das Markirte, das Prononcirte erscheint. Ausserdem war auch Göthes Kunsturtheil subjectiv egoistisch. Ihn bestimmte dabei sein persönliches Verhältniss zu Kunstwerk und Künstler; ihn bestimmte die autoritative Bedeutsamkeit dieses letzteren.

Der Menge hatte Göthe die Erscheinungen im Bilde vollkommener, dargestellt, als sie vermogte selbe bildlich zu erfassen. Er hatte ihre sinnlichen und bildlichen Zustände ihr kräftiger ausgedrückt, als sie selbe empfand. Sein Ausdruck hatte ihr das absolute Wort für ihre bildlichen Vorstellungen und Zustände gegeben. Sein undeutlicher Begriff des rein Gesetzlichen war lebendiger und bestimmter, als der ihre; seine symbolische Auffassung desselben hatte für sie etwas absolut Wahres zugleich und Geheimnissreiches, da sie dasselbe nicht anders als er, nicht gleich vollkommen als er begriff: die Menge nahm seine Einsicht als eine unbedingte; sie nahm auch sein Wort des Urtheils als ein absolutes; ohne Arg, dass sein Genie ganz subjectiv und bildlich, keineswegs objectiv und kritisch war.

Und so hat Göthe die Menge festgehalten beim Sinnlichen, Bildlichen, Quantitativen, beim Subjectiven und Egoistischen; so hat sein Urtheil vielfältigst das allgemeine Urtheil irre geführt.

Zugleich aber hat er, die bildliche Auffassung vervollkommnend, eine vollkommnere logische Auffassung vorbereitet; und vermittelst seines Tactes, seiner Ahnung in Bezug auf ein absolut Gesetzliches im Leben, seiner symbolischen Auffassung und Darstellung eines solchen, den Geist bei der Vorstellung eines solchen festgehalten.

Mit dem Obigen ist der Standpunkt gefunden, von wo aus die schriftstellerischen Arbeiten des Dichters zu würdigen sind.

Bildlich combinativ, war Göthe's wissenschaftliches Verfahren als ein solches durchaus unzulänglich.

Die Dinge in jeder Beziehung zu begreifen, in absoluter, wie in relativer, das macht den Charakter der Wissenschaft; im letzten Moment fallen Wissenschaft und Kunst zusammen; jene erstere als Bedingung dieser letzteren.

Das umfassende Phänomen vom Farbenleben des Lichts bezog Göthe auf eine einzelne, zufällige Manifestation desselbeu; völlig arglos, ungerecht und anmassend wider die so viel tiefere und grossartigere Auffassung Newton's, welcher dasselbe anf Bewegung und Verkörperung bezogen hatte.

Göthe's Metamorphose der Pflanze ist eine einzelne bildliche Auffassung, eine entsprechende combinative Speculation, ganz unzulänglich, das vegetabile Lebensphänomen zu erklären, wie solches die Pflanzenphysiologie längst dargethan.

Göthe war Poet, auch in der Wissenschaft.

Bildlichkeit, das Element der Kunst, machte er zum wissenschaftlichen Elemente. Die Wissenschaft in Deutschland hat er dadurch gefördert; sie überging vor ihm zu einseitig das Bild. Er hat sie dadurch auch an das Einzelne, an das Materielle gefesselt.

Die Dichtungen Göthe's sind Copien nach unmittelbarer sinnlicher und bildlich-combinativer Lebensauffassung, nach einer solchen Auffassung sonstiger poetischer Erscheinungen oder historischer Begebenheiten. In die erste Categorie gehören Werther, Wilhelm Meister, Wahlverwandtschaften, die natürliche Tochter u. s. w. In die zweite Iphygenia, Tasso, der Tod des Achilles, Reinicke Fuchs. Götz von Berlichingen, Egmont, zum Theil auch Faust, in die dritte.

Allemal herrscht bei Göthe's Gedichten ein Subjectives, Egoistisches. Dieser oder jener Eigenthümlichkeit des Characters oder Zustandes nach ist Göthe der Held, sind seine Freunde Nebenfiguren seiner Dichtungen. Objective Bildlichkeit liegt hinaus über des Dichters Bereich.

Darin unterscheiden Göthe's Dramen sich wesentlich von jenen des Calderon und des Shakespeare. Daher ist seinen Dichtungen überhaupt etwas Kleinliches eigen. Daher werden sie aber auch im Moment der Zeit der Menge näher gerückt. Eines Theils danken sie dem wesentlich ihre allgemeine Verbreitung.

Das poetische Verdienst Göthe's liegt in Stärke und Fülle des bildlichen Gefühls, in der Vollkommenheit der bildlichen Vorstellung nnd Darstellung, in der Vollkommenheit des Ausdrucks, im Tact und in der Ahnung des absolut Gesetzlichen, welches den Lebenszusammenhang bestimmt, der sinnlich und bildlich nur als ein beschränkter, einzelner begriffen werden kann, als ein bestimmter allgemeiuer oder als ein absoluter, logisch erfasst werden will; folglich in bedeutsamer Grösse nur also erfasst werden kann.

Eine solche Grösse ist den poetischen Gebilden Göthe's allein in Bezug auf seinen Tact, seine Ahnung des rein Gesetzlichen, seine bildlich symbolische Auffassung desselben eigen.

Im Gebiete des Symbolischen bewegt Göthe sich

auch am liebsten, am freiesten. Tact und Ahnung verleihen hier seiner Phantasie einen Spielraum, welchen die Unvollständigkeit seiner logischen Geistesthätigkeit ihr ausserdem versagt. Solcher Art sind die tiefsten Dichtungen Göthe's: die Legende des Paria, die Geheimnisse, Pandoren's Wiederkehr, Faust mit seinen zwei Fortsetzungen, die Walpurgisnacht und Faust und Helena.

Beim Faust halten einander das rein subjective und egoistische, das historisch traditionelle und das symbolische Element auf so eigenthümliche Art das Gleichgewicht, dass etwas Aehnliches in dieser Rücksicht die Litteratur keiner andern Nation aufzuweisen hat.

Das merkwürdige Zusammentreffen von ungemeiner Kraft des Wesens, ungemeiner Harmonie zwischen Kraft und Form im Wesen, von sinnlich bildlich subjectiver und analogisch-combinativer Beschränktheit, wie dasselbe statt fand in der Natur Göthe's war nöthig, ein solches Produkt hervorzubringen.

Göthe, welcher ein absolutes Gesetz des Lebens in allgemeinbestimmter Undeutlichkeit, so an sich, als seiner göttlichen Beziehung nach erfasst; als ein absolut Gesetzliches instinctartige und sinnliche Befriedigung, als ein absolut Gesetzliches auch das Wahre, Gute, Rechte begreift; jene unbedingt wollend und dieses; der ersteren Richtung nach egoistisch, brutal, unsittlich, sofern sie mit der letzteren in Widerspruch tritt und diese sich unterwirft; der letzteren zufolge rein liebevoll, vernünftig, sittlich; der einen und der andern nach stets im Widerstreit, da er, bei der Mangelhaftigkeit seiner logischen Thätigkeit das Gesetz des Lebens nie an sich, gleich unklar seiner relativen Beziehung, als Bestimmung des instinctartigen und sinnlichen Lebens und seiner absoluten Beziehung nach, als Gesetz des Wahren, Rechten, Guten nahm, so dasselbe in der ersten Beziehung nie demselben in der letzteren unterordnete: das ist der Faust der ersten götheschen Dichtung dieses Namens. Jener Faust, welcher seiner Ahnung des rein Gesetzlichen, Göttlichen im Leben Bestimmtheit und Klarheit zu ermitteln, sich unbedingt in die Wissenschaft stürzt; auf diese Weise nicht dazu gelangt, weil er derjenigen Form wissenschaftlicher Auffassung, welche allein dazu verhelfen kann, ermangelt; welcher, arglos in dieser Hinsicht, an die Möglichkeit einer bestimmten Erkenntniss desselben verzweifelt; nun sich ebenso unbedingt ins materielle Leben begiebt, dem relative absolute Gesetzlichkeit eigen, das als ein wirkliches vollständiges, nicht wie das wissenschaftliche, nur speculatives abstractes Gedankenleben ist.

Die erstere Richtung des göthischen Wesens findet sich dann ferner in dem Drama personificirt, zufolge der Auffassung der Kirche von derselben, durch den Teufel, unterm Namen Mephistopheles: absolute Erkenntniss, absoluter Trieb und Wille, absolute Gewalt und That des Instinctartigen, Sinnlichen, Egoistischen — ausser diesem, als ein Absolutes giebt es kein Böses in der Natur; nur Gott selbst kann wider Gott seyn.

Im Bunde mit jener Gewalt, welche seinen Entschluss bestimmt hat, welche dessen Ausführung leitet, seinem Willen unbedingt das Instinctartige, Sinnliche unterwirft, waltet nun Faust im wirklichen Leben.

Das Materielle ist gebannt in die Schranke der Endlichkeit, des Moments; nur das Abstracte, Absolute ist ein Unbegrenztes. Absolute Befriedigung gewährt das wirkliche Leben als Manifestation eines rein Gesetzlichen, wenn in der Erscheinung sich Kraft, Gesundheit, Schönheit mit Wahrheit, Gerechtigkeit, Sittlichkeit vereinen.

Solchen Verein traf Faust, der momentanen Beschaffenheit des Realen zufolge, hier keinesweges an: unzufrieden ist er auch mit diesem. Endlich trifft er ihn: die Erscheinung heisst Gretchen.

Hinsichtlich dieser Figur ist ein Dreifaches zu bemerken: der Moment, die Verhältnisse, das Wesen.

Der Moment ist jener, wo das instinctartige Verlangen geschlechtlicher Liebe sich zuerst in der vollendeten Knospe des jugendlichen Körpers entfaltet. Dieses Verlangen erweitert zunächst die rein egoistische Beschränkung: die geschlechtliche Liebe ist ein Egoismus zu Zwei'n; die Natur bildet durch sie, dann durch die Familienliebe, welche den Egoismus über noch Mehrere verbreitet, ihr Geschöpf heran zur Fähigkeit reiner Liebe, die alles Leben mit dem eigenen Leben in Gott umfasst.

In jenem Lebensmoment an sich liegt etwas Ahnungsvolles, das ihn poetisch macht, auf das Wesen übergeht zu dessen Leben er gehört, diesem etwas Bedeutsames giebt.

Die Verhältnisse Gretchens sind die beschränktesten des bürgerlichen Privatstandes, streng geregelt in solcher Beschränkung.

In einer kleinen mittelalterlichen Stadt, im untergeordneten Bürgerstande, unter der Zucht einer verwittweten frommen, nur durch Fleiss und Ordnung nicht darbenden Mutter ist Gretchen mit einem zweiten, viel jüngeren Kinde derselben erwachsen: so findet sie Faust.

Diese Verhältnisse haben Reinheit, Einfalt, Frömmigkeit, Ordnung, Häuslichkeit, Innigkeit ihr zu eigen gemacht. Einem jeden gesund organisirten weiblichen Wesen kommen unter solchen Verhältnissen diese Tugenden zu, ohne dass darin eine Bürgschaft liegt, dass sie ihm auch wesentlich eigen.

Dem Wesen nach ist Gretchen unbedeutend, bornirt; jede kleine Stadt hat zu Hunderten ihre Gretchen.

Mit Innigkeit hat sie das jüngere Kind ihrer Mutter gepflegt: dieser Zug der Liebe des Lebendigen zum Lebendigen, der Lust an Beschäftigung mit Kindern ist ein allgemeiner instinctartiger Zug des menschlichen Wesens überhaupt, des weiblichen Wesens insbesondre.

Innig ist die Liebe Gretchens zu Faust; dabei ist sie instinctartig sinnlich, alltäglich.

Sie gilt ihm als Mann, als schönen, stattlichen, vornehmen Mann; mit keiner Vorstellung von seiner wesentlichen Bedeutsamkeit hängt sie zusammen. Im Gegentheil, der Geistesweise nach ist er ihr nicht recht; sie versucht ihn umzuwandeln ihren Ansichten entsprechend.

— „Sag Heinrich, wie hältst Du's mit der Religion? Du bist ein herzensguter Mann, allein ich glaube, Du machst nicht viel davon." —

In allen übrigen Verhältnissen beweist Gretchen sich albern, hochmüthig, verstellt, klatschig, egoistisch, eitel, kleinlich; so im Verhältnisse zu Martha, im Gespräch über Bärbelchen, im Benehmen mit dem Schmuck, im Benehmen gegen Faust, gegen ihre Mutter. Hier geht dies bis zum Stumpfsinn in dem Momente, als sie von Faust den Schlaftrunk empfängt, welcher jene während ihrer Zusammenkünfte beseitigen soll.

„Es wird ihr, hoffentlich nicht schaden —"

Der Gedanke dieser Möglichkeit, und so flau! —

Bei diesem Allen soll eine höhere Gewalt, der Teufel im Spiele seyn. Wie leichtes Spiel aber macht Gretchen dem Teufel! —

Kein kräftiges Zurückschaudern vor dem Unrecht; kein beherztes Zurückweisen desselben, und auf eigenthümliche, geheimnissvolle Art wieder davon ergriffen seyn und umstrickt. Keine Fülle und Gewalt eigener, verschönernder Vorstellungen, denen nicht zu entrinnen ist. Kein anhaltender Kampf des instinctartigen bildlichen, und sinnlichen Verlangens wider das absolute Verlangen der Lauterkeit, Wahrheit, Liebe, welcher durch seine Fortsetzung die Niederlage dieses letzteren vorbereitet. — Nichts von Allem, was bei der Schuld die persönliche Würde wahrt.

Einem Wesen wie Faust, bot ein Wesen wie Gretchen keine andern, als instinctartige, sinnliche Beziehungen. Nicht vorwärts reissen konnte er sie mit sich in den weiten Bereich seines ahnungsvollen Gedankenlebens; nicht sich bannen mit ihr in den kleinlichen ihrer Vorstellungen; vorwärts aber strebt das Leben, und so mächtiger, als es gewaltiger ist. Bald sehen wir Faust schon befriedigter durch seine symbolischen und problematischen Forschungen nach dem Ewigen Göttlichen, als durch Liebe und Gesellschaft Gretchens.

Instinctartige, sinnliche und bildliche Triebe sind ihrer Natur nach momentan. Dauer hat ein auschliessliches Verhältniss der Liebe nur in Bezug auf eine absolute Vorstellung von der beiderseitigen Persönlichkeit, absolute Uebereinstimmung zwischen dieser. Unzähliges Unrecht haben Menschen sich selber und einander gethan, weil sie dies nicht erkannt und Ansprüche von Verhältnissen letzterer Art auf Verhältnisse ersterer übertragen.

Gretchens Liebe zu Faust musste ein Ende nehmen, wie die seine für sie, wenn auch nicht so schnell als die seine. Bei innigen Naturen, das heisst bei solchen, deren Leben sich mit grösserer Kraft auf sich selber, als auf das Aeussere richtet; unterliegen die Triebe keinem so raschen Wechsel, denn wo das Leben kräftiger nach aussen, als in sich selber strebt; die aufgefassten Eindrücke haben als Vorstellungen längere Dauer, und ertheilen sie den auf sie bezüglichen Affecten. Ein Gleiches findet Statt hinsichts minder lebendiger, im Verhältnisse zu lebendigeren Naturen.

Es gilt ferner in Bezug auf Wesen die in beschränkteren äusseren Verhältnissen leben, im Verhältniss zu solchen deren Lebensbeziehungen reich und wechselvoll sind. Jenes Beides fand Statt in Bezug auf Gretchen und Faust. Ihre Liebe zu Faust war an sich so wenig absoluter Dauer fähig, als die Liebe Faust's für sie.

Faust hatte bei ihrem Verhältnisse das absolut Gesetzliche verletzt, der Form nach, wie es für ihn existirte, sein Bewusstseyn, seine Ahnung eines solchen. Gretchen hatte dasselbe verletzt, der Form nach wie es für sie da war, als kirchliches, als bürgerliches Gesetz. Ihre Schuld war gleich bei ihrer Liebe. Nicht ihr Schicksal beim Ende der Liebe Faust's für Gretchen. Sie war Mutter; dies bedrohte ihre äussere Lage.

Hier trat für Faust noch ein Mal die Möglichkeit ein, ihre Liebe und ihr Verhältniss mit dem absolut Gesetzlichen zu versöhnen, indem er sie durch das bürgerliche und kirchliche Gesetz heiligte. Eine solche Möglichkeit lag ausser dem Egoistischen seines Wesens, ihres Verhältnisses.

Für Gretchen stellte dieselbe Möglichkeit in andrer Gestalt sich dar: die Folgen ihrer Schuld auf sich zu nehmen, sich und ihr Kind, so oder so, rechtmässig durchzubringen.

Dazu fehlte es allerdings ihrem Character an Baarheit und an Kraft. Die Nothwendigkeit jedoch ersetzt die Kraft.

Nur die eine und die andere, alltägliche Catastrophe wird durch die wesentliche Art der Begebenheit und der Individualität der Personen bedingt. Die letzte Catastrophe war allerdings eine tragische in Bezug auf Gretchen. Das Tragische dabei stellt sich jedoch keineswegs, wie jenes im Göthischen Drama heraus.

Wie es da erscheint, bezieht es sich rein auf zufällige

äussere Umstände. Es ist combinativer und bildlich phantastischer Art.

Keineswegs nothwendig musste Gretchen's Mutter sterben; keineswegs nothwendig ihr Bruder, zurückkehren, mit Faust zusammentreffen, ihn angreifen, von ihm tödtlich verwundet werden, und egoistisch ehrenmässig brutal, wie Faust egoistisch sinnlich und geistreich, Gretchen egoistisch frivol, seiner Schwester Schmach und Jammer einer egoistischen bornirten kleinstädtischen Einwohnerschaft kund thun, dass deren Rüge und Abneigung diese ganz zu Boden schmettre. Gretchens Wahnsinn, der Mord ihres Kindes, wurden durch diese äusseren Umstände motivirt. Diese aber kommen auf Rechnung des Teufels. Um an eine Nothwendigkeit des Tragischen im götheschen Faust zu glauben, muss man an den Tenfel glauben; an eine Phantasmagorie dunkler Jahrhunderte, die ihre eigene Möglichkeit widerlegt; denn ist Gott, wie Vernunft und christliche Religion bezeugen, eine absolute Kraft der Weisheit und der Liebe, kann durch diese Kraft und neben derselben nichts absolut Verkehrtes und Feindseliges, wie der Teufel bestehn.

Allemal hängt mit jenen Zufälligkeiten der einzige Zug des göthe'schen Drama zusammen, welcher wesentliche Grossartigkeit besitzt.

Durch die Gewalt des äusseren über sie hereingebrochenen Missgeschicks, der That, wozu dies sie bewogen, mit entsprechender Gewalt zurückgeworfen auf sich selbst, auf ihre Seele; schöpft Gretchen aus dieser Kraft, sich unbedingt dem absolut Gesetzlichen, der Form nach wie sie es begreift zu unterwerfen.

Indem sie Unterwürfigkeit gegen dasselbe in der schaudervollsten Gestalt seiner Verletzung in der lockendsten vorzieht: hat sie ihrem Leben eine rein gesetzliche Bestimmung, dasjenige ertheilt, wozu nicht Kraft, nicht Geist, nicht Wissen, nicht Verlangen des rein Gesetzlichen, Idealen Faust zu verhelfen vermogt. Schaum und Hefe des Instinctartigen, Sinnlichen hat sie erprobt, und sich im Ewigen verklärt: sie ist gerichtet, gerettet! — Dieser Zug aber, am Ende des Drama, liegt wie ausserhalb desselben. Ein neues Drama könnte an ihn sich knüpfen, welches nicht zu dichten ist, da es sich ganz im Geheimnissvollen bewegen müsste. Nicht dieser Zug, kein durchgängiger des Gedichtes, nicht die süsse Sprache, das Innige, Ahnungsvolle in der Persönlichkeit Gretchen's, das Gewaltige im Wesen Faust's, das Bedeutsame seines innern Zwiespalts, sein überschwängliches ideales Gefühl, die schöne Bildlichkeit, worunter es sich darstellt, Mephistopheles absolute Kenntniss und penetrante Persiflage aller egoistischen bornirten Schwächen, können dasselbe vom Charakter einer frivolen kläglichen dramatisirten Liebes-Verführungs-Mord-Geschichte retten, welche baares herzzerreissendes Mitleid, nicht jenes poetische Mittleid erregt, das den Menschen über ihn selber erhebt.

Und hiemit ist das Mangelhafte des götheschen Faust noch nicht erschöpft.

Eine mittelalterliche Persönlichkeit, Faust, erscheint dabei vermengt mit einer modernen Persönlichkeit, Göthe'n; dieser Vermengung nach als eine absolute, menschliche Persönlichkeit genommen.

Der Zeit nach sind der mittelalterliche und der moderne Faust zwei ganz verschiedene Wesen.

Im Mittelalter war, dem Standpunkt der menschlichen Entwickelung zufolge, die wissenschaftliche Methode absolut bildlich, logisch-combinativ, symbolisch oder mathematisch problematisch. Die Erscheinungen wurden nur im Einzelnen, auch so keineswegs der Vollständigkeit und Vielfältigkeit nach, wie in neuerer Zeit, begriffen; dabei war die Ahnung eines allgemeinen gesetzlichen Zusammenhanges der Dinge, das Gefühl einer

Beziehung dieses Zusammenhanges auf Gott viel stärker lebendig in den Gemüthern, als in der neuesten Zeit.

Aus dieser Ursache musste zu jener Zeit der Mensch durch die Wissenschaft, welche ihm nur eine symbolische und problematische Erkenntniss jenes Zusammenhanges gewähreu konnte, eine absolute ihm versagte, sich so unbefriedigter fühlen, als er selbst, daher sein Verlangen einer solchen gewaltiger, als die Wissenschaft ihm Alles war; diese so wenig als absolute Klarheit, absolute Lebendigkeit besass.

In solchem Falle bot sich ihm eine dreifache Wahl: ein Leben ascetischer Resignation; vager, beschaulicher Erhebung, dumpfer Grübelei; oder, sich in's materielle Leben zu stürzen, das absolute Befriedigung im Einzelnen verhiess, das absolute Lebendigkeit hatte.

Einen gewaltigen Geist, welcher, unbefriedigt durch das Wissen die letzte jener Chancen erwählt, stellt das mittelalterliehe Drama des Faust dar.

Durch die Wissenschaft von unbedingter Ehrfurcht gegen das absolute äussere Gesetz, kirchliche und bürgerliche Satzungen gelösst; nicht gelangt durch sie zur Erkenntniss des rein absoluten natürlichen Gesetzlichen, wozu die wissenchaftliche Methode seiner Zeit nicht verhelfen konnte; fehlte seinem Leben das erhaltende, gesetzliche Princip: zu Grunde richtend, musst' er zu Grunde gehn.

Im Mittelalter lag die Nothwendigkeit eines solcheu Schicksals für eine Natur wie Faust, bei einer Richtung des Lebens wie die seine, in der Entwickelung des Lebens überhaupt: auch der gewaltigste Geist in der Zeit kann nicht ganz über diese Zeit hinaus.

Die moderne Wissenschaft besitzt eine Methode absoluter Erkenntniss, die analytisch-kritische, welche einer solchen Nothwendigkeit enthebt; kann sie dadurch auch noch nicht die Lebenserscheinung im Allgemeinen und im Einzelnen durchaus bestimmt begreifen; befindet sie sich doch in fortwährender Annäherung zu solchem Begriff; damit aber ist der gewaltigsten individuellen Lebendigkeit ein Spielraum eröffnet, der ihr in jeglicher Beziehung genügen muss.

Ein moderner Faust widerlegt seine wissenschaftliche Fähigkeit oder seinen wissenschaftlichen Ernst; ein Doctor, welcher lieber schwelgt, als studirt, ist er eine triviale oder burleske, nichts weniger als eine hoch tragische Figur.

Rein subjectiv hat Göthe auch hier sein persönliches Unvermögen, als ein absolutes menschliches Unvermögen aufgefasst und dargestellt.

Eben dieses Subjective der götheschen Auffassung verknüpft mit dem Faust dessen zwei Fortsetzungen, die Walpurgisnacht und Faust und Helena.

Durch beide Dichtungen geht die Vorstellung eines Lebensdualismus.

Bei der ersten von beiden ist dieser Dualismus ein absoluter. Er steht im Zusammenhange mit der christlichen Dogmatik: Gott und Teufel erscheinen als entgegengesetzte Wesenheiten, schaffendes und zerstörendes Princip. Unvereinbar treffen beide Principe zusammen in der menschlichen Natur; eine spezielle persönliche Beziehung eignet den Menschen der einen oder andern Gewalt.

Bei der zweiten Dichtung ist die traditionelle dogmatische Auffassung durch eine philosophische Ansicht modificirt. Dieser zufolge existirt kein absoluter Dualismus im Leben; einerseits steht dasselbe in geheimnissvoller, durch absolute Gesetzlichkeit vermittelter Beziehung zur schöpferischen Kraft; andrerseits in Beziehung zum anorganischen, dem Leben der Natur.

Arabeskenartig umgeben bei der einen und der andern Dichtuug Symbole derjenigen Erscheinungen, welche Göthe während zwei verschiedener Phasen seiner geistigen Entwickelung, als bedeutsam erfasst, in schöner oder hässlicher, stets in bezeichnender Bildlichkeit, das Symhol seiner Person, den Faust; das Symbol einer absoluten Richtung seines Wesens, der instinctartigen, sinnlichen Richtung desselben, den Mephistopheles; das Symbol einer absoluten Beziehung seines Wesens, der Beziehung desselben zum weiblichen Geschlecht, Gretchen als solche und als Helena.

Bei der zweiten Dichtung tritt Mephistopheles schon, der früheren Auffassung als zerstörendes Prinzip zufolge, als etwas Obsoletes auf; eine bedingte schöpferische Wirksamkeit wird ihm beigegeben. Gretchen, transfigurirt in die alterthümliche Helena, dann mit Faust in mittelalterlicher Hoheit und Vornehmigkeit, in sinnlich phantastischer Liebe und Liederlichkeit thronend repräsentiren wieder Heros und Heroine, Ritter und Dame, Stärke und Schönheit, Mann und Weib, das absolute Verhältniss zwischen beiden, ihr absolutes Verhängniss durch ein solches Verhältniss, vielmehr, was Göthe dafür hält.

Das Lyrische ist wesentlich momentan und subjectiv; lyrischer Darstellung Vollkommenheit zu vermitteln, reichen Genauigkeit, Lebendigkeit, Vollständigkeit: sinnlicher und bildlicher Vorstellungen und Gefühle, reichen Tact und Ahnung des Absoluten, Gesetzlichen hin, sind Kraft und Vollkommenheit des Ausdrucks damit verbunden. Was Göthe Lyrisches schuf; einiges Darstellendes, sofern der Stoff seine Fähigkeit logischer Auffassung nicht überbietet, auch wegen deren Mangelhaftigkeit nicht zu trivial ausfällt; einiges Symbolisches, der Tiefe der Ahnung und der Schönheit der Bildlichkeit wegen: ist von ihm für die Menschheit gedichtet.

Schiller von dessen Geistesweise ein Entgegengesetztes gilt, als von der Geistesweise Göthe's, welcher das Bild aus dem Begriffe nahm, dem jedes Bild zum Begriff ward, durchschaute die geistige Eigenthümlichkeit seines Freundes; der Briefwechsel beider Dichter liefert davon vielfältige Beweise.

Daher Schiller's Aeusserungen über Göthe, welche dem letzteren so befremdlich dünkt, indem er sie gegen Eckermann wiederholt: dass die kantische Philosophie Göthe nichts geben könne. Auch hat sie ihm nichts gegeben.

Nach seinem eigenen Zeugniss bei eben jenen Gesprächen fasste Göthe von der kantischen Philosophie die Unterscheidung vom Subjectiven und vom Objectiven des Begriffes, die Lehre von der absoluten Beschränktheit des menschlichen Begriffes auf. Beides falsch, wie seine Anwendung dieser Auffassungen beweisst. Vollkommene sinnliche Auffassung, unabhängig von einer instinctartigen oder sonstigen Beziehung zwischen dem auffassenden Individuum, und den aufgefassten Gegenstand nannte er objective Auffassung; ohne Arg, dass die sinnliche Auffassung an sich eine subjective. Die absolute Beschränktheit des menschlichen Begriff bezog er auf sinnliche Beschränkung; da Kant sie auf das Unvermögen eines absolut Bedingten und Bestimmten bezieht, ein rein Absolutes zu begreifen.

Wenden wir uns nun von dem litterarischen Einflusse Göthe's auf seine Zeit zu dem Einflusse, welchen seine Persönlichkeit an sich auf letztere geübt: begegnen wir entsprechenden Phänomenen.

Göthe war wohlwollend; wohlwollend sind alle kräftigen, gesund organisirten Naturen: Liebe ist der wesentliche Trieb des Gemüthes, aller Hass nur eine egoistische, beschränkte, indirecte Liebe. Göthe war edel: das Wohlwollende, als ein Kräftiges, durch sich selbst Bestimmtes, nennen wir das Edle.

In Bezug auf seine allgemeinbestimmte Auffassung des absolut Gesetzlichen wollte, liebte er dasselbe. So wollte und liebte er, wie schon bemerkt, dasselbe als das Starke, das Herrschende, das Schöne, das Geregelte, das Gute, Zweckmässige, Einfache, Tüchtige, das Natürliche.

In Zusammenhang mit bestimmten absoluten Begriffen bei Göthe nicht Neigung oder Abneigung; wenigstens nie in einiger Stärke. Bei ihm keine Liebe von Personen in Bezug auf einen vollständigen bestimmten Begriff ihrer Persönlichkeit; keine solche Liebe bestimmter Institutionen; keine solche Liebe der Gerechtigkeit, der Wahrheit, Freiheit. Selbst die Vaterlandsliebe bezog bei ihm sich nur auf das Bild des Vaterlandes, auf die herrschende Autorität; nicht auf den Begriff der nationellen Individualität, Einrichtungen und Gesetze des Vaterlandes. In der Menschheit liebte Göthe seine persönliche Menschlichkeit als eine absolute; ohne Freude an der allgemeinen Entwickelung der Menschheit, an verbesserten Zuständen derselben. Die Vaterlandsliebe war ihm, denjenigen Beziehungen nach, verdächtig, welche sie bei ihm zufolge der Mangelhaftigkeit seiner abstracten geistigen Lebendigkeit nicht haben konnte; eben desshalb der Cosmopolitismus.

Die absolut bestimmten Triebe seines Gemüthes waren instinktartig sinnlich bildlich.

Unter seinen instinctartigen Affecten herrschte die geschlechtliche Liebe vor: an sich ist dieser Trieb der gewaltigste jener Triebe; der Antheil der sinnlichen Auffassung an denselben fixirt ihn auf einen speciellen Gegenstand; durch den Antheil der bildlichen Auffassung wird er vergeistigt, nimmt einen absoluten Charakter an, dem zufolge er auftritt als Leidenschaft für ein Schönes. Trotz solcher Vergeistigung aber und trotz des Unbedingten, welches die bildliche Bestimmung der geschlechtlichen Liebe gesellt, ertheilt sie derselben nicht absolute Dauer. Und so war dieser

Trieb auch bei Göthe, wie leidenschaftlich und ideal, doch wechselvoll.

Wie den Begriffen des menschlichen Geistes, den menschlichen Lebensinteressen, vermag den Trieben des menschlichen Gemüthes abstracte, rein gesetzliche Auffassung allein Grossartigkeit der Beziehungen, sonach auch der Form, zu vermitteln. Alle Grossartigkeit solcher Art entstand den Trieben Göthe's; relative Grossartigkeit war denselben in Bezug auf die Kraft seines Wesens, in Bezug auf die Harmonie zwischen Kraft und Form in seinem Wesen eigen; ihren instinctartigen und sinnlichen Beziehungen zufolge waren sie kleinlich und egoistisch.

Das egoistische Gepräge seiner Empfindungen und Triebe erstreckte sich auf seine Freundschaft.

Seiner bürgerlichen Stellung war der Herzog von Weimar eine wesentliche Stütze; Meyer übertrug die ihm gebrechende Kenntniss des Theoretisch-practischen in der bildenden Kunst; Zelter seinen Mangel an Kenntniss des Theoretischen in der Musik, des Handwerklichen in der Baukunst. Ausserdem hat Göthe wohl von allen seinen Freunden Zelter zumeist geliebt, wegen des Einfachen und Derben seiner Art, wie er Schiller zumeist verehrte wegen dessen abstracter, absoluter Klarheit und Kraft. Durch diese Ueberlegenheit war Schiller ihm eine nothwendige Ergänzung. Eckermann war sein Werkzeug; auf den ersten Blick hat Göthe ihn als ein solches für sich erkannt; als ein solches hat er ihn benutzt, mit wie geringer Berücksichtigung des dem hingebenden Gemüth rein Persönlichem bei ihrem Verhältniss!! — Andere Freunde waren die Augustalen seines Ruhms; mittelst aller schlug er Wurzeln in Gebieten, die ihm direct nicht zugänglich waren, exploitirte er solche.

Was die Fangarme dem Sepien waren ihm seine Freunde.

Im Allgemeinen wohlwollend liess er dabei eine gewisse Gegenseitigkeit walten; allemal mit grosser Kargheit und Bequemlichkeit seinerseits.

Die Freundschaft trug bei Göthe nicht ihren wesentlichen Character selbstständiger gemeinsamer Beziehungen des Interesses, freier gegenseitiger Würdigung der Persönlichkeiten: sein Ich, seine Werke, seine Wünsche, sein Nutzen aller Art lagen ihr zum Grunde. Nahm die Thätigkeit eine solche Beziehung, war Göthe gewonnen als Freund. Ein solches Verhältniss aber ist Liebe, Schacher oder Despotismus; ein solcher Freund Geliebter, Associé, oder Tyrann.

So wenig Göthe der Art seiner Auffassung nach geeignet war, der menschlichen Auffassung als Leitstern zu dienen; so wenig war er der Art seiner Lebensbestimmung nach geeignet, dem menschlichen Leben ein Leitstern zu sein.

Was bei ihm normal und ideal, die Kraft seines Wesens, die Harmonie in seinem Wesen zwischen Kraft und Form war Gabe der Natur. Durch das Leben steht diese Gabe zu erwerben; aber jene Form der Lebensthätigkeit, wodurch sie erworben werden muss, deren abstracte logische Form in bestimmter allgemeiner und in absoluter Beziehung, leugnete er als wesentliche Form des menschlichen Lebens.

Reich begabt von der Natur bemächtigte er aus eben dieser Ursach sich nimmermehr vollständig des Reichthumes, welchen ihre Gaben ihm zugänglich gemacht.

Repräsentant eines Entwickelungsmomentes der Menschheit steht er da; gross in diesem Moment durch Kraft des Wesens, durch Harmonie zwischen Kraft nnd Form im Wesen, in dieser Hinsicht überlegen allen Genossen seiner Zeit; weit zurück hinter vielen derselben an rein menschlicher Grösse der Lebensauffassung, der Bestimmung des Lebens.

10.

Lord Byron.

Einen Beleg zu dem, was oben rücksichts der göthischen Auffassungsweise und der Art des götheschen Urtheils bemerkt worden, enthalten Ansicht und Urtheil Göthe's über Lord Byron.

Richtig fasste Göthe die Zerfallenheit Byron's mit jeglicher Wirklichkeit auf, wozu derselbe in nähere Beziehung trat: sie geht hervor aus dem Bilde seines Lebens. Oberflächlich und schief bezog er sie rein auf Aeusserlichkeiten und Zufälligkeiten. Wie das Phänomen vom Farbenleben des Lichtes, wird von ihm das Phänomen eines menschlichen Lebens erklärt.

„Eine polemische Richtung in Byron" spricht Göthe an, und bringt sie in Verbindung mit Nationalität, feudalistischer Abkunft, mit der frühen Unabhängigkeit, der Fertigkeit des Dichters in Leibesübungen und Waffen, mit dessen wüstem Jugendtreiben zu Newstead-Abbey.

Alle die gedachten Beziehungen erklären den Ausdruck: eine polemische Iichtung des Wesens, für eine höfliche Umschreibung vom Charakter grillenhaften, herrschsüchtigen, wüsten, verzogenen Junkerthums. Ihnen zufolge wäre anzunehmen, die Welt habe es nicht aushalten können mit Byron, deshalb Byron nicht mit der Welt, ja, nicht mit sich selber.

Byron zerfiel mit der Welt, weil er deren wirkliches Wesen nicht ertrug; er konnte dasselbe nicht ertragen, weil er es nicht begriff; seine Zerfallenheit mit der Welt hatte einen Grund mit seiner Zerfallenheit mit ihm selber.

Ebensowenig, als Byron die Welt, begriff ihn diese. Bei der Kraft seines Wesens setzte er seine Persönlichkeit in der Welt durch und wider die Welt; so kam das Polemische in sein Leben; in seinem Wesen lag nichts Streitsüchtiges. Byron ist ein Faust eigenthümlicher Art, ein absolut tragischer Character.

Viel stärker als bei Göthe, so stark, dass sie nur hätte ausgeglichen werden können durch Thätigkeit unter allen Formen einer solchen, welche dem menschlichen Leben zuständig sind, vorzüglich unter dessen höheren abstracten Formen, war bei Byron die Lebenskraft. Dadurch wäre jene Harmonie zwischen Kraft und Form, jene Haltung in sein Wesen gekommen, wodurch Göthe so ausgezeichnet ist; und in rein menschlicher Grösse träte Byron auf. Zu Thätigkeit unter jener Form, war in diesem auch eine ungemeine Anlage.

Bei aller Unruhe, welche durch sonstige Beziehungen in sein Leben kam, ist dasselbe wesentlich ein Leben des Nachdenkens, der Beschaulichkeit. Jene Anlage ertheilt seiner Poesie das Grossartige, Transscendentale, welches derselben gemeinsam ist mit der Poesie Milton's und Dante's, Klopstock's und Hölderlin's.

Jegliche Anlage aber, das heisst soviel als jegliche allgemeinbestimmte Fähigkeit zu irgend einer Thätigkeit, muss durch specielle Bestimmung, welche nur vermittelt werden kann durch specielle Beziehungen auf die äussere Lebenserscheinung, zu einer absolutbestimmten Fähigkeit, zur Fertigkeit werden. So stärker und lebendiger die Anlage, so vielfältiger und genauer deren specielle Bestimmung, so künstlerischer, das heisst so viel als so vollkommener, die Fertigkeit. Logische Fertigkeit in objectiver und in absoluter Beziehung hatte Byron so wenig als Göthe erworben.

Dem Instinctartigen Sinnlichen, Bildlichen, dem analogischen Combinativen der bestimmten Auffassungsweise Byron's gemäss war die absolute Form der Bestimmung des Lebens bei bei ihm ganz dieselbe wie bei Göthe, dabei aber bestimmten Kraft und Lebendigkeit seines allgemeinen gesetzlichen Lebensbewusstseyns Byron viel stärker zum Gesetzlichen, Idealen, als Göthe dadurch zu einem solchen bestimmt ward. Sie gestatteten ihm nicht jenes egoistische Selbstgenügen, auch ohne eine rein gesetzliche Form seines eigenen Lebens; dessen Göthe sich erfreute: sie gestatteten ihm nicht das behagliche Verweilen dieses letzteren beim Realen, welches der momentanen Entwickelung des Lebens nach absoluter Gesetzlichkeit ermangelt. Ein unbestimmtes, aber gewaltiges unveränderliches Verlangen verleidete Byron das Reale, riss ihn darüber hinaus.

Der Egoismns, welcher mit der gedachten bestimmten Auffassungsweise desselben zusammenhing, war in einzelnen Fällen heftiger als bei Göthe, heftig bis zur Zerstörung; nicht so durchgängig, so compact als dessen Egoismus. Byron's Gemüth war im Allgemeinen liebevoll; er war rein liebevoller Selbstvergessenheit, Selbstzurücksetzung fähig. Sein analogisch combinatives Erkennen war durchdringender und stärker als das göthesche.

Zu Leibesübungen, Waffen, zu Uebung in bildlicher Auffassung, in bildlicher Darstellung, im rhytmischen Ausdruck hatten seiner Jugend nicht Anlass, nicht Anleitung gefehlt; in diesem Allen hatte er künstlerische Fertigkeit erworben.

Seine Herkunft brachte zu Normännern, Kreuzzügen, Seeabenteuren, zur Geschichte und zur Gesetzgebung seines Vaterlandes ihn in persönliche Beziehung. Daher entnahmen seine bildlichen Vorstellungen eine phantastisch reale Bedeutsamkeit — die Cedern wachsen am Lybanon und nicht am Teiche Bethesda. Seinen instinctartigen, sinnlichen und bildlichen Affecten ertheilte seine Kraft eine auf selbe bezügliche Grossartigkeit. Sein absolutes ideales, daher auch sein sittlich ideales Verlangen, seine allgemeine mächtige Liebe verbanden sich damit.

Das absolut Gesetzliche in Bezug auf das Leben war Byron überkommen in dreifacher bestimmter Form: als philosophisches Dogma, als kirchliche Satzung, als bürgerliches Gesetz. Als ein Absolutes that dasselbe unter keiner dieser Formen seinem starken und lebendigen Bewusstsein, in manchen Fällen nicht einmal seiner bestimmten logischen Auffassung eines solchen genug.

Mit der Philosophie war Byron schnell auf's Reine: im Allgemeinen sprach er sie an als das Buntscheckigste von allen buntscheckigen Dingen (Did J not know philosophy to be the motly'st of all motly things). Ihre Lehren benutzte er, oder nicht, je nachdem sie ihm anwendbar oder nicht anwendbar schienen; ihre Methoden liess er auf sich beruhn, begnügt mit der Logik, welche dem Menschen, wie das gesetzliche Lebensbewusstsein eingeboren ist.

Nicht so leichtes Spiel hatte Byron mit den kirchlichen Satzungen nnd den bürgerlichen Gesetzen.

Für sie, als absolute Gesetze, sprach die allgemeine Auffassung, eine allgemeinbestimmte undeutliche, wie die seine; als eine collective der seinen, einer einzelnen, an quantitativer Bedeutsamkeit überlegen und so letzterer ihr Gepränge ertheilend. Für sie als ein absolut Gesetzliches sprach sein Bewusstsein, in manchen Fällen sogar seine bestimmte Erkenntniss, während jenes Bewusstsein und diese Erkenntniss im Allgemeinen, wie in bestimmten Fällen die kirchlichen Dogmen und die bürgerlichen Vorschriften als ein absolut Gesetzliches verwarfen; ohne dass ersteres als ein allgemeinbestimmtes, daher undeutliches, letztere als eine absolute einzelne, daher nur deutlich in einzelner Beziehung, vermocht hätten, Unterschied und Identität zwischen dem absoluten und dem kirchlichen und bürgerlichen Gesetz ihm klar zu machen; die Form zu ermitteln, welche das absolute Gesetz in

Anwendung auf bestimmte Fälle annehmen müsse, worauf es unter den Formen als kirchliche und bürgerliche Vorschrift nicht Anwendung litt.

So fühlte er gegen das kirchliche und bürgerliche Gesetz zugleich Pietät und Misstraun, ja Hohn.

Er hätte an die Ohnfehlbarkeit seines eigenen gesetzlichen Bewusstseins zweifeln mögen; zu mächtig zeugte dieses für sich wider solche Zweifel, und doch unterwarf es ihn jenen Gesetzen so wenig, als es, selbst unbestimmt, seinem Leben eine durchgängige gesetzliche Bestimmtheit ertheilte; es rächte nur seine instinctartigen und sinnlichen Verletzungen des Gesetzlichen in aller Beziehung an ihn selber; es entzweite ihn mit sich selbst; um so mehr, als bei der Gewalt seines Wesens jene Verletzungen mehrentheils nicht unbedeutende waren.

In der Welt, bei den Menschen traf Byron weder die Schönheit noch die Grossartigkeit seiner bildlichen Vorstellungen, nicht seine allgemeine Liebe, nicht sein absolutes ideales Verlangen, nicht den Schmerz, wodurch dasselbe seine eignen Verletzungen des Gesetzlichen an ihn selber rächte, nicht seine Kraft des Lebens, dergleichen Verletzungen, wie die seinen, durch Gewalt instinctartiger, sinnlicher, bildlicher Triebe zu entschuldigen; auch nicht seine Zweifel an Dogma und bürgerliches Gesetz als etwas Absoluten; im Uebrigen keine andre Form der Lebensauffassung, der Lebensbestimmung und des Lebens als die seine.

Er verachtete sich selbst im Vergleiche zu seiner absoluten Vorstellung, seinem absoluten Willen seiner selbst; er verachtete im Vergleiche zu sich selbst die Menschen. So zerfiel er mit der Wirklichkeit, so mit jeglicher Wirklichkeit, zu der er in nähere Beziehung trat; denn in jeglicher fand er dieses gleich.

Der Menschen aber, die er verachtete, der Wirklichkeit, die ihn abstiess, bedurfte er zur Liebe, zum

Leben; denn, wie bemerkt, so stärker im Menschen das rein gesetzliche Lebensbewusstsein: so stärker, als ein allgemeines, sein Gefühl, der Liebe, so stärker sein Bedürfniss vollständiger Lebenswirksamkeit, und, nur das wirkliche ist vollständiges Leben.

Byron rettete sich zur leblosen Natur. Ihre primitive, ihre elementarische Grossartigkeit entsprachen der Kraft seines Wesens; ihre unbedingte Gesetzlichkeit, die stille, wilde Regelmässigkeit in ihrem Walten, ihre Schönheit zog ihn an. Ihr allgemeinbestimmtes, unvollständiges anorganisches Leben bot seinem absolut bestimmten, organischen Leben keine vollkommenen Beziehungen. Er flüchtete zur Thierheit. Das rein instinctartige, sinnliche, bildliche Leben des Thieres ist Verletzungen des absolut Gesetzlichen nicht wie das menschliche Leben unterworfen, dem ausser jenen Formen der Auffassung und der Bestimmung seiner selbst absolute Formen einer solchen zustehen. Mangelhaft im Vergleiche zum menschlichen, entsprach das animale Leben eben so wenig als das anorganische vollkommen der menschlichen Lebendigkeit Byron's.

Er wandte sich an den rohen Menschen: der Einfachheit seiner Verhältnisse nach steht dieser zunächst der Natur; das Natürliche aber ist gesetzlich; Einfachheit erleichtert Gesetzlichkeit. Der verkümmerten bürgerlichen Berechtigung des roheren Menschen sah er Regellosigkeiten des Lebens bei demselben nach; sie erhöhte in seinen Augen den Werth der Regelmässigkeit seines Lebens. Auch hier verhinderte die Unverhältnissmässigkeit der geistigen Thätigkeit Vollständigkeit der Lebensgemeinschaft; und der Mangel an Gesetzlichkeit des Lebens beim rohen Menschen wurde Byron zuwider, als er bemerkte wie er dessen Einfachheit und Natürlichkeit verdarb, ohne solches durch wesentliche Steigerung seiner geistigen Lebenswirksamkeit zu vergüten.

Wie der Wandrer in der Wüste auf einzelnen Oasen ruht, sich erquickt, verweilte Byron bei einzelnen Erscheinungen der Güte, Gerechtigkeit, Grösse, Schönheit und labte sich daran: sein ideales Verlangen betraf das Leben überhaupt, betraf sein eigenes Leben.

Er flüchtete sich ins Reich der Poesie: das poetische ist ideales, es ist kein vollständiges wirkliches nur abstractes, nur Gedankenleben.

Er jagte Phantomen des Ruhmes nach: seine bestimmte, kräftige und genaue Erkenntniss des Einzelnen offenbarte ihm schnell die Ineptie des Urtheils, worauf im Allgemeinen der Ruhm beruht; das Phantastische seines Wesens, die Zudringlichkeit, der er aussetzt, die Vereinzelung, der er zugleich unterwirft, verleideten ihm den Ruhm. —

Durch ungestümen Rausch der Sinne, durch wilde Bewegung suchte er sich zu betäuben: der Sinnerausch erniedrigte und erschöpfte; die Bewegung ermüdete, beruhigte nicht.

Er konnte keine Ansicht vom Leben fassen, als es zu halten für ein trostloses Gewirr unvereinbarer Gegensätze, deren Befehdung der Mensch als Werkzeug dienen muss ohne sein Zuthun, seine Zustimmung; wechselnde Qual des Verlangens und der Täuschung, Verhängniss, wovon nur „eine stets süsse Ruhe des Todes“ erlösst.

Gegen das Ende seiner Tage gewann Byron an der Sache der Befreiung Griechenlands seinem Leben eine Beziehung, angemessen der Kraft und der idealen Richtung desselben. Mit diesem Momente erlangt dasselbe Haltung. Es wächst gegen seinen Schluss, wie mit dem Schlusse des Tages die Schatten.

Wie Byron aber auch diese Angelegenheit wesentlich bildlich-phantastisch erfasst, verfolgte auch in Bezug auf sie ihn jenes Loos, welches der Fluch seiner Tage gewesen: die Wirklichkeit entsprach seiner idealen

Vorstellung nicht; er musste wieder mit ihr zerfallen. Sein Tod verhütete die Vollständigkeit eines solchen Bruchs: jenes Loos hatte ihn zerstört, bevor es sich über ihn vollendet. —

Alle schreienden Contraste in seinem Wesen und in seinem Leben, des Grossartigen der Kraft, des Idealen der allgemeinen Bestimmung desselben; des Kleinlichen Regellosen seiner instinctartig-sinnlichen und bildlichen Bestimmungen; seiner Liebe, seines Egoismus seiner Bedürftigkeit und seiner Verachtung der Welt; seines Hohnes wider bürgerliches und kirchliches Gesetz, als ein absolutes, seiner Pietät und Ehrfurcht dagegen als ein solches; seines Bewusstseins eines solchen, seines Zweifels an einem solchen; den Contrast zwischen seinem Selbstgefühl und seiner Selbsverachtung — alle jene schreienden Widersprüche, so wie deren trostloses Resultat, seine Lebensqual, seine Lebensansicht sprach er aus in seinen Gedichten, wie sie in den verschiedensten Stimmungen sich ihm darstellten und ihn bewegt, nun mit notizenhafter Baarheit und Gleichgültigkeit, nun dadurch zermalmt, aufgelösst in Wehmuth, oder leise bewegt und resignirt, mit bittrem Hohn erfüllt, belustigt bis zu possenhafter Ausgelassenheit, die wie ein buntes Meteor hingauckelt, unerfreulich über tiefen Schmerz; allemal mit einer Vollkommenheit des Bildlichen für Aug' und Ohr und alle Sinne, mit einer Gewalt des Ausdrucks, welche nicht die leiseste, nicht die mächtigste Schattirung seiner Empfindung entzieht: öfter im Namen eines Dritten, als rein lyrisch, in seinem eignen Namen, wodurch seine Darstellung einen objectiven Stempel erhielt.

Als eine objective wurde jene subjective Auffassung um so mehr genommen, weil sie an sich, ihrer Gewalt, ihrem Reichthume nach absolut eigenthümlich war.

Den Character des Romantischen bildet die Zusammenstellung vielfältiger frappanter Contraste. Wesen und Leben Byron's brachten dergleichen in Fülle zusammen: er ward zum Repräsentanten des Romantischen, als Poet, zum Repräsentanten der romantischen Poesie gemacht. —

Wie Göthe, war Byron Repräsentant eines Momentes der Lebensentwickelung der Menschheit, eines mehr vorgeschrittenen Momentes ihrer Entwickelung, als jener erstere. Seiner Lebensauffassung und seinem Leben gleichen im Allgemeinen Lebensauffassung und Leben der geistiger Lebendigen unsrer Tage.

Egoisten, dem Instinctartigen, Sinnlichen, Bildlichen, dem Einzelnen unsrer logischen Auffassung nach, dem Problematischen, Symbolischen, Unvollständigen, Allgemeinbestimmten, Undeutlichen unsrer Erkenntniss des absolut Gesetzlichen zufolge, sind wir, der Vielfältigkeit unsrer einzelnen logischen Erkenntnisse, der Vollkommenheit unsrer bildlichen Auffassung nach; schon über den Egoismus hinaus: dieser beglückt uns nicht mehr, reine Liebe kann uns noch nicht beglücken: das ist der Schmerz, die Angst der Zeit.

Wir müssen vorwärts, zu vollkommener Erkenntniss, um zu vollkommener Liebe zu gelangen. Die Bewegung, die Gewalt können nicht helfen; veränderte Formen der Regierung nicht radical; der Egoismus richtet alles zu Grunde.

Die Erkenntniss hat bestimmte Stufen, auf welchen sie die gesammte irdische Lebenserscheinung hindurch sich erhebt. Auf die Erkenntniss des Lebens aber beruht die Bestimmung des Lebens, beruht dessen Aeusserung, Liebestrieb, Lebenswille, Lebensthat.

Keine jener Stufen schliesst die vorigen aus; die letzten sind durch alle vorhergehenden bedingt; die höchste, absolute Auffassung in Bezug auf das irdische Leben ist nur dem Menschen zugänglich. Dieses macht ihn zu Gipfel und Krone jenes irdischen Lebensbaumes, jener Esche Ydrasil der alten Asen.

Eine jener Stufen ist erstiegen, die höchste noch nicht; vor dieser steht der Mensch. Rein im Einzelnen, einzeln in bestimmter Allgemeinheit hat er das Leben begriffen; in absoluter Einheit noch nicht; in solcher muss er es von nun an begreifen; seine Fähigkeit der Erkenntniss geht über das Einzelne hinaus.

Die Poesie ist verarmt. Sie hängt sich an das Quantitative, an das Gewaltige, Colossale, an die Fülle der Romantik und deren frappante Gegensätze, sie deckt schaamlos die Missgestalt auf, worin das Leben der Sieg einer untergeordneten gesetzlichen Lebensbestimmung über höhere gesetzliche Bestimmungen darstellt, Gehalt vor der Erkenntniss zu gewinnen; die materielle Bedeutsamkeit des Bildlichen als solches, dessen symbolische und problematische rein gesetzliche Bedeutsamkeit genügen dieser nicht mehr.

Die bürgerlichen Beziehungen haben eine Vielfältigkeit und Grossartigkeit des Zusammenhanges gewonnen, wovor das persönliche momentane, materielle Interesse, rein provincielle, ja nationelle Verhältnisse schon in Kleinlichkeit zusammenschwinden und immer mehr zusammenschwinden müssen, wie derselbe sich grossartiger gestaltet, indem die Menschheit mehr und mehr die primitiven Formen der irdischen Lebensthätigkeit begreift und das allgemeinbestimmte anorganische Leben der Natur ihrem absolutbestimmten organischen Leben vollständiger unterwirft.

Die Kirchen zerfallen in Secten; ohnfehlbares Zeichen, dass ihre Dogmen nicht mehr unbedingter Ausdruck sind der Auffassung der Menschheit vom Wesen der Gottheit: von den Beziehungen des irdischen Lebens überhaupt und ihres eignen Lebens zur Gottheit; dass die Menschheit eine veränderte Form jenes Ausdruckes braucht und will.

Bestimmte Erkenntniss des unbedingt Gesetzlichen im Leben, der Beziehungen des Lebens zu diesem und zur Gottheit muss dem Einzelnen, dem Materiellen wieder absolute Bedeutsamkeit, dem Ganzen Einheit, Ordnung, gesetzliche Freiheit ermitteln.

11.
Gewinn, welcher die sämmtlichen angeführten Modalitäten der Lebensansicht begleitet hat.

Ein unbedingter Gewinn ist erworben durch die Veränderungen der Lebensansicht im Allgemeinen, welche wir die obigen Blätter hindurch verfolgt: vermehrte Wahrheit, Selbständigkeit, Freiheit und Lebendigkeit des Lebens.

Mit der absoluten Ehrfurcht vor dem positiven Gesetz schwand der Hehl desjenigen, wodurch dieses verletzt ward, schwanden Heuchelei und Ostentation einer ihm entsprechenden Form der Lebensthätigkeit.

Ist die individuelle Bestimmung seiner selbst des Lebens aufgefasst als absolutes Gesetz des individuellen sich dadurch bestimmenden Lebens: bewegt dieses sich mit Sicherheit, in welcher Form es sich bewegt.

So, ungehinderter Lebensbeziehungen eingehend, der Natur seines Lebens gemäss, vervielfältigt es die Formen seiner Lebenswirksamkeit, steigert deren Vervielfältigung entsprechend seine Lebenskraft; steigert und vervielfältigt dadurch den Gehalt des allgemeinen Lebens, dem sein individuelles Leben als Theil gehört, den Gehalt des Lebens im Ganzen.

Lebenskraft ist Bedingung von Lebensform — ohne bedeutenden quantitativen Gehalt des Lebens kein bedeutender formeller Gehalt desselben Indem Achtung und Beachtung ersterem sich zugewandt, geschah ein Schritt zu ihrer Beziehung auf letzteren, welcher dieser nothwendig vorangehen musste.

Mit ihr ist alles gewonnen; denn alle bestimmte Form im Leben ist absolut gesetzlich, ist Manifestation des Lebensgesetzes in problematischer und symbolischer Erscheinung, Manifestation des schöpferischen Lebensgedankens und Lebenswillens. Dieser Gedanke ist ewig und unveränderlich. Er ist das Kanon der Erkenntniss, er das Gesetz der Vernunft. Ihn klar erfasst, an sich und seiner Beziehung nach zum Leben: und das Leben ist absolut begriffen. Ihm gemäss das Leben bestimmt: und das Lehen ist durch sich selbst der Gottheit geheiligt.

II.

Gesetz und Formen des Lebens.

1.

Der Begriff der Gottheit.

Den Begriff der Gottheit an sich, einen absoluten Begriff derselben kann der Mensch nicht fassen. An diesen Begriff reichen nicht seiner Geistesstrahlen äusserste Spitzen, seine Strahlen der Ahnung; in solcher Beziehung für ihn nur der Glaube. Wie sollte das absolut Bedingte und Bestimmte, daher Beschränkte und Begrenzte ein rein Absolutes, daher Unendliches, Unbestimmbares bestimmen? — Eine Bestimmung aber ist jeglicher Begriff.

Sofern sie augenscheinlich zu erfassen ist, hat diese Wahrheit längst die schöne Parabel des heiligen Augustinus vom Knaben, der das Meer ins Grübchen schöpfen will, augenscheinlich gemacht.*) Sie ist nicht weniger in der Kantischen Lehre enthalten.

Aller menschlichen Erkenntniss Schlussstein ist der Glaube. Ihr Grabstein darf er nicht sein wollen. Er ruht auf Erkenntniss, wie die Kuppel eines Tempels ruht auf dessen Säulen und mit diesen das Heiligthum macht, er steigt, wenn die Erkenntniss sich erhebt, wie jene steigt, wenn diese höher streben.

Eine bestimmte Erkenntniss der Gottheit ist dem Menschen der Natur seiner Erkenntnissthätigkeit nach zustän-

*) Lange vor Augustinus lehrte eben dieselbe Wahrheit Clemens von Alexandrien. S. Origenes, von Redepennig. Bonn 1841. S. 106. 107.

dig. (Wir werden im Abschnitt: Ueber das gesetzliche Wesen und über den gesetzlichen Zusammenhang des Lebens, so wie im Abschnitt: Körper und Geist, von letzterer handeln.)

Diese Erkenntniss bezieht sich auf die Manifestation der schöpferischen Kraft als Lebenskraft, und als Leben. „Gottes unsichtbares Wesen, das ist seine ewige Kraft und Gottheit wird ersehen, so man das wahrnimmt aus den Werken, nämlich aus der Schöpfung der Welt.“ (Röm. 7. 20.)

Der Natur des Lebens und der Natur seines Erkenntnissvermögens zufolge begreift demnach der Mensch die Gottheit in zwiefacher Eigenthümlichkeit: ihrer Wirksamkeit nach als Kraft; ihrer Wirksamkeit nach als sich selbst bestimmende Kraft.

Leben ist unaufhörliche, unbestimmbar vervielfältigte Bewegung und Thätigkeit in eben einer solchen körperlichen Erscheinung.

Bewegung und Thätigkeit setzen Kraft voraus; unablässige, unbestimmbare Bewegung und Thätigkeit eine unerschöpfliche, unbestimmbare Kraft: der Mensch begreift diesem zufolge den Urgrund, die Bedingung des Lebens als Kraft; und zwar, als eine unerschöpfliche, unbestimmbare, eine absolute Kraft, als das Wirkende an sich.

Dieser Begriff ist ein absoluter. Als solcher betrifft er jedoch nur eine einzelne Form der irdischen Lebensmanifestation, die schöpferische Kraft in Bezug auf diese. Er ist demnach ein allgemeiner Begriff: ein bestimmtes Einzelnes, stellt das Absolute sich in der Form eines Allgemeinen dar.

Ein allgemeiner Begriff, ermangelt er der Deutlichkeit: specielle Bestimmtheit eines Allgemeinbestimmten bringt die Erscheinung der Klarheit hervor.

Als Begriff der Gottheit, sofern das Leben einen solchen vergönnt, ist derselbe unvollständig.

Das Leben hindurch herrschen unbedingt Harmonie, Ordnung, Vereinigung des Einzelnen zur Einheit. Sie lassen sich zurückführen auf eine absolute Bestimmung, welche sich als dieselbe in jeglicher Erscheinung des Lebens manifestirt. Diese Bestimmung spricht der Mensch an als Gedanken und Willen der absoluten schöpferischen Kraft in Bezug auf ihre Wirksamkeit als Leben. In Folge dessen begreift er jene Kraft, als Kraft der Weisheit, der Gerechtigkeit, der Liebe.

Ein solcher Begriff von der Gottheit ist ein absoluter, somit ein klarer hinsichts deren irdischer Lebensmanifestation. In Bezug auf die Gottheit an sich ist er ein einzelner, sonach ein unvollständiger, undeutlicher.

Ob das Wirkende an sich, die absolute Kraft der Weisheit, der Gerechtigkeit, der Liebe sich noch andre Formen der Wirksamkeit ertheilt, ausser den Formen ihrer irdischen Lebenswirksamkeit? — Welche jene Formen sein mögen? — In Bezug darauf für den Menschen unbedingtes Geheimniss. Keine Offenbarung, auch nicht die christliche, hat ihm darüber Etwas enthüllt. Er kann nicht sagen und betheuren: so ist es, so ist es nicht: in Anbetung muss er verstummen.

Sofern er eine unbestimmbare Vervielfältigung der Formen der göttlichen schöpferischen- oder Lebenswirksamkeit begreift, muss er, der Natur seiner Erkenntnissthätigkeit nach, auch unbestimmbar vervielfältigte Formen der Wirksamkeit derselben an sich, ihrer absoluten Wirksamkeit annehmen: deshalb jene Frage bejahen. Da seine Erkenntnissthätigkeit ihm aber nichts über solche Formen lehren kann, vermag er jene Frage nicht unbedingt zu bejahen; sein Begriff einer solchen Lebenswirksamkeit der schöpferischen Kraft bleibt ein einzelner, allgemeinbestimmter, eine Ahnung.

Aus derselben Ursache, dass seine Erkenntnissthätigkeit als eine bestimmte, daher beschränkte, dem Menschen nichts über die rein absolute Wirksamkeit der schöpferischen Kraft lehren kann, vermag dieser auch nicht zu sagen: ob jene Kraft noch andre Beziehungen zum Leben habe, als vermöge ihrer Wirksamkeit als Lebenskraft und ihre Bestimmung ihrer selbst als eine solche? — Der Natur seiner Erkenntnissthätigkeit zufolge muss er diese Frage verneinen: die Bestimmung eines Absoluten durch ihn selber muss eine absolute sein, gestattet folglich keine andere Bestimmung desselben durch ihn selber; denn das Absolute ist ein Einiges, Ewiges, Unheilbares und Wandelloses. Eine solche Entscheidung beruht jedoch auf seiner Erkenntnissthätigkeit, welche als eine bestimmte, eine beschränkte; daher zur Entscheidung einer Frage, so die rein absolute Wirksamkeit der schöpferischen Kraft betrifft, unzulänglich ist: folglich gilt auch in dieser Hinsicht für ihn nur der Glaube.

2.

Der Begriff des Lebens.

Der Begriff des Lebens bezieht sich auf dieses an sich. Er steht in nothwendigen Zusammenhang mit dem Begriff der Gottheit.

Gleich wie der Mensch, der Natur seiner Erkenntnissthätigkeit nach, eine Wirksamkeit der Gottheit unter andern Formen als diejenigen begreift, welche er vermöge deren Lebenswirksamkeit zu erfassen vermag, kann er auch andre Formen der schöpferischen Lebenswirksamkeit, als die irdische Form einer solchen begreifen.

Eben dieselben Attributionen, welche dem irdischen Leben zuständig sind, rastlose, unbestimmbare Bewegung und Thätigkeit, in rastlos und unbestimmbar wechselnder Erscheinung, in wandelloser Harmonie, Ordnung, Einheit, nimmt er in Bezug auf das Leben im Allgemeinen, das planetarische, das Weltleben wahr, sofern zu diesem das irdische, sonach auch sein eigenes Leben, sonach auch sein Erkenntnissleben in Beziehung treten kann.

Er muss jenen Attributionen ebendieselben Beziehungen verleihen, welche er denselben als Attributionen der irdischen Lebenswirksamkeit ertheilt. Da aber das irdische Leben zum planetarischen Leben nur in einzelner, nicht in absoluter Beziehung steht, ist sein Begriff des Lebens an sich, wie sein Begriff der Gottheit, nur ein einzelner, unvollständiger, ein allgemeiner, somit ein undeutlicher, ein Ahnen. Geheimniss zum Theil für den Menschen in Bezug auf das Leben, wie in Bezug auf die Gottheit: sein Erkennen umfasst eine Spanne zwischen Unendlichkeiten, selbst ein Unendliches in seiner Begrenzung.

Anlangend das irdische Leben, begreift der Mensch bei demselben gewisse Formen der Erscheinung unter welchen sich dasselbe, bestimmten Modalitäten nach, unbedingt kund giebt.

Diese Formen, als absolute in Bezug auf dasselbe, spricht er, der Natur seiner Erkenntnissthätigkeit zufolge, an für dessen Grundformen, ebendiejenigen, denen zufolge dasselbe in nächster Beziehung steht zur schöpferischen Kraft. Diese Formen sind allgemeine und specielle.

Die allgemeinen:

1) gesetzlich bestimmte Kraft, oder Seele.

2) Bewegung.

3) Verkörperung.

Die speciellen:

1, 2) Raum und Zeit: Zahl, als Einzelheit, Mehrheit, Einheit.

3, 4) Quantität und Qualität: Gewicht und Maass.

Die beiden ersten dieser vier speciellen Formen correspondiren mit den beiden letztern; sie stehen zu denselben im Verhältniss allgemeinbestimmter zu absolutbestimmten.

Ausser diesen Formen enthält das irdische Leben wesentlich keine; alle übrigen Formen desselben beziehn sich auf sie, als Modalitäten, Vervielfältigungen, Vermischungen derselben. Aus ihnen gestaltet sich jene Formenwelt der Mannigfaltigkeit, welche den Geist, so mehr er sich darin verliert, sie zurückführend auf ihre ursprüngliche Einfachheit und Einheit, so mehr mit Staunen, mit Wunder, mit Anbetung durchdringt.

Den gedachten Formen nach muss der Mensch das Leben absolut begreifen.

Ihnen zufolge und der Natur seiner Erkenntnissthätigkeit zufolge macht er sich von der Entstehung des Lebens, von demselben seiner unmittelbaren Beziehung zur Gottheit nach einen Begriff.

3.

Begriff der Entstehung des Lebens.

Indem die schöpferische, absolute Kraft ihre Wirksamkeit einer Bestimmung unterwarf, einem Gedanken und Willen ihrer selbst in Bezug auf selbe, löste sie sich einem gewissen, durch jenen Gedanken und durch ihr Wesen als absolute Kraft bestimmten Gehalte der Wirksamkeit nach ab von ihrem absoluten Wirken. Sie entäusserte sich desselben, trat im Verhältnisse zu sich selbst diesem letzteren zufolge, als ein sich selber Aeusserliches auf. Als ein solches aber blieb sie, ihrem rein absotuten Wesen zufolge, in sich selber enthalten. Und so ist das Leben in Gott und Gott ist im Leben.

Als schöpferische Kraft war die Gottheit einer zwiefachen Wirkungsform nach thätig, einer allgemeinen, als Kraft, einer allgemeinen und speciellen, als sich selbst bestimmende Kraft der ersteren nach einer Bestimmung durch sich selbst vermöge letzterer unterworfen; der letzteren nach absolut durch sich selbst bestimmt.

Ein absolut Wirkendes, als ein solches ein Ewiges, Wandelloses, musste sie fort und fort unter jenen Formen, fort und fort unter denselben als dieselben wirksam sein.

Demnach ist sie als geäusserte, durch Aeusserung in quantitativer Wirkungsform bedingte Kraft absolut wirksam; steht sie auch in solcher Wirkungsform in Beziehung zu sich selbst als ein sich selbst Bestimmendes; ihre Bestimmung ihrer selbst, als ein Geäussertes aber ist ebendieselbe, wodurch sie sich als absolute Kraft zur Aeusserung bestimmt.

Jene Beziehung auf sich selbst bringt für sie in expansiver, in der Wirkungsform als absolute, durch Aeusserung quantitativ bedingte Kraft, eine Beziehung auf sich selbst als solche, eine Wirksamkeit in contrahiver Form mit sich. Und so stellt sie sich contrahiv dar in Bezug auf ihre expansive Wirksamkeit, bedingt durch sich selbst in contrahiver Form vermöge ersterer; bestimmt in ersterer durch sich selbst in der letzteren Wirkungsform. So erscheint sie allgemeinbestimmt, quantitativ, einer speciellen Bestimmung unterworfen, in expansiver Wirksamkeit; quantitativ und qualitativ, absolut bestimmt durch sich selbst, in contrahiver Wirkungsform. In jener bezieht sie sich auf sich selbst und auf das Aeussere; in dieser auf das Aeussere und auf sich selbst.

So muss der Mensch den anfänglichen Lebensmoment als einen Akt der Aeusserung und Entäusserung ihrer selbst der schöpferischen Kraft; der Beziehung auf sich selbst, der Auffassung und Bestimmung ihrer selbst als ein Geäussertes derselben begreifen.

Die Bestimmung der schöpferischen Kraft zu solcher Wirksamkeit bildet das Gesetz des Lebens.

Die Formen der Wirksamkeit, welche jene Kraft sich vermöge des gedachten Momentes ertheilt, bilden die absoluten, die Grundformen des Lebens.

Die Folge der Momente ihrer Wirksamkeit unter diesen Formen bildet die absolute Ordnung und Folge des Lebens.

Nach ihrer Vollendung in solcher expansiven und contrahiven Wirkungsform tritt die schöpferische Kraft in Gemässheit ihrer Bestimmung ihrer selbst als eine solche wieder expansiv auf. So aber stellt sie sich dreifach quantitativ bedingt in Uebereinstimmung und in Einheit dar: einem allgemeinbestimmten quantitativen Gehalte ihrer rein expansiven Wirkungsform zufolge; einem gleichen verdoppelten Gehalte nach, gemäss ihrer Beziehung auf sich selbst in solcher Wirksamkeit; einem gleichen verdreifachten Gehalte nach, gemäss ihrer Beziehung auf sich selbst in solcher und auf sich selbst in absoluter Wirksamkeit. Sie stellt sich zwiefach bestimmt dar: ihrer expansiven und contrahiven Richtung zufolge.

Den Zustand der schöpferischen Kraft als absolute, rein durch sich selbst bestimmte Kraft, nennen wir das reine Seyn: höherer Zustand als das Leben; unvollständig als Lebenszustand; Zustand, in welchem das Leben sich durch sich selbst hervorbringen soll, in gesetzlicher Ordnung und Einheit sich darstellend, treues Bild, Erscheinung des schöpferischen Lebensgedankens und Lebenswillens.

Den Zustand der schöpferischen Kraft als ein Geäussertes, durch sich selbst in quantitativer Wirkungsform Bedingtes, nennen wir Daseyn.

Den Zustand ihrer Wirksamkeit als ein Geäussertes durch sich selbst als solches absolut Bestimmtes nennen wir Leben.

Das reine Seyn musste dem Daseyn vorausgehen, dieses dem Leben.

Zwei derjenigen Formen, welche wir als absolute Formen des Lebens begriffen, lassen sich zurückführen auf den anfänglichen Lebensmoment, wie wir ihn so eben aufgefasst: Seele und Bewegung. Ausserdem stellt das Leben sich unbedingt in körperlicher Erscheinung dar. Wir beziehen die Lebensverkörperung theils auf die Bewegung, theils auf das Verhältniss des irdischen Lebens zum Leben im Allgemeinen. Die Abschnitte vom gesetzlichen Wesen und vom gesetzlichen Zusammenhang des Lebens, von den Formen der Körperlichkeit werden beide Beziehungen darthun.

4.

Allgemeine Grundformen des Lebens.

Wir haben die Behauptung aufgestellt, dass sämmtliche Formen der Lebensthätigkeit und der Lebenserscheinung nur Modalitäten, Vervielfältigungen, Vermengungen wären der absoluten Grundformen des Lebens. Zu den allgemeinen Grundformen der Lebensthätigkeit wenden wir uns, diese Behauptung durch sie zu erweisen.

Alles Lebendige hat Seele: die Seele des Lebendigen ist das Band, welches Schöpfer und Schöpfung verknüpft; auf die Seele des Lebendigen ist dessen Wirksamkeit als Lebensbewegung bezüglich, wodurch seine Lebenserscheinung, die Form seiner Lebensverkörperung bestimmt wird.

Durchweg tritt das Leben auf in expansiver und in contrahiver Bewegungsform. Der ersteren Form nach stellt es sich quantitativ bedingt dar: so sich vermittelnd, vorbereitend in der letzteren, sich bedingend in solcher. Unter letzterer bestimmt es sich in ersterer, in Uebereinstimmung und Einheit mit sich selbst in dieser: so stellt es sich absolut bestimmt dar. Ohne quantitativen, kein formeller Gehalt des Lebens; dem quantitativen, dem Gehalte desselben an Kraft entspricht unbedingt dessen formelle Bedeutsamkeit; Grösse und Vervielfältigung seiner Bewegung und Verkörperung oder Erscheinung.

Wie man bei Taubenpaaren sieht, dass sie, Flügel um Flügel gestützt, eine die andere beim Fluge tragen und heben, stützt sich das Leben und erhebt es sich wechselsweise durch sich selbst in der einen und in der andern Form.

Quantitativ erscheint dasselbe durchgängig progressiv wirksam; dreifach in Uebereinstimmung und in Einheit bedingt. In Bezug auf sich selbst einer solchen Bedingtheit zufolge erscheint es, als ein vollständiges, durchweg zwiefach in Uebereinstimmung und in Einheit bestimmt.

Eine solche Vollendung aber betrifft dasselbe durchgängig als ein einzelnes; als ein bestimmtes, als ein absolutes, allgemeines.

Nach derselben stehen ihm eine absolut gesteigerte Wirkungskraft zu, eine absolut gesteigerte Form der Wirksamkeit, und demgemäss ein erweiterter Bereich, vervielfältigte Beziehungen letzterer.

Alle Formen der Lebensbewegung werden bedingt und bestimmt durch die expansive und die contrahive Grundform einer solchen.

Rein bezüglich auf sich selbst, seine Kraft, deren gesetzliche Bestimmung ihrer selbst, stellt das Leben sich als Bewegung dar.

Bezüglich auf seine Kraft, deren gesetzliche Bestimmung ihrer selbst und auf das Leben in anderer äusserer Erscheinung, tritt es als Thätigkeit auf.

Eine bestimmte äussere Beziehung macht die Bewegung zur Thätigkeit. Thätigkeit ohne quantitative und qualitative Bedeutsamkeit ist Spiel. Der Thätigkeit liegt eine zwiefache gesetzliche Bestimmung, eine zwiefach bestimmte Kraft zum Grunde, welche sich durch sie als Eine constituirt: dies bildet deren wesentlichen Character. Leben besteht aus beidem, aus Bewegung und Thätigkeit, sofern sie durch sich selber bestimmt sind. Darin ist die wesentliche, die absolut unterscheidende Eigenthümlichkeit (das Criterium) des Lebens enthalten, dass es aus Bewegung und Thätigkeit besteht, welche durch sich selber bedingt und bestimmt sind.

Das Leben wirkt rein impulsiv: so einfach bedingt und bestimmt. Seiner absoluten quantitativen progressiven dreifachen Bedingtheit und Bestimmtheit gemäss, stellt es sich so in dreifacher Erscheinung dar: als Schlag, Stoss, Druck.

Das Leben wirkt als ein zwiefaches impulsives in correspondirender und entgegengesetzter Richtung: bei solcher Wirksamkeit desselben bestimmt es in einer Wirkungsform sich selbst in der andern; oder es bestimmt unter beiden sich gegenseitig, es polarisirt sich.

Dem unbedingt Progressiven der Lebenswirksamkeit gemäss, ist die Lebenskraft in keinem Momente dieselbe wie in einem andern Momente. Da alle Form des Lebens auf Lebenskraft beruht, durch eine absolute Bestimmung letzterer entsteht: tritt das Leben auch anders bestimmt jeglichem Momente nach auf. Folglich sind zwei absolut gleiche Formen des Lebens ein Ding der Unmöglichkeit. Anmuthig hat einst Leibnitz diese Wahrheit an den Blättern der Lindenbäume zu Herrnhausen erwiesen. Aus dem einen und dem andern Grunde ist unbedingte Polarisation eine Unmöglichkeit. Bei möglichster Annäherung der Kraft und der Form muss einerseits ein, wenn auch so geringer Ueberschuſs an beiden vorkommen, dass er den Sinnen nicht vernehmlich werden kann. Aus ebendem Grunde mögten wir die Quadratur des Zirkels für das erklären, als welches sie sich bisher erwiesen hat, für eine Unmöglichkeit. Absolut anders bestimmt erscheinen Linie und Kreis. Beim Quadrat stellt jene erstere sich einer vierfachen correspondirenden absoluten doch zufälligen Bestimmung zufolge dar; beim Kreise einer dreifach progressiv quantitativ bedingten Bestimmung durch sich selbst zufolge: daher muss eine absolute Differenz des quantitativen und des qualitativen Gehaltes hinsichtlich beider Figuren Statt finden, welche sich in einem Bruch kund thut. Diese Erklärung stellt der Verfasser, als eine speculative, geometrisch zu erweisende oder zu widerlegende auf.

Nur indem das Leben mit einem absolut gleichen zwiefachen Belange in Bezug auf sich selbst, einem entsprechenden einfachen Belange nach thätig ist, kann es sich selbst polarisiren. So polarisirt es sich im Moment, da es sich als ein vollendetes darstellt.

Als ein impulsives, zwiefaches, correspondirendes, der Richtung nach entgegengesetztes, in wechselseitiger Bezüglichkeit befindliches stellt das Leben seiner dreifachen quantitativen Bedingtheit zufolge sich als Her- und Hin-, als Pendelbewegung, Pendelschwung, als mechanische Thätigkeit dar. Es bringt durch solche Thätigkeit seinen quantitativen zwiefachen Gehalt als Einen, übereinstimmenden zuwege: ertheilt sich Haltung: in einer Form sich selbst in einer andern bestimmend oder fixirend.

Auch als ein selbstbestimmtes ist, als ein impulsives, ein mechanisches, das Leben noch kein vollständiges Leben. Als ein solches tritt es nur auf einer dreifachen correspondirenden, progressiven, quantitativen Bedingtheit zufolge einfach durch sich selbst in Uebereinstimmung und in Einheit bestimmt.

Einfach durch sich selbst in Uebereinstimmung und in Einheit bedingt und bestimmt, erscheint dasselbe als ein mechanisches nur einem Momente nach, welcher durch die Wechselbeziehung seiner Thätigkeit, einer zwiefach bedingten und bestimmten, vermittelt wird, seinem letzten, demjenigen Momente zufolge, der ihm Haltung giebt.

Wie die mechanische Thätigkeit eine zwiefache entsprechende und auf entsprechende Weise verschiedene impulsive ist, die in wechselseitiger Bezüglichkeit sich in Uebereinstimmung und in Einheit vermittelt, ist die chemische eine solche mechanische Thätigkeit.

Als ein chemisches erscheint das Leben dreifach bedingt und bestimmt in Uebereinstimmung und in Einheit; so aber tritt es nur in einzelner Vollendung auf: einfach, zwiefach, dreifach quantitativ bedingt und bestimmt, demnach in dreifacher, progressiver, übereinstimmender Einzelheit bedingt und bestimmt.

Solches bildet die drei Classen chemischer Verbindungen. Die Beziehung der chemischen Körper dritter Ordnung zum Wasser betrachtet Mitscherlich als eine vierte Classe jener Verbindungen. *)

Wir kommen seines Ortes auf diese Beziehung, so wie auf sonstige Beziehungen derselben Art des chemischen Lebens.

Entsprechend seiner zwiefachen Bestimmtheit tritt dieses Leben in elektropositiver und in elektronegativer Wirkungsform auf.

Organisches Leben ist ein zwiefaches chemisches Leben, welches sich in specieller wechselseitiger und in allgemeiner gemeinschaftlicher Beziehung zum Aeussern in Uebereinstimmung und in Einheit hervorgebracht.

Der absoluten dreifachen correspondirenden progressiven quantitativen Bedingtheit des Lebens nach, erscheint

*) Mitscherlich's Lehrbuch der Chemie. 1ster Band. 3te Aufl. Berlin 1837. 380. S. 347.

das organische Leben als vegetabiles, animales, menschliches Leben. Es stellt der zwiefachen correspondirenden und verschiedenen Bestimmtheit des Lebens zufolge sich in absoluter zwiefacher Verschiedenheit dar, als männliches, als weibliches Leben. Es tritt seinem speciellen und allgemeinen absolutbestimmten Wesen zufolge in einer dritten Form auf, welche jene beiden Formen vereint, in Form einer bestimmten Gattung.

So ist das mechanische Leben ein zwiefaches impulsives, das chemische ein zwiefaches mechanisches, das organische ein zwiefaches chemisches Leben, welche durch wechselseitige Bezüglichkeit sich in Uebereinstimmung und in Einheit vermitteln; so in einzelner, in allgemeiner, in absoluter Einheit.

Die expansive und contrahive Grundform des Lebens aber manifestirt sich als Grundform des Lebens in dieser dreifachen allgemeinen, so wie in jeglicher speciellen, sich derselben unterordnenden Erscheinung.

Der ersten Richtung zufolge, rein bezüglich auf sich selbst, tritt das Leben auf als Lebenstrieb, Lebenswille, bezüglich auf sich selbst und auf das Leben in ihm äusserer Erscheinung, als Lebensthat.

Der letzteren Richtung nach, bezüglich auf sich selbst als Lebenstrieb, Lebenswille, Lebensthat stellt es sich dar als Lebensauffassung. So, sich vollendend in bestimmter Erscheinung, bedingt es sich zugleich in neuer expansiver Wirkungsform unter solcher. Der letzteren Thätigkeit nach stellt die Auffassung sich als Lebensbestimmung dar.

Als Verstand unterscheiden wir die erste dieser zwei Wirkungsformen des Lebens; als Gemüth die zweite; beide vereint begreifen wir unter der Benennung, Geist.

Im Zusammenhange mit der expansiven Form der Lebenswirksamkeit sind der Auffassung verschiedene Formen eigen. Als sinnliche Auffassung, als bildliche stellt sie sich dar in Bezug auf die Lebensverkörperung; als logische Thätigkeit in Bezug auf die Lebensbewegung; als Urtheil in Bezug auf das Leben überhaupt im Verhältnisse zu dessen gesetzlicher Bestimmung.

Auffassung dieser Beziehung des Lebens, Bestimmung des Lebens zufolge jener Auffassung: das ist die Bedeutung des Ausdruckes Vernunft.

Alles Lebendige hat Vernünftigkeit in Gemässheit der Beziehungen (Formen, Akte, Momente) seiner Lebendigkeit; Vernunft, das heisst absolute Vernünftigkeit, steht dem Menschen ausschliesslich zu: sein Leben umfafst in Einheit sämmtliche Formen irdischer Lebenswirksamkeit.

Durch die Formen der Lebensbewegung werden die Formen der Lebensverkörperung bestimmt, sofern diese nicht, wie erwähnt, sonstige Bezüglichkeit haben.

Ein Absolutes der Kraft und ihrer gesetzlichen Bestimmung nach stellt das Leben, als ein in sich vollendetes, sich auch in absoluter körperlicher Erscheinung dar.

Entsprechend seiner absoluten dreifachen quantitativen Bedingtheit, bringt sich dasselbe in dreifacher allgemeinbestimmter Form der Verkörperung hervor; flüchtig, flüssig, fest.

Entsprechend seiner absoluten zwiefachen quantitativen Bestimmtheit stellt es sich in zwiefacher absolutbestimmter Form einer solchen dar, vielmehr in zwiefacher als in einer, unter den Formen Linie und als Kreis.

Allemal treten die drei ersteren Formen als bedingende im Verhältniss zu den zwei letzteren, diese als bestimmende im Verhältniss zu den ersteren auf.

Als ein absolutes stellt sich das Leben unter allen diesen Formen in wechselseitiger Bezüglichkeit und in Einheit dar.

Unvollständig als Leben, vermag dasselbe in rein impulsiver Wirkungsform nicht, sich in bestimmter Erscheinung hervorzubringen; seine Wirksamkeit in solcher, bezieht sich auf vorhergehende Akte oder Momente, wodurch es sich in solcher dargestellt: es tritt in zufälliger allgemeinbestimmter Verkörperung auf. Seiner expansiven Richtung zufolge aber stellt es sich in absolutbestimmter linearer Manifestation dar.

Dasselbe, was hinsichtlich des impulsiven Lebens gilt, leidet Anwendung auf das mechanische Leben als ein vervielfältigtes impulsives. Das mechanische Leben stellt in zufälliger allgemeinbestimmter Verkörperung sich schon in zwei oder in allen drei Formen einer solchen in wechselseitiger Bezüglichkeit dar, wie solches bei Mühlen, Dampfmaschinen, bei mechanischen Werkzeugen erscheint, deren Thätigkeit durch Elektromagnetismus vermittelt wird. Es stellt sich in absolutbestimmter vervielfältigter linearer, unvollständiger kreisförmiger körperlicher Erscheinung dar; der letzteren Form nach rein bezüglich auf einen gesteigerten Gehalt der Kraft, welche der mechanischen Thätigkeit zum Grunde liegt, so wie auf eine ebendadurch bewirkte Vervielfältigung seiner linearen Verkörperung: so erscheint es in der Form eines Bogens, in Spiralform.

Entsprechend dem Wesen des Lebens ist die Vervielfältigung der mechanischen Thätigkeit, ihrer Beziehung nach auf die Kraft des Lebens eine allgemeinbestimmte, unbestimmbare; eine absolutbestimmte, ihrer Beziehung nach auf dessen Form.

In jeglicher absolutbestimmten Form liegt dem Leben ein durch selbe bestimmter Gehalt an Kraft zum Grunde.

Da die mechanische Thätigkeit, unvollständig als Lebensthätigkeit gleich der impulsiven, so wenig als diese vermag, sich in bestimmter körperlicher Erscheinung hervorzubringen, bedarf sie zu ihrer Manifestation der Vermittelung von Körpern (Lebensformen), die sich in solcher dargestellt; als eine zwiefache impulsive der Vermittelung von zwei Körpern dieser Art. Der Gehalt an Kraft beider tritt als ein bestimmter Kraftgehalt auf. Alle Bewegung, so auch die mechanische verändert die Gegenstände, welche sie betrifft, entsprechend ihrer Form. Die mechanische Thätigkeit stellt jene Körper, wodurch sie vermittelt wird, ihr selber entsprechend dar. Nach Maassgabe, als der Gehalt an Kraft, welcher denselben zum Grunde liegt, ausgeglichen wird durch den Gehalt an Kraft, worauf sie selber Bezug hat, reibt sie selbe auf. Daher die Unfähigkeit aller mechanischen Werkzeuge, nach einem bestimmten Gebrauch noch, wie zuvor, eine bestimmte mechanische Thätigkeit zu vermitteln.

Würde ein mechanisches Werkzeug so construirt, dafs bei demselben die drei allgemeinbestimmten Formen der Körperlichkeit in entsprechender, progressiver Gewalt, in gesetzlicher Folge und in wechselseitiger Bezüglichkeit als Vermittler und Repräsentanten mechanischer Bewegung dienten; dass nach einem vollendeten Kreislauf das Feste jedesmal als Bedingung des Flüchtigen, dieses als Bedingung des Flüssigen aufträte und letzteres als Bedingung des Festen: liesse sich allerdings ein Perpetuum mobile darstellen, wenigstens ein solches verhältnissmässig der Dauer der Bewegung der Erde und Beziehungen nach, welche die Folge aufklären wird. Ihre Beziehung nach auf das allgemeine planetarische Leben sprechen wir die Erde an als ein solches Perpetuum mobile. Die Anwendung des Instrumentes bedingte jedoch eine Vermittelung und den Gegenstand, welcher sie leistete, riebe sie auf.

In chemischer Form, dreifach bedingt und bestimmt in Uebereinstimmung und in Einheit stellt das Leben sich zuerst in selbstständiger Verkörperung dar. Es tritt unter den drei allgemeinbestimmten Formen der Verkörperung im Einzelnen, in einzelner bestimmter allgemeiner und in einzelner absoluter wechselseitiger Bezüglichkeit auf. So stellt es sich in bestimmter Folge und Modalitäten nach dar, welche diese Formen in Bezug auf einander annehmen.

Es verändert die allgemeinbestimmten Formen seiner Verkörperung, vervielfältigt sie je nach Maassgabe, als sein quantitativer Gehalt, seine Lebenskraft wächst. Es stellt sich in vergrösserter, vervielfältigter, absolutbestimmter Verkörperung dar, je zufolge, als seine chemische Thätigkeit die impulsive und die mechanische als stärkere, in Bezug auf sich selber vervielfältigtere in sich fasst.

Diesem gemäss erscheint es in verticaler und in horizontaler, einzelner und vervielfältigter Linearform, in winkligter, rechtwinkligter, in rhombischer Form, in der Form als Quadrat. In Bezug auf die Linie als eine vervielfältigte bringt es sich in bogenförmiger Verkörperung hervor. Es stellt sich in unvollständiger kreisförmiger, cylindrischer und spiralförmiger Verkörperung dar. Solchergestalt bildet es in Bezug auf die flüchtige, die flüssige, die feste allgemeinbestimmte Form einer solchen, Fläche, Kante, Kugel. Allemal erscheint bei der chemischen Lebensverkörperung der Kreis untergeordnet der Linie. Er wird durch selbe einer gesteigerten quantitativen Bedeutsamkeit nach, oder als eine vervielfältigte vermittelt, wie beim Margenit, bei dem Granat, beim Diamant.

Sofern das chemische Leben in reiner Kreisesform erscheint, stellt es sich in solcher allgemeinbestimmten Form dar, wie beim Wasser, beim Quecksilber. Sein Auftreten dieser Art steht im Zusammenhang mit einer absoluten Vervielfältigung seiner Kraft, wodurch dann auch eine vervielfältigte Form seiner Bewegung und seiner Verkörperung bedingt wird. Immer tritt es nur in einzelner Kreisform auf.

Das organische Leben bringt sich ebenfalls in selbständiger Verkörperung zuwege. Das chemische, als einfach bedingt und bestimmt, stellt sich nur in einzelner absolutbestimmter Erscheinung dar, gleich als Individuum und als Gattung. In den rechts und links gewundenen Krystallen erscheint doch schon eine Andeutung der zwei Geschlechter des organischen Lebens.

Dieses bezüglich auf zwei chemische Leben, also auf zwiefaches absolutbestimmtes Leben, stellt sich in zwiefacher geschlechtlicher Verschiedenheit, verschieden als Individuum und als Gattung dar.

Es bringt sich unter den drei allgemeinbestimmten Formen der Verkörperung als einzelne und in Einheit hervor. Doctor Johannes Müller sagt anführungsweise in dem Prolegomena zu seinem Handbuche der Physiologie des Menschen, dass die lebenden festen Theile sich in einem eignen Zustande der Erweichung befänden: das Wasser theile ihnen Biegsamkeit mit, ohne dass sie vermögten, durch Mittheilung dieses Wassers zu netzen, ohne dass man sie nass nennen könnte.*) Die Vereinigung der drei allgemeinbestimmten Formen der Körperlichkeit bei der organischen Lebensverkörperung bedingt jenen Zustand.

Das organische Leben bringt sich ferner unter sämmtlichen absolutbestimmten Formen der Verkörperung hervor; wesentlich in Kreisesform. Wie beim chemischen Leben der Kreis allgemein der Linie untergeordnet erscheint, so beim organischen allgemein die Linie dem Kreis: die Perl ist rund; die Perl ist ein chemisch-organisches Gebilde.

Dem Leben ist eine zwiefache Bezüglichkeit eigen, auf sich selbst und auf das ihm äussere Leben. Hat es sich in bestimmter Erscheinung vollendet, stellt es sich in dieser erst grösser, dann vervielfältiget der Form nach dar. Es bringt ihm entsprechendes untergeordnetes und über-

*) Bonn 1834. Th. I. S. 7.

legenes Leben hervor. Das eine wie das andre, der absoluten dreifachen correspondirenden progressiven, quantitativen Bedingtheit des Lebens gemäss, in eben einer solchen Progression; der absoluten zwiefachen, correspondirenden Bestimmtheit desselben entsprechend, in allgemeinbestimmter und in absolutbestimmter Form.

Es giebt ein unmittelbares und ein mittelbares Leben. Das erste, rein göttlicher Natur, begreift in sich die Wirksamkeit des Lebens als gesetzlich bestimmte Kraft. Das zweite, auf jenes erstere bezüglich, stellt die Lebenserscheinung dar. Nur vermöge der Lebenskraft, nur ihrer gesetzlichen Bestimmung zufolge, kann Leben entstehn.

Diese Bestimmung in Anwendung auf die Kraft und als Bestimmung der Bewegung: darin besteht alle Theorie. Bewegung in körperlicher Manifestation, in Bezug auf das Aeussere einer solchen Bestimmung zufolge: darin ist alle Praxis enthalten. Die Benennung Theorie spricht die göttliche Beziehung der Sache aus. Theorie und Praxis sind wesentlich unzertrennlich. Der richtigen Praxis muss eine richtige Theorie zum Grunde liegen, jene muss diese vollkommen verkörpern. Wer Theorie und Praxis trennt, verstümmelt das Leben.

Das impulsive Leben, rein quantitativ bedingt und bestimmt, stellt sich der bereits erwähnten progressiven quantitativen Bedeutsamkeit nach dar; dann tritt es in Bezug auf absolute quantitative Steigerung in vervielfältigter Bewegungsform auf. Es bringt sich grösser in die Länge und in die Breite, es bringt sich oscillatorisch in verticaler und in horizontaler Beziehung und Form hervor. Es vermittelt schwächeres und stärkeres, ihm verhältnissmässiges impulsives Leben.

Als Grundform aller Lebensthätigkeit, vermittelt das impulsive auch ihm verhältnissmässiges mechanisches, chemisches, organisches Leben. In wesentlich veränderter Form stellt es das äussere Leben nicht dar; es modificirt dasselbe nur. Seine Wirksamkeit in Bezug darauf ist vervielfältigend im Einzelnen und in Einheit. Als eine einzelne verflüchtiget, als eine mehrfache in Uebereinstimmung verdichtet sie in allgemeinbestimmter und in absolutbestimmter Form.

Der Unterscheidung Lyell's zwischen mechanischen und chemischen Felsarten mögten wir im Zusammenhange damit eine dritte Bestimmung hinzufügen, und ausser mechanischen, impulsive Felsarten unterscheiden. Rücksichts der einen und der andern aber nehmen wir drei Klassen an: solche die aus chemischen Körpern ohne Unterschied, solche die aus bestimmten chemischen Körpern bestehen, solche die ein und derselbe chemische Körper bildet.

Sofern das mechanische Leben ein impulsives ist, gleicht dessen Wirksamkeit der impulsiven. Eine vervielfältigte impulsive in Uebereinstimmung und in Einheit, ist sie verschieden von letzterer. Auf sich selbst bezüglich durch sich selbst bedingt und bestimmt, stellt sie sich einem dreifachen correspondirenden, progressiven, quantitativen Gehalte nach, erst vergrössert, dann vervielfältigt, allemal in unvollendeter Form des Kreises dar, ihrem Mangel an absoluter Einheit zufolge. Sie erscheint als Spirale, und so in unbestimmter Grösse und Vervielfältigung. Sie erzeugt impulsives, schwächeres und stärkeres, mechanisches äusseres Leben; vermittelt chemische und organische Lebendigkeit.

Chemischen Körper, nur in allgemeinbestimmter Vervielfältigung als Einheit hervorgehracht, stellt sie in solcher allgemein- und speciellbestimmt dar, schichtenförmig, lagerförmig, bogenförmig. So bringt die mechanische Bewegung Thon, Kalk, Glimmer u. s. w. als Schiefer, den

Granit als Gneis hervor. Sie vermittelt die Darstellung von zwei oder drei chemischen Körpern, welche einander in dreifacher correspondirender Progression der Kraft nach und der Form nach entsprechen, als einen; sie vermittelt eine solche Verbindung der Form nach gleicher chemischer Körper. So stellt sie Feldspath, Glimmer, Quarz (0,6:0,7:0,8) als Granit dar; so Feldspath und Glimmer als Syenit; so den Kalk als Marmor.

Das chemische Leben erscheint einer dreifachen correspondirenden, quantitativen, progressiven Vervielfältigung in derselben Form zufolge allgemeinbestimmt; spathförmig als Halbcrystall; oder in reiner Crystallform, gleich seinen Theilen nach und als ein Ganzes. Die mechanischen Felsarten, welche aus denselben allgemeinbestimmten, aus bestimmten verschiedenen chemischen Körpern bestehen, nehmen aus diesem Grunde eine krystallinische Gestalt an.

Das durchgängige tafelförmige Auftreten des Granits bringen wir hiermit in Verbindung.*) Die impulsiven und mechanischen Steinarten zeigen sich demzufolge von entsprechenden Krystallen durchwachsen, und in Lagern durchzogen. In der Grauwacke, welche aus zufälligen krystallinischen Trümmern besteht, finden sich Krystalle mancherlei Art. Sie geben diesem Gestein mitunter ein herrliches Ansehen. In solchen Felsarten, welche ein und derselbe chemische Körper bildet, oder welche aus zwei, drei chemischen Körpern bestehen, finden sich Krystalle, welche diesen Körpern entsprechen, Quarzkrystalle, Schwefelkiese im Mar-

*) In Schlesien, auf dem Steinberge, zwischen Neisse und dem böhmischen Grenzgebirge bricht der Granit auch in einzelnen, viereckigen, säulenförmigen Stücken.

mor; Feldspathkrystalle, Glimmerkrystalle, Quarzkrystalle, Granaten im Granit; im Talk Strahlstein u. s. w.

Vervielfältigung der Form des Lebens setzt Lebenskraft voraus; alle irdische Lebenskraft erscheint in der Form als freie Wärme; frei Wärme aber tritt in allgemeiner Verbindung mit Sauerstoff, in specieller mit sonstigen speciellen Lebensformen auf, eigenthümlich bedingt und bestimmt durch deren Form der Wirksamkeit, als Grundform derselben. Diesem zufolge steht das Auftreten einzelner chemischer Körper in Einheit als Krystall allgemein im Zusammenhange mit einer Beziehung derselben auf Sauerstoff; und indem letzterer einen wesentlichen Bestandtheil der Luft und des Wassers bildet, auch mit deren Beziehung zur Luft und zum Wasser. Marmor z. B. ist kohlensaurer Kalk; einer andern quantitativen Bestimmung zufolge stellt dieselbe Verbindung sich als Kalkspath dar; einer Verbindung mit Phosphorsäure zufolge tritt der Kalk als Apatit auf.

Da das Leben unter seinen angenommenen Formen fort und fort auf gleiche Weise in Bezug auf ihn selbst in anderer äusserer Erscheinung thätig ist: stellen die impulsive, die mechanische Thätigkeit an sich, so wie als integrirende Formen der chemischen, stellt diese an sich chemisches Leben den vervielfältigten Formen nach unter welchen sie dasselbe hervorgebracht in immer neuer, doch absolut in bestimmter, dreifach progressiver Vervielfältigung dar. Hiemit möchten wir eine neue Klasse der Felsarten und Krystalle, die reproducirten, in Verbindung bringen. Zu diesen rechnen wir z. B. als impulsive Steinart die Grauwacke; als mechanische den Schriftgranit, manche Marmorarten; als chemische Serpentin, Basalt, Gabero, Porphyrthon und Porphyr u. s. w.; von den Krystallen alle Ceolythen.

Das anorganische Leben, welches als ein vollständiges das Lebensgesetz vollständig, so aber nur in einzelner Beziehung auf die allgemeinen und speciellen Formen seiner eigenen Lebendigkeit begreift: kann das ihm äussere Leben nur durch einzelne unmittelbare Beziehungen zu demselben vervielfältigen. So aber vervielfältigt es dasselbe, in absolutbestimmter Ordnung und Folge in's Unbestimmbare: wie solches sich durch die Folge der gegenwärtigen Betrachtungen näher ergeben wird.

Das organische Leben umfafst als vervielfältigte in Einheit sämmtliche Formen der anorganischen, sämmtliche Formen der irdischen Lebensbewegung überhaupt, jener dreifachen Progression nach, in welcher selbe, wie schon bemerkt, sich darstellt.

Seiner höchsten Kraft und Vollendung zufolge, als menschliches Leben, begreift es das Lebensgesetz in Anwendung auf die Lebenskraft unter allen Formen ihrer irdischen Wirksamkeit. Es bringt impulsives, mechanisches, chemisches Leben in unbestimmbarer und in bestimmter Steigerung der Kraft und Vervielfältigung der Form zuwege. Das chemische Leben stellt es an sich ternären und quaternären Verbindungen nach dar; während demselben, als einem anorganischen nur binäre Verbindungen zukommen. Es stellt sein eigenes Leben, als ein untergeordnetes und als ein höheres chemisches Leben dar; als ein untergeordnetes und überlegenes organisches Leben, als ersteres in der Form der Eingeweidewürmer, als letzteres in der Form künftiger Generationen.

Wie das chemische Leben, als ein specielles, in Bezug auf sich selbst, als ein ihm äufseres Leben thätig, sich in allgemeiner rein gesetzlicher Form der Bewegung und der Verkörperung darstellt; lebt das organische Leben, als ein individuelles sich in Beziehung auf sich selbst als ein ihm äufseres Leben zu genereller Vollendung aus, entsprechend der Kraft und Form seiner absoluten organischen Lebendigkeit; eben wie das chemische in dreifacher progressiver Beziehung und Form.

Als individuelles menschliches Leben, vollendet es sich in gesetzlicher Beziehung zur gesammten irdischen Natur, nach Maassgabe, als individuelle Befähigung und individuelle Verhältnisse ihm zu diesen Beziehungen verstatten.

Es stellt in dreifacher Beziehung zu sich, selbst als ein ihm äufseres menschliches Leben, sich auch in genereller gesetzlicher Vollendung und Form dar. Jene dreifache Beziehung ist eine einzelne, eine bestimmte allgemeine, eine absolute allgemeine. Als erstere betrifft sie das Geschlecht: Haus und Familie knüpfen sich daran; als die zweite betrifft sie eine bestimmte menschliche Gesellschaft: Corporation, Stadt, Staat; als die dritte betrifft sie die gesammte Menschheit.

In dieser dreifachen Beziehung begreift der Mensch das Lebensgesetz, wendet er dasselbe an in dreifacher Form: in der ersten als Moralgesetz; in der zweiten als bürgerliches Gesetz; als göttliches, als Lebensgesetz in der dritten.

Er begreift jenes Gesetz seiner Anwendung nach auf jedes specielle irdische Leben. Indem er ihm Anwendung in solcher Beziehung giebt, erzeugt er eine Schöpfung seiner Natur, eine zweite irdische Schöpfung: eine ideale, als Vermittelung dienen ihr der Klang als solcher und als Wort, das Bild, die anorganische Schöpfung; eine reale, als Vermittelung dienen ihr, sein eigenes, das gesammte irdische Leben.

Nach Maassgabe als seine Erkenntniss des Lebens, mit derselben seine Gewalt über das Leben im Allgemeinen und über sein eigenes Leben wachsen, treten die eine und die andere menschliche Schöpfung in immer reinerer, immer umfassenderer Vollendung auf.

5.

Göttliche Kraft und Lebenskraft.

Emanation der schöpferischen Kraft, jenes Unbedingten, Untheilbaren, Ewigen, muss auch die Lebenskraft ein Unbedingtes, Untheilbares, Ewiges sein.

Ihre Lebenswirksamkeit aber hat jene Kraft, durch ihren Willen in Bezug auf selbe bedingt in quantitativer, bestimmt in qualitativer Wirkungsform. Und so steht dem Leben ein zwiefaches Wesen zu: ein unbedingtes, unbestimmbares, ewiges; ein bedingtes, bestimmtes, endliches Wesen.

Demnach herrscht im Menschen, dessen Natur die ganze irdische Natur in sich begreift, ein absolutes zwiefaches Verlangen, der Unendlichkeit und der Beschränkung; der Freiheit, der Gesetzlichkeit in der Freiheit.

Die Unterscheidung zwischen dem rein absoluten Wesen der schöpferischen Lebenswirksamkeit, und dem absolut Bedingten und Bestimmten derselben, macht der Pantheismus überhaupt nicht; die hegelsche Philosophie macht sie nicht bestimmt.

Indem jener erstere die Gottheit rein als Weltseele begreift, stellt er einen Satz auf, zu dessen Feststellung das menschliche Vermögen der Erkenntnifs unzulänglich, einen Satz, der sich selber widerspricht.

Entweder mufs angenommen werden: die schöpferische Kraft habe, indem sie sich als Leben, als Welt gewollt, sich unbedingt einer bestimmten Form der Wirksamkeit unterworfen. Dieser Annahme nach kann die Gottheit, als identisch mit der Welt begriffen werden. Allein, was begreift das absolut Bedingte und Bestimmte, der Mensch, von einem rein absoluten, unbedingten unbestimmbaren Wesen und Willen, von Wesen und Willen der schöpferischen Kraft?

Oder angenommen werden muss, dass die absolute schöpferische Kraft als Weltseele habe ein Endliches sein wollen. Diese Annahme widerlegt sich selbst. Das Unendliche kann, auch durch seinen Willen nicht sich unbedingt zu einem Endlichen machen. Es kann, als ein Unendliches, den Willen nicht haben absolut ein Endliches zu sein.

In der christlichen Lehre ist die Unterscheidung von einer zwiefachen, rein absoluten, und von einer absolut bedingten und bestimmten Wirksamkeit der Gottheit, von denen die letztere auf die erstere bezüglich ist, enthalten. Nach dieser Lehre ist die Welt in Gott und Gott in der Welt. — „Nicht ich lebe, sondern Gott lebt in mir.“ — „In ihm leben, weben und sind wir. —“

Beispiele nennt Kant den Gängelwagen der Vernunft: Wer das Absolute noch nicht in rein abstracter Manifestation begreifen kann, vermag schon es symbolisch in körperlicher, in bildlicher Manifestation zu erfassen.

Durch Beispiele die Identität und Verschiedenheit der rein absoluten göttlichen Wirksamkeit und ihrer schöpferischen absolut bedingten und bestimmten Lebenswirksamkeit zu erläutern, nehme man das Meer und eine Strömung im Meere. Wesentlich dasselbe und wesentlich verschieden sind beide. Das Meer ist in der Strömung, diese ist enthalten im Meer. Sie ist auf dasselbe bezüglich; sie ist bezüglich auf sich selber, ihre Richtung und Gewalt. Oder man nehme den Menschen und des Menschen Gedanken. Das ganze Wesen des Menschen hat Theil am letzteren, hat ihn hervorgebracht, lebt und wirkt in ihm; und doch ist des Menschen Gedanke dessen ganzes Wesen nicht. Dieses wirkt in demselben, es wirkt auch unabhängig von demselben. Wäre nun der Mensch ein rein absolutes Wesen, wie die Gottheit, würde ein gleiches Wesen seinem Gedanken zuständig seyn. Derselbe würde absolut in ihm enthalten, absolut selbstständig, auf seine Form und die ihr zum Grunde liegende Kraft bezüglich seyn. Der Mensch würde sich absolut in seinem Gedanken; er würde sich nicht rein absolut in demselben begreifen, nur nach Maassgabe der Form dieses letzteren, der Kraft, wodurch jene Form bedingt wird und welche selbe bestimmt.

In Bezug auf das absolute Wesen der Lebenskraft überhaupt, somit auch der irdischen und der menschlichen Lebenskraft, steht dem Menschen eine absolute Fähigkeit des Begriffes der Gottheit zu. Dem absolut Bedingten und Bestimmten der Lebenswirksamkeit der Kraft zufolge ist diese Fähigkeit eine bedingte und bestimmte. In solcher Gestalt aber ist sie, eine absolute an sich, progressiv in's Unbestimmbare.

So wenig als der Mensch die Kraft, das absolut Wirkende an sich zu erfassen vermag: so wenig vermag er dasselbe als Lebenskraft zu erfassen. Nicht als Lebenskraft des geringsten oder erhabensten Lebendigen, nicht als seine eigene Lebenskraft ist es ihm begreiflich.

Das Geheimniss der Gewalt seiner Seele hat noch kein Sterblicher, keiner deren Grenzen erforscht; so auch nicht das Geheimniss ihrer Weisheit und Liebe.

Tief wahr hat Kant solches begriffen. Die entgegengesetzte Meinung Hegel's beruht auf einer unvollständigen Auffassung.

„Dir ein Geheimniss naht Dir ein Andrer. Selber Geheimniss Dir
Sprichst Du zum Andern dann. Nimmer veracht', o Grossarmiger! deshalb. —“

sagt in dieser Beziehung ein altes indisches Gedicht. So lange schon hat diese Wahrheit die Menschheit begriffen.

In allem Lebenden die Lebenskraft an sich und ihrer göttlichen Bestimmung ihrer selber zufolge, die Seele, als ein Göttliches zu heiligen, zu lieben, zu schonen, zu fördern in gesetzlicher Lebendigkeit: das ist der christlichen Lehre Inhalt und Sinn, das wesentliche Resultat aller Theorie und Praxis.

Dazu wohnt von Natur jedem Lebendigen ein Vermögen bei nach Maassgabe seines Lebensvermögens. Dem Menschen aber, dessen Lebenswirksamkeit in eigenthümlicher Modalität alle Formen der irdischen Lebenswirksamkeit umfasst, ist dazu in Bezug auf die irdische Lebendigkeit ein unbedingtes Vermögen eingeboren.

6.

Das Gesetz des Lebens.

§. 1. Die Kraft soll als Leben wirksam sein in bedingter und bestimmter Form, bezüglich auf sich selbst in eben einer solchen andern ihr äussern Erscheinung, unter welcher sie von derjenigen Form, worin sie wirksam, auf entsprechende Weise verschieden ist.

§. 2. Bei wechselseitiger Beziehung zwischen zween Lebensformen geht die minder wirksame über in die Form der wirksameren und modificirt deren Form entsprechend ihrer eignen.

§. 3. Lebensformen, welche eine die Form der andern nicht annehmen können, gehen keine unmittelbaren Beziehungen ein. In Berührung gebracht durch Zusammenhang mit andern Lebensformen, trennen sie sich von jenem und setzen sich als Leben in selbständiger Wirksamkeit fort.

Diese drei Axiome, von denen das dritte aus den zwei ersten folgt, klar in ihrer Einfalt, unergründlich in Anwendung auf eine absolute, dadurch sich bestimmende Kraft der Wirksamkeit, bilden das Lebensgesetz, den schöpferischen Lebensgedanken, den Willen der schöpferischen Kraft in Bezug auf sich selber als Leben.

So erklärt sich der Spruch des Apostels: „im Anfange war das Wort und das Wort war bei Gott und Gott war das Wort.“ (Joh. 1, 1.)

Absolut frei als das Wirkende an sich, hat die schöpferische Kraft durch dieses Gesetz ihre Lebenswirksamkeit absolut gebunden; bedingt einem gewissen Grade der Kraft, einer gewissen Stärke zufolge; bestimmt einer gewissen Form nach, die mit jener Stärke übereinkommt.

Unbestimmbar gewaltig, rastlos wirksam in sich selber, bewegt in dieses Gesetzes Banden, in wandelloser Harmonie und Ordnung, sich die absolute Kraft als Lebenskraft. Stärke, Schönheit, Eintracht, Dauer, Liebe und Wahrheit — was das Leben adelt, was es beglückt, auf dieses Gesetz hat es Bezug.

Dieses Gesetz ist der Kanon der Vernunft: auf demselben beruht die Erkenntniss. Wer in diesem Gesetze bleibt, bleibt in der Liebe, „und wer in der Liebe bleibt, bleibt in Gott, und Gott bleibt in ihm.“ (Joh. 1, 4. 16.)

Nur das Lebensgesetz kann Christus verstanden haben unter jenem Gesetze, von dem er spricht: „dass er gekommen sei, es fester zu binden, nicht es aufzulösen, welches in den Tafeln des mosaischen Bundes enthalten, welches die Grundlage ist des neuen, zwischen dem Menschen und Gott durch ihn gestifteten Bundes; jenes Gesetz, welches der Geist, die Erkenntniss, lebendig macht, der Buchstabe tödtet, der sein allbestimmendes ewiges Wesen in eine Formel bannt, unter welcher es nur Anwendung auf das Leben in bestimmter, endlicher Erscheinung leidet; jenes Gesetz, „von dem nicht der kleinste Buchstabe noch ein Titelchen verloren gehen soll, bis dass es Alles geschehe.“ (Math. 5, 18.)

7.

Wesen des Lebens als Kraft.

Das Leben ist Kraft als Bewegung und als Thätigkeit in körperlicher Erscheinung. Die Kraft ist ein absolut Wirkendes, das Wirkende an sich: folglich ist das Leben Bewegung, Thätigkeit durchaus; in ihm nicht Stocken noch Stillstand; die Kraft, das absolut Wirkende, kann nimmermehr unterlassen, wirksam zu sein. Wie immer sich bestimmend; wie von Aussen her bestimmt als Bewegung und als Thätigkeit, demnach sich manifestirend in körperlicher Erscheinung, ist das Leben ein unaufhörliches Werden in immer gewaltigerer Stärke, in immer vervielfältigter Bewegung, Beziehung und Erscheinung.

Es giebt keinen leeren Raum, keine unbedingte Passivität, kein reines Nichts. Alles im Leben ist erfüllt von Leben, das sich als Minimum in der Wirkungsform als freie Wärme manifestirt.

Da bei wechselseitiger Beziehung zwischen zween Lebensformen, die eine von beiden nothwendig wirksamer als die andre sein muss, indem das Leben absolut bedingt und bestimmt in jeglicher Erscheinung und absolut progressiv bedingt, nie gleich bedingt, also auch nie gleich bestimmt unter zween verschiedenen Formen der Wirksamkeit auftreten kann: geht bei solcher Beziehung, dem Gesetz des Lebens zufolge, allemal die eine Form in die andere über und modificirt diese entsprechend ihrer Form. Da ebenderselben Bestimmung zufolge, Lebensformen, von denen die eine nicht unmittelbar die Form der andern annehmen kann, keine gesetzlichen Beziehungen antreten: stellt das Leben sich fort und fort in andrer neuer Erscheinung dar. In Bezug auf selbes in solcher andern neuen Erscheinung, spricht eine unvollständige, allgemeinbestimmte Auffassung einen vorhergehenden Moment absoluten Nichtseins an;

indem sie die vorhergehenden Formen der Lebenswirksamkeit in der neuen nicht wieder erkennt. Sie spricht eine absolute Passivität an in Bezug auf minder wirksame Lebensformen; indem sie die Modalitäten nicht erkennt, welche letztere den wirksameren unausgesetzt bei wechselseitiger Beziehung zwischen beiden und indem sie darin übergehen, ertheilen. Sie spricht ein absolutes Nichts an, wo der absoluten gesetzlichen Bestimmung des Lebens und der Natur zweier Lebenserscheinungen zufolge, das Leben in der einen dem Leben in der andern Form Beziehungen versagt.

Seiner imponderabeln, transcendentalen, selbst seiner gasartigen Form der Verkörperung nach versagt das Leben in gewisser Hinsicht dergleichen Beziehungen der sinnlichen Auffassung unbedingt. Die sinnliche Auffassung spricht daher einen leeren Raum, ein absolutes Nichts, hinsichtlich der Lebenswirksamkeit unter jenen ersten Formen an. Das ist das hegelsche Nichts; jenes Nichts, welches Hegel, dem transcendentalen Wesen der menschlichen absoluten Auffassung entsprechend, mit dem Wesen der Gottheit identificirt.

Alles im Leben ist positive Thätigkeit und Erscheinung.

Was wir Ruhe nennen, eigentlicher würde es Friede heissen, ist der Zustand des Lebens bei seiner Beziehung auf sich selbst, dessen Thätigkeit in contrahiver Form, sei's in dieser Form als Auffassung, Leben der Beschaulichkeit oder als Schlaf.

Indem die Seele des Menschen absolute durch sich selbst bedingte und bestimmte Kraft ist, kann der Mensch die Begriffe leerer Raum, unbedingte Passivität, leeres Nichts auch gar nicht denken. So wenig, wie überhaupt im Leben, sind diese Dinge möglich in seinem geistigen Leben als Begriffe.

Er denkt allgemeinbestimmtes Leben in flüchtigster

Verkörperung statt Leere, er denkt minder wirksames Leben statt absoluter Passivität, er denkt statt des Nichts ein Leben, das ihm gesetzliche Beziehungen versagt.

8.

Das Lebensgesetz im Verhältniss zu dem Begriff, welchen sich der Mensch der Natur seiner Erkenntnissthätigkeit zufolge, vom primitiven Lebensakte oder Lebensmomente bilden muss.

In anfänglicher Wirksamkeit thätig zu sein, entsprechend ihrem Gedanken und Willen in Bezug auf sich in solcher Wirkungsform, musste die schöpferische Kraft sich darstellen in einer Wirkungsform, unter welcher ihre Wirksamkeit ihrer absoluten Wirksamkeit entsprechend und zugleich verschieden von derselben war.

Sie erschien in expansiver Wirkungsform: so als absolute Kraft sich selber als solche entsprechend; absolut bedingt durch Aeusserung, verschieden von sich selbst in rein absoluter Wirksamkeit.

Die Fortsetzung ihrer Lebensthätigkeit in solcher Form bedingte sie dann ferner in einer auch dieser entsprechenden und auf entsprechende Weise von derselben verschiedenen Form der Lebenswirksamkeit. Sie stellte sich in contrahiver Wirkungsform dar; so bezüglich auf sich selbst in expansiver, sich selbst in solcher entsprechend, von sich selbst in solcher verschieden, bedingt durch sich selbst in solcher, sich in solcher bestimmend; denn ihrem absolut progressiven Wesen zufolge, quantitativ wie qualitativ höher in letzterer Form als in ersterer bedingt und bestimmt, musste sie, ihrem absoluten Willen, ihrem Gesetz in Bezug auf sich selbst als Leben gemäss, unter der ersten

Form in die letztere übergehn, in der ersteren der letzteren entsprechend modificirt werden.

Nachdem sie diese Formen der Lebenswirksamkeit angenommen standen der schöpferischen Kraft, ihrem Gedanken und Willen in Bezug auf ihre Lebenswirksamkeit zufolge, keine andern Formen einer solchen zu.

Unter denselben in Beziehung zu sich selber als absolute Kraft; befähigte diese Beziehung sie zu unbestimmbarer Thätigkeit unter demselben; zu unbestimmbarer Vervielfältigung und Steigerung ihrer Thätigkeit unter denselben.

In Bezug auf die absoluten Formen der Lebenswirksamkeit, macht der Mensch sich einen Begriff vom anfänglichen Lebensmomente. In Bezug auf die specielle Manifestation dieser Formen bei der irdischen Lebenserscheinung macht er sich einen Begriff vom anfänglichen Momente der irdischen Lebenswirksamkeit. In Bezug auf die wesentlichen Beziehungen letzterer, bildet er einen Begriff von Zusammenhang und Folge ihrer Momente.

In dieser Hinsicht ist für ihn kein Geheimniss, Da sein Leben sämmtliche Formen irdischer Lebendigkeit, in eigenthümlicher Modalität. als ihm wesentlich zukömmliche Formen umfasst: steht es, jener durchaus entsprechend und durchaus verschieden von ihr, der gesetzlichen Bestimmung des Lebens nach in durchgängiger Beziehung zu derselben: die menschliche Auffassung kann folglich auch die irdische Lebendigkeit allen ihren Beziehungen und Formen nach begreifen.

9.

Gesetzliches Wesen und gesetzlicher Zusammenhang des irdischen Lebens.

Das Leben ist absolute, durch sich selbst einem gewissen Grade der Wirksamkeit nach bestimmte Kraft, in der Wirkungsform als Bewegung und in körperlicher Erscheinung: so ist das Leben Bewegung und Thätigkeit ganz und gar und durchaus.

Das Leben ist absolute, durch sich selbst gesetzlich bestimmte Kraft: so ist das Leben durchaus gesetzlich.

Als absolute Kraft ist dasselbe fort und fort wirksam; als absolute durch sich selbst gesetzlich bestimmte Kraft, fort und fort selbstbestimmt, derselben Bestimmung nach, und daher auch in derselben Form der Bewegung und der Erscheinung.

Vollendet in bestimmter Form, tritt es in solcher und der Kraft nach, durch welche es, in solcher bedingt, sich in solcher bestimmte wieder expansiv auf und in Beziehung zu sich selbst in andrer, ihm entsprechender und auf entsprechende Weise von ihm verschiedener Erscheinung.

Es stellt dieser Wirkungsform zufolge sich unter jener und dieser Form als in einer, gesteigert der Kraft, vervielfältiget der Form nach dar; während es zugleich unter seinen vorigen Formen als unveränderte wirksam bleibt. Indem aber das Leben seinen folgenden Momenten nach durch seine Wirksamkeit in Form der ihnen vorhergegangenen Momente so der Kraft nach bedingt als der Form nach bestimmt ward: ist es in Form der einen und der ander sich wesentlichst entsprechend zugleich und wesentlichst verschieden von sich selber: es steht demnach in Form der einen und der andern in wesentlicher Wechselbeziehung.

Und so bildet das Leben allen seinen Momenten nach ein durchaus zusammenhängendes Ganzes.

Der unbedingten Gesetzlichkeit dieses Ganzen widersprechen die Erscheinungen von Irrthum und Unrecht nicht.

Zwei Formen der Lebenswirksamkeit als eine haben wir aufgefasst: die allgemeinbestimmte, die absolutbestimmte.

Allgemeinbestimmt ist das Leben allgemein gesetzlich: denn seine Bestimmung ist sein Gesetz. Allgemeinbestimmt aber ist es unvollkommen gesetzlich, weil es in solcher Form an sich unvollständig ist.

Absolutbestimmt muss das Leben absolut gesetzlich seyn; denn seine Bestimmung ist sein Gesetz, und absolutbestimmt ist es vollständig als das Leben.

In allgemeinbestimmter, unvollständiger Lebensform kann dasselbe, wie schon bemerkt, sich nicht darstellen in vollendeter, daher auch nicht in selbständiger Erscheinung; nicht wirken, folglich auch nicht sich fortsetzen in solcher. Tritt es in solcher als allgemeinbestimmtes Leben auf, bezieht sich dies auf vorhergehende Lebensmomente, die es in solcher dargestellt.

Absolutbestimmt, in vollständiger Lebensform, stellt es sich dar, wirkt es, setzt es sich fort in solcher. Alles wirkliche Leben ist absolutbestimmtes, und aus diesem Grunde absolut gesetzliches Leben.

„Gott ist kein Gott dem unrechtes Wesen gefällt; was böse ist bleibt nicht vor ihm.“

Allgemeinbestimmtes Leben sind unbedingt Irrthum und Unrecht. Als solches können sie an sich, sich nicht hervorbringen, nicht wirken, nicht sich fortsetzen in selbständiger Erscheinung. Nimmermehr treten sie auf als im Zusammenhange mit Wahrheit und Recht; wie legirt durch diesen Zusatz machen sie durch ihn und nur durch ihn sich möglich in wirklicher Erscheinung.

Die Folge der gegenwärtigen Betrachtungen führt auf

die speciellen Bezüglichkeiten von Irrthum und Unrecht. Das Vorhergehende nur vorläufig und im Allgemeinen, Einwendungen zu beseitigen, welche mit scheinbarem Recht wider die unbedingte Gesetzlichkeit des Lebens erhoben werden könnten.

Wir kommen zum primitiven Moment der irdischen Lebenswirksamkeit. Drei allgemeine Sätze legen wir der Auffassung desselben zum Grunde.

Wie alle lebenden Naturen nach ihrer Vollendung in bestimmter Form wieder expansiv, allgemeinbestimmt auftreten in derselben: so auch die planetarischen Naturen.

Wie dem Gesetze des Lebens nach das Lebendige unbedingt thätig seyn muss in Bezug auf ein der Form seiner Lebendigkeit entsprechendes dazu von derselben auf entsprechende Weise verschiedenes Lebendes: so auch die planetarischen Naturen.

Wie alles Leben in Form seiner vorhergehenden und nächstfolgenden Lebensakte wesentlichst entsprechend und auf entsprechende Weise verschieden, in wesentlichster wechselseitiger Beziehung steht: so auch das planetarische Leben.

Alle irdische Lebenskraft stellt sich in einer Erscheinung dar, welche wir W ä r m e nennen, und der sinnlichen Auffassung gemäss in Zusammenhang mit dem planetarischen, mit dem Leben der Sonne bringen.

In Bezug auf Wärme kein absolutes Nichts in der irdischen Schöpfung; nur ein Minimum stellt sich dar.*)

Die Wärme hat verschiedene Manifestationen, allgemeine und specielle. Als freie Wärme, Temperatur, Hitze, Kälte tritt sie jenen ersteren zufolge auf; sie erscheint den letzteren zufolge in so vielen Formen, als es irdische Le-

*) Encyclopaedia Metropolitanae. Div. II. Vol. 4. Heat. c. VI. (274.) p. 327.

benserscheinungen giebt. Sie besitzt die Fähigkeit, elektrische und magnetische Phänomene hervorzurufen; sich durch sich selber hervorzubringen als Licht; chemische und organische Verbindungen zu bewirken und aufzulösen. Sie erregt Bewegung, vergrössert deren Bereich, vervielfältigt deren Formen. Sie überträgt eine in die andere, die drei allgemeinbestimmten Formen der Körperlichkeit, vergrössert, vervielfältiget deren absolutbestimmte Formen. Sie modificirt Ton, Licht und Farben.

Allen diesen Eigenschaften nach sprechen wir freie Wärme, Emanation der Sonne, als Grundform der irdischen Lebensthätigkeit und Lebenserscheinung an. Mit um so mehr Sicherheit, dem Gesetze der Analogie zufolge: weil auch das irdische Leben seinen primitiven Momenten nach, gleich der Wärme, in flüchtiger Verkörperung sich kund giebt. Wir betrachten jene Emanation als expansive Aeusserung des gedachten Weltkörpers nach Vollendung seiner selbst in bestimmter Form, und nehmen entsprechende Emanationen hinsichts aller Planeten des Sonnensystems, des Merkur, der Venus, der Erde u. s. w. an.

Da nun das Leben, absolut wirksam, in Form seiner vorhergehenden und nächstfolgenden Akte in absoluter Wechselbeziehung steht: nehmen wir eine solche Beziehung zwischen der Sonne und dem Merkur, dem Merkur und der Venus, zwischen allen Planeten des Sonnensystems ihrer Folge nach, und zwar eine solche allgemeine und specielle Wechselbeziehung an.

Die Beziehung zwischen der Sonne und dem Merkur bedingt eine Richtung der Emanation jener ersteren auf einen bestimmten Punkt, auf diesen letzteren. Dadurch wird auch eine Richtung derselben von einem bestimmten Punkte aus bedingt.

Von einem bestimmten Punkte aus stellt die Emanation eines kugelförmigen Körpers, welcher, wie die Sonne, sich um seine eigene Achse bewegt, in Form eines Winkels sich dar.

In solcher Gestalt nun tritt die Emanation der Sonne auf und in Beziehung zu jener des Merkur. Wirksamer der Kraft und der Form nach, als diese letztere, ertheilt sie derselben ihre Form, vom Momente an, da sie mit derselben in Beziehung tritt; ihre Form aber wird modificirt, der Form letzterer entsprechend. Bei dem Einzelnen, Impulsiven der Wirkungsform beider Emanationen ist deren Beziehung eine einzelne impulsive, ein Contact. Bei der unverhältnissmässig stärkeren impulsiven Kraft der Wirksamkeit der Sonne im Verhältnisse zur Wirkungskraft des Merkur, treibt die Emanation ersterer die Emanation dieses letzteren Planeten vor sich hin in's Unbestimmbare.

Doch fallen beide Emanationen nicht unbedingt zusammen. Der gegenseitigen Stellung der Sonne und des Merkur gemäss beginnt die gedachte Beziehung nicht im Mittelpunkte des durch die Emanation ersterer gebildeten Winkels, sondern seitlich von diesem Punkt: so, dass die Emanation des Merkur an der einen Seite mit geringerer Kraft einem kleineren Bereiche nach, verhältnissmässig zu ihrer Wirkungsform auf der andern zur Emanation der Sonne in Beziehung tritt; dort schwächer, hier stärker in Bezug auf selbe thätig wird.

Auf jener Seite treibt die Emanation der Sonne die Emanation des Merkur unbedingt vor sich hin; auf dieser leistet letztere ihrer impulsiven Gewalt einen bestimmten Widerstand; während jene sie in verticaler Richtung mit sich fortreisst, stösst sie selbe, in seitlicher licher Richtung mit verhältnissmässig geringerer Wirkungskraft ab. Beide Emanationen treten demnach in absolutbestimmter Form einer längeren verticalen, einer damit übereinstimmenden, darauf bezüglichen, verhältnissmässigen kürzeren seitlichen Linie auf. Solchergestalt legen sie sich seitlich in einen Winkel gegen den Theil des durch die Emanation der Sonne gebildeten Winkels, zu dem die Emanation des Merkur in Beziehung getreten; bestimmen denselben einem gewissen allgemeinen, durch ihn selbst bedingten, quantitativen Gehalte nach und in entsprechender Gröfse; stellen ihn also in Form eines geschobenen Vierecks dar, dessen eine Seite offen steht. Beim absolut Progressiven der Lebenswirksamkeit, vergrössern sich die gedachten Linien, der durch sie gebildetete Winkel, bis der quantitative Belang der Wirksamkeit der Emanation des Merkur jenen der Emanation der Sonne ausgeglichen, beide Emanationen als eine in verdoppelter Wirkungskraft und verhältnissmässiger Grösse erschienen.

Freie Wärme sprechen wir an als Wirkungsform der Emanation der Sonne, dem quantitativen Gehalte und der Form der Wirksamkeit nach, welche die Emanation des Merkur ihr im Allgemeinen ertheilt, sich seitlich im Winkel gegen sie legend.

Bestimmte Wärme sprechen wir an als allgemeinbestimmte Wirkungsform, worunter beide Emanationen ihre wechselseitige Beziehung hervorgebracht, einem verdoppelten quantitativen Belange nach, in verhältnissmässiger Grösse, in winklichter Form.

Positive Electricität halten wir für die absolutbestimmte Form unter welcher jene Wechselbeziehung beide Emanationen dargestellt, als längere verticale, verhältnissmässig kürzere, seitlich von jener ausspringende Linie.

Mit dieser speculativen Annahme kommt die Form überein, worin die positive Electricität unbedingt thätig ist.*)

---

*) Encyclop. Metrop. Dis. II. Vol. 4. Electricity. Plate I. fig. 22 und 23.

Lichtenbergs vermischte Schriften herausgegeben von Kries. Göttingen. 1806. B. 9. T. II. V.

In solcher Form nun treten die vereinten Emanationen der Sonne und des Merkur in Beziehung zu einer dritten planetarischen Emanation, jener des Planeten Venus. Bei dieser Beziehung wirken sie mit einem einfachen quantitativen Gehalt, welcher sich selbst als ein correspondirender, progressiver verdoppelter bedingt und bestimmt hat.

Auch dieses Mal ist die Form der Bewegung, mithin auch jene der Beziehung impulsiv, ein Contact. Der Punkt, wo diese Beziehung anhebt, fällt, der gegenseitigen Stellung der Planeten Venus und Merkur gemäss, nicht in den Winkel, welchen die vereinten Emanationen der Sonne und des Merkur gebildet; sondern am äussersten Rande des gegen den Planeten Venus gerichteten Schenkels von diesem Winkel.

Durch seine Beziehung zur Emanation des Planeten Venus, verstärkt das irdische Leben abermals seinen quantitativen und formellen Gehalt um deren vollen Betrag. Jene Emanation aber stellt sich einer dreifachen, quantitativen, correspondirenden progressiven Bedeutsamkeit zufolge dar: als Schlag, Stoss, Druck.

Solcher Art thätig in Bezug auf die vereinten Emanationen der Sonne und des Merkur ertheilt sie, der ersteren Form ihrer Wirksamkeit nach als Schlag, jeder Fraction der rechts und links ausspringenden Linie, in deren Gestalt jene zwei Emanationen sich als positive Elektrizität hervorgebracht haben, eine oscillirende Bewegung mit; eine stärkere der stärkeren jener Linien, eine schwächere doch verhältnissmässige, der seitlich von derselben ausspringenden.

Ihrer zweiten Wirkungsform nach, als Stoss, verstärkt die Emanation des Planeten Venus die Kraft, vergrössert so den Bereich der Oscillation, welche sie veranlasst. Beide Linien gerathen in Contact, und setzen einander in Schwung.

Ihrer dritten Wirkungsform nach, als Druck, ertheilt die Emanation des Planeten Venus diesem Schwunge eine verstärkte, sich in Bezug auf die jenen Linien wesentlich eigene Kraft fortsetzende Gewalt.

In dieser Form wird der Winkel, welchen die vereinten Emanationen der Sonne und des Merkur gebildet, durch die Emanation des Planeten Venus ganz auf dieselbe Art geschlossen, und dargestellt in der Form eines geschobenen Vierecks, dessen eine Seite geöffnet bleibt, wie der Zutritt der Emanation des Merkur den Winkel geschlossen und dargestellt, welchen der reine Ausfluss der Sonne gebildet.

Mit dem Unterschiede, dass dieses zweite Viereck einen quantitativen verdoppelten Gehalt verhältnissmässig zum ersten repräsentirt und demnach in entsprechender Grösse sich darstellt.

Es bildet sich ein neuer Winkel, der sich aber selbst in oscillatorischer, in bogenförmiger auf die oscillatorische bezügliche Verkörperung darstellt, und so sich einerseits selbst mit einem Bogen, die offene Seite der geschobenen Vierecke aber, welche durch die Vereinigung der Emanationen der Sonne und des Merkur, der Sonne, des Merkur und des Planeten Venus gebildet worden sind mit einer auf selbe bezüglichen Spirale schliesst, die sich aus rechtwinkligten Flächen von dreifacher entsprechender quantitativer und qualitativer Bedeutsamkeit erbaut, die in rechten Winkeln aneinander stehn.

Absolute Wärme, negative Electricität und Kälte sprechen wir als diejenigen Formen irdischer Lebenswirksamkeit an, worunter jener Moment die drei vereinten planetarischen Emanationen hervorgebracht.

Dieser Annahme entspricht die Form, in welcher die negative Electricität durchweg erscheint, und in Beziehung tritt zur positiven die Bogenform.*)

*) Encyclop. Metrop. ibid. ibid.

Mit der Erscheinung des Lebens in solcher Form, sprechen wir den anfänglichen expansiven Lebensmoment an als vollendet.

Die Umwandlung der expansiven Richtung des Lebens in die contrahive, erscheint bei der irdischen Lebensthätigkeit absolut dadurch bedingt, wodurch wir sie auch hier bedingt sehen, durch Ausgleichung ihres quantitativen und Uebertragung desselben in formellen Gehalt.

In derjenigen Form, worin der gedachte Moment das Leben darstellt, setzt sich dasselbe in Bezug auf die Thätigkeit, die es in solcher hervorgebracht, fort; stellt sich in allgemeiner Spiralform dar; seiner durchgängigen Erscheinung nach in Form desjenigen Winkels, welchen die verticale seitlich von dieser ausspringende Linie bildet, unter denen die vereinten Emanationen der Sonne und des Merkur in absolut bestimmter Erscheinung auftreten, der zwei Winkel, welche die oscillatorische Bewegung hervorbringt, die jene Linien ihrer Beziehung nach zur Emanation des Planeten Venus annehmen; in Form einer Spirale, welche sich aus drei einander entsprechenden Flächen von winklichter Form, von übereinstimmender, wachsender Grösse, die in rechten Winkeln aneinandergestellt sind, erbaut.

Magnetismus sprechen wir an als diejenige Form, worin dieser Moment das irdische Leben hervorbringt. Der Auffassung Ampères zufolge, die längst allgemeine wissenschaftliche Anerkennung gefunden, bezieht die magnetische Thätigkeit sich unbedingt auf die elektrische *). Oerstädt aber bestimmt die Form der magnetischen Wirksamkeit des irdischen Lebens dahin, dass die negative Elektricität die positive ablenke von ihrem gradlinigten Lauf, und diesen in einen spiralförmigen von der Linken zur Rechten verwandle **).

*) Encyclop. Metrop. Div. II. Vol. Magnetism. Theory. §. 71. p. 27.
**) Ibid. ibid. §. 70. p. 27.

In der angenommenen Form nun setzt das irdische Leben sich in Beziehung auf sich selber in der Form als reine Emanation der Sonne fort, und stellt sich dar als Licht. Hiermit sprechen wir den primitiven irdischen Lebensakt als vollendet an.

Er brachte jenes Leben hervor in dreifacher allgemeinbestimmter Wirkungsform: als freie Wärme, bestimmte Wärme, (Temperatur) absolute Wärme und in corresponpirender polarer Form als Kälte. Er brachte dasselbe hervor in vierfacher absolutbestimmter Form: als positive Elektricität, als negative Elektricität, als Magnetismus und als Licht. Im Allgemeinen stellte er dasselbe in der Erscheinung dar als ein Winkel, den ein verhältnissmässiger Bogen schliesst, in unvollständiger elyptischer Erscheinung; in Bezug darauf, in Form einer Spirale, welche sich aus drei winkligten in rechten Winkeln aneinandergestellten Flächen von progressiver Bedeutsamkeit erbaut.

Mit der obigen Auffassung von der Erscheinnng des Lichtes, kommt die Form überein, in welcher dasselbe zufolge der Undulationstheorie des Cartesius, Huyghens, Euler sich thätig erweist.*)

Sie versöhnt mit der gedachten Theorie, die Emanationstheorie des Newton. Sie befreit die Undulationstheorie von ihrer hypothetischen Basis, der Annahme eines durch den Raum verbreiteten imponderabeln Fluidums, womit selbe die Wirkungen des Lichtes in Verbindung bringt; eine Basis, deren Willkürlichkeit und Aeusserlichkeit, folglich Unhaltbarkeit zu Begründung einer absoluten Auffas-

---

*) Encyclop. Metrop. Div. II. Vol. 4. Light, by W. Herschel. — Each Vibration must be resolved into three fixed planes at right angles to each other, these must bo compounded inte three coordinate planes. which together present the resulting eliptic Vibration.

sung, von ihren Gegnern und namentlich von Lichtenberg, mit so viel Scharfsinn, Tiefsinn, Witz erkannt, aufgefafst und ihr zum Vorwurf gemacht worden ist.

Die obige Auffassung vom primitiven Momente des irdischen Lebens, eine rein speculative, bedarf der wissenschaftlichen Begründung. Werth scheint sie, dass die Astronomie sich damit beschäftige. Sie erklärt die absolute dreifache progressive correspondirende Bedingtheit, die zwiefache correspondirende absolute Bestimmtheit der irdischen Lebenswirksamkeit und Lebenserscheinung. Sie erklärt die absolute polare Manifestation jener ersteren; deren körperliche absolute Manifestation.

Sie erklärt das regelmässig Unregelmässige und Progressive der Abstände zwischen der Sonne, den Planeten Merkur, Venus, Erde (8, 15, 21 Millionen Meilen). Sie bietet ein Analogon zur Erklärung der Harmonie, Ordnung und Einheit im Weltall.

In Uebereinstimmung damit ist die Thatsache, worauf die Bestimmung des quantitativen Verhaltens der chemischen Naturen bei ihren fixen Wechselbeziehungen geführt: dafs nämlich die Beschaffenheit des Sonnenkörpers nicht sehr verschieden von jener des Erdkörpers sein könne *). Sie wird durch eine entsprechende Annahme Mädler's hinsichts der Beschaffenheit der Körper der Erde und des Mars bestätiget.

Sie zeigt den Grund, weshalb die Umlaufszeit der Planeten vom irdischen Standpunkte aus nach dem mittleren Quadrat ihrer Entfernung von der Sonne bestimmt werden kann.

Die Entfernung, das Maass der Bewegung, repräsentirt im Allgemeinen deren Kraft. Mit der Kraft kommt die

*) Mitscherlich's Lehrbuch der Chemie. 1ster Band. 3te Aufl. S. 335. 352.

Gröfse, mit dem allgemeinen Gehalt der Bewegung deren absoluter Gehalt überein, welchen die Umlaufszeit darstellt.

Im Allgemeinen wird die irdische Lebenskraft durch ein dreifaches Quadrat repräsentirt, wobei das erstere als Bedingung des zweiten, dieses als Bedingung des letzten auftritt. Dieses mittlere Quadrat also enthält als einen mittleren den Gehalt an Kraft der zwei andern. Die Bestimmung der irdischen Lebenskraft aber mufs als Norm der Bestimmung der Kraft der übrigen Planeten vom irdischen Standpunkte aus dienen.

Der absoluten dreifachen Bedingtheit des irdischen Lebens zufolge, möchte man in Gemäfsheit der obigen Auffassung annehmen, dafs Kraft, Gröfse, Vielfältigkeit der Formen des Lebens auf den verschiedenen Planeten des Sonnensystems, nach Maafsgabe der Entfernung letzterer von der Sonne stiegen und sich vervielfältigten. Es würde sich eine entsprechende Auffassung Kants bestätigen. Die fragliche Auffassung des primitiven irdischen Lebensmomentes erklärt dann ferner wie Wärme, Licht, Magnetismus, die zwei Elektricitäten mit einem Kraftgehalte wirken, den das umgekehrte Quadrat der Entfernung darstellt. Das Quadrat repräsentirt im Allgemeinen den Gehalt ihrer Wirkungskraft; das Quadrat der Entfernung repräsentirt denselben speciell; da die Bewegung absolut eine correspondirende expansive und contrahive, repräsentirt das umgekehrte Quadrat der Entfernung denselben absolut.

Jene Auffassung zeigt den Grund der unbestimmbaren Geschwindigkeit, der unbedingt räumlichen Manifestation der Bewegung des Lebens in elektrischer Form; der bestimmbaren Geschwindigkeit, räumlichen und zeitlichen Manifestation desselben in der Wirkungsform als Licht.

Das Kapitel über Zeit und Raum wird dies ganz klar erweisen.

Sie erklärt woher jede der zwei Elektricitäten die Molecüle der andern vor sich hintreibt, ihrer impulsiven Wirkungsform nach abstöſst; zu jener der andern aber absolut in eine Beziehung tritt, welche beide als eine darstellt in magnetischer Form.

Sie versöhnt mit den Auffassungen Baco's, Newton's, des Grafen Rumford in Betreff der Erscheinung der Wärme, welche dieselbe rein auf die Bewegung beziehen, die Auffassung Boerhave's, welcher der Wärme eine Beziehung auf die Verkörperung ertheilt.

Solange Bewegung und Verkörperung als absolut getrennte Erscheinungen galten, musste ein solcher Zwiespalt sich hervorthun, je zufolge als die Methode der Auffassung, mehr logisch, wesentlicher die Bewegung, mehr sinnlich oder bildlich, die Körperlichkeit als das Wesentliche betraf. Er herrschte lange in der Wissenschaft in Betreff der Erscheinung des Lichtes, dem Newton eine Beziehung auf die Verkörperung gab, welche später bei Seite gestellt und auf die Bewegung beschränkt ward.

Sie zeigt, weshalb die Atome von Wärme und Licht unzertrennlich verbunden erscheinen*). Woher Wärme und Licht analoge, nicht ganz dieselben Erscheinungen bewirken, analogen, nicht ganz gleichen Gesetzen gehorchen**). Sie erklärt die Fähigkeit der Wärme, alle jene Phänomene hervorzubringen, deren wir gedacht.

Jene Auffassung führt die drei absoluten Formen der Zahl, Einzelheit, Mehrheit, Einheit auf ihre Urbeziehungen zurück. Sie erklärt die absolute zwiefache Erscheinung des Lebens in allgemeinbestimmter und in absolutbestimm-

*) Encyclop. Metrop. Div. II. Vol. 4. Heat. ch. III. (187.) p. 295.

**) Ibid. ibid. ch. VI. (371.) p. 326.

ter Form; die Bedingtheit der letzteren Form der Lebenswirksamkeit durch die erstere.

Sobald das irdische Leben sich in der angegebenen Form und Erscheinung vollendet hatte, trat es unter den angenommenen Formen wieder expansiv auf und in gesetzliche Beziehung zu sich selbst in anderer ihm äufserer Erscheinung; solchergestalt sich darstellend in gesteigerter Kraft und vervielfältigter Form der Wirksamkeit, ihm äufseres Leben hervorbringend, bei welchem unbedingt die früheren Formen als Grundformen dienten; eine Thätigkeit, wozu es sich selbst durch seine planetarischen Beziehungen befähigte.

Erhaltung nennen wir das Phänomen einer solchen Fortsetzung seiner selbst des Lebens: Leben ist ein durch sich selbst bedingtes und bestimmtes Werden.

Wie aus vorhergegangenen Generationen folgende Generationen entstehen: so erzeugen die Gestirne Geschlechter von Gestirnen. Wie die irdische Mutter ihr Kind tränkt und erhält mit den Strahlen ihrer Milch: so tränkt und erhält die Weltenmutter, die Sonne, ihr Kind die Erde, ihre Kinder die Gestirne mit den Strahlen ihrer Wärme.

Wir verfolgen das irdische Leben seinen folgenden Momenten nach.

Als Lichtwärme, expansiv in Beziehung zu sich selbst als freie Wärme getreten, stellt das irdische Leben sich im Allgemeinen dar als Laut. Es stellt, in eben jener Wirkungsform bezüglich auf sich selbst als bestimmte Wärme sich in bestimmter Form als Laut, in Beziehung zu sich selbst als negative Elektricität, so als Doppellaut, Zischlaut dar. Es tritt unter derselben in Beziehung zu sich selbst als absolute Wärme und bringt sich hervor als Schall; es stellt seiner Beziehung nach zu positiver Elektricität unter derselben sich als Hall und Wiederhall dar. Es bringt sich seiner Beziehung in solcher Form zu sich selbst als Magnetismus hervor in der Form als Ton; seiner Beziehung nach zum Licht in Klangesform.

So erscheint die Ursach, woher Stille herrscht, wenn freie Wärme fehlt, oder vielmehr als ein Minimum vorhanden ist; denn ganz fehlt sie nie. So erklärt sich der Grund der Stille, welche die Erscheinung der Kälte begleitet. Wie die Wärme in contrahiver Wirkungsform als Kälte, treten Laut und Ton in solcher als Schweigen auf. So erklärt sich das allgemeinbestimmte Wesen des Tones, aller Auffassungen, welche mit demselben in Zusammenhange stehen, und wie das Licht, nach Euler's schöner Definition, ein Klang für das Auge sei. Es zeigt sich die Ursach der Analogie zwischen den Phänomenen des Klanges und der Farbe; warum Farbe und Klang durch analoge, nicht durch gleiche Gesetze bestimmt werden. Die absoluten Formen der Töne und Klänge, ihre tiefe Wirkung, das Aufregende ihrer Wirkung, ihre lebensverstärkende Wirkung sind erklärt.

Das Leben tritt als Licht in Beziehung zu sich selbst als bestimmte Wärme; diese Beziehung stellt es als Farbe, als Blassroth dar. Es tritt als Licht in Beziehung zu sich selbst als positive Elektricität und bringt sich als Farbe, als Weifs hervor *). Es tritt in der gedachten Wirkungsform in Beziehung zu sich selbst als absolute Wärme und stellt sich als Hochroth dar. Es tritt unter derselben in Beziehung zu sich selbst als Wärme in contrahiver Wirkungsform und erzeugt sich als Blau. Es tritt in Beziehung zu sich selbst als negative Elektricität, eine solche Beziehung stellt es dar als Blassviolett **).

Es tritt in Beziehung zur magnetischen Thätigkeit und

*) Encyclop. Metrop. Electricity. c. 1. (31.) p. 15.
**) Ibid. ibid.

erzeugt die Phänomene des Glänzens, Schillerns, die einzelnen Farben als Farbenkreis.

Das Leben tritt als Licht in reiner Beziehung zu sich selber: dieser Beziehung nach erscheint es als Dunkelheit. Wie die Wärme, ebenderselben Beziehung nach, als Kälte, erscheint das Licht ihr zufolge als Dunkelheit. So kommt es, dafs die Dunkelheit eine entsprechende, keine absolut entsprechende Kälte begleitet; denn mit der absoluten Beziehung des Lichtes auf sich selbst correspondirt keine solche Beziehung auf sich selbst der Wärme, da letztere wesentlich expansiv sofort auch wieder so wirkt. So wenig als absolute Stille, existirt absolute Kälte in der irdischen Natur: Wärme, Laut und Leben sind wesentlich verbunden; so wenig als ein absolutes Nichts in der ersteren Beziehung Statt findet, findet es Statt in der zweiten.

In Bezug aber auf Wärme, Ton, Licht, so wie auf jede Form irdischer Lebendigkeit, findet die Erscheinung der Polarität Statt: mit der expansiven und contrahiven Grundform des Lebens hängt diese Erscheinung zusammen.

Sie gab Anlafs zu einem Grundirrthume der Naturphilosophie, einen absoluten Dualismus des Lebens anzunehmen, dasselbe als absolut positiv und negativ zu begreifen. Dieser Grundirrthum erzeugte den zweiten, die Gottheit als wesentlich indifferent zu betrachten. Wo Gedanke und Wille erkennbar sind, wie hinsichtlich der schöpferischen Kraft in Bezug auf ihre Lebens- mit andern Worten — ihre schöpferische Wirksamkeit: da ist kein Indifferentismus statthaft. Und herrscht kein Indifferentismus der Gottheit in Bezug auf das Leben, herrscht auch im Leben kein solcher.

Weifs und Blassroth bringen sich als Gelb hervor. Nach Herschel erscheint eine Fläche überdeckt mit gleichen zarten, wechselnden Streifen von Weifs und Roth dem Auge gelb. Nach Newton aber sind die Farben der Körper die Farben dünner Schichten. Roth und Gelb erzeugen sich als Orange; Roth und Blau als Violett; Blau und Gelb als Grün.

Sonach giebt es drei Grundfarben:

Weiss, Roth, Blau.

Brewster nimmt drei andere an: Gelb, Roth, Blau *). Aus jenen drei Grundfarben bilden sich zwei einfach zusammengesetzte Farben, Gelb und Violett. Zwei dreifach zusammengesetzte Farben, Orange und Grün.

Die Beziehung auf sich selbst, des Lebens in der Wirkungsform als Licht und Farbe, stellt alle Farben dunkel dar. Das Weisse als Schwarz, das Blaue als Indigo, das Rothe als Kohlschwarz, das Gelbe als Braun, das Violette als Purpur, das Grüne als Dunkelgrün.

Ein Zusatz von Wärme steigert im Allgemeinen die Kraft der Farben, deren intensive Bedeutsamkeit. Ein Zusatz von Weiss dagegen erhöht nach Herschel deren äusserliche Lebendigkeit.

Die dargelegte Beziehung der Farbenerscheinung erklärt, wie der äusserste Farbenstrahl des Lichtes ein rother seyn muss; wie ein Maximum an Wärme den rothen, ein Minimum den violetten begleitet **).

Jene Wirksamkeit des Lebens als Wärme, welche in Verbindung mit dessen Wirksamkeit als Licht die rothe Farbe erzeugt, ist expansiver Art; beim violetten Lichte wird die expansive Wirkungsform der Wärme durch ihre contrahive Wirkungsform als Kälte polarisirt.

So erklären sich die zween Farbenreihen; eine rothe, sogenannte positive, die wir als expansive bezeichnen; eine blaue, sogenannte negative, als contrahive sprechen wir sie an.

---

*) A. Kunzek. Die Lehre vom Licht. 1836. S. 142.

**) Encyclop. Metrop. Light. Part. 17. §. 88. 1146 — 1147. p. 581. 582.

So erklärt sich, weswegen das blaue Licht einen angehobenen Chemismus fortsetzen, keinen neuen einleiten kann *).

Das Licht, Fürst und Vater aller Farben, ist wesentlich farblos: zu leuchten ist sein Atribut. Die erste absolutbestimmte Farbenerscheinung bezieht sich auf positive Elektrizität, und stellt sich dar als Weiss. Indem Weiss die Grundform aller Farbenmanifestationen des Lichtes ist, lassen alle Farben sich zurückführen auf diese Farbe; gleich wie bestimmte Töne sich zurückführen lassen auf einen Grundton. Der Ton hat nur specielle absolute Bestimmtheit, die Farbe allgemeine und specielle, sonach rein absolute. Deswegen können nicht alle Töne auf einen Grundton zurückgeführt werden, wie alle Farben auf eine Grundfarbe, auf Weiss, sondern nur gewisse Töne auf einen gewissen Grundton.

Die angegebenen Beziehungen der Farbe erklären sämmtliche Phänomene letzterer, welche die Bewegung des Lichtes hervorruft, Inflection, Refraction, Polarisation, doppelte Strahlenbrechung. Sie erklären die chemischen, die organischen Farben, zu deren Erklärung die Bewegung des Lichtes allein nicht zulänglich ist. Sie zeigen ferner, wie mit der Auffassung der Thätigkeit des Lichtes auch eine Aperception der Form verbunden seyn müsse. Durch Wärme nämlich werden die allgemeinbestimmten Formen der Körperlichkeit bedingt: das Licht, auf Wärme bezüglich, umfasst diese als integrirende Formen; es bestimmt die absolutbestimmten Formen letzterer; in der Auffassung seiner Thätigkeit ist demnach eine Auffassung beider enthalten.

Das Leben tritt in der Form als Wärme in Beziehung

*) Beobachtung Becquerel's. Sitzung der Akademie der Wissenschaften zu Paris. November 1840.

zu sich selbst in elektrischer Form, und verstärkt seine Wirksamkeit in solcher. Es tritt in der Form als Kälte in Beziehung zu sich selbst in der Form als positive Elektrizität: seiner contrahiven Wirksamkeit in jener Erscheinung zufolge unterdrückt es seine Wirksamkeit in dieser bis zu einem gewissen Grade, und hat sie verstärkt, sobald sie wieder expansiv auftreten kann.

Die zwei Elektrizitäten treten in Beziehung zur magnetischen Form der irdischen Lebensthätigkeit und verstärken sie, jede entsprechend ihrer Art: die positive dehnt die Ringe der Spirale unter deren Form jene sich darstellt, aus; die negative zieht sie zusammen. Beide stellen die Theilchen, zu denen sie in Beziehung traten, nicht nur in rechten Winkeln von einander, auch in rechten Winkeln vom Punkte des Einfalles ihrer Wirksamkeit auf *).

Mit einer absoluten dreifachen correspondirenden quantitativen Steigerung der Wirksamkeit des Lebens in allgemeinbestimmter Form als Wärme durch seine Beziehung zu sich selbst in solcher absolutbestimmten Form als Lichtwärme bringen wir, der expansiven Form der Lebenswirksamkeit nach, dessen Auftreten in der Erscheinung als Sauerstoff; der contrahiven Form jener zufolge, dessen Auftreten in der Form als Wasserstoff in Verbindung. Mit eben einer solchen Steigerung seines quantitativen Gehaltes in elektrischer Wirkungsform durch dieselbe Beziehung, dessen Erscheinung als Galvanismus, Elektromagnetismus, Thermoelektromagnetismus. Wird nämlich bei verschiedenen in wechselseitiger Beziehung befindlichen elektropositiven und elektronegativen Körpern ein verschiedener Grad von Wärme bewirkt, so entstehen elektromagnetische Strö-

*) Encyclop. Metrop. Div. II. Vol. 4. Electromagnetism. History. S. p. 15. Mit Beziehung auf Arago, Oerstädt, Ampère, Humphry, Davy, Faraday.

mungen, deren Richtungen verschieden sind, je zufolge als die Wärme in nördlicher oder in südlicher Richtung verstärkt wird. Deren Kraft sich nach der Grösse der Körper richtet; die sich beruhigen, sobald die Wärme sich gleichmässig die Körper hindurch vertheilt hat *).

Sauerstoff in Beziehung zu sich selbst, stellt sich als Kohlenstoff, Wasserstoff, ebenderselben Beziehung nach als Stickstoff dar.

Diese Formen der irdischen Lebenswirksamkeit sprechen wir als deren elementarische Formen an.

Die Beziehungen, welche wir Sauerstoff und Kohlenstoff, Wasserstoff und Stickstoff ertheilt, sind rein speculativ. In Bezug auf den Ursprung dieser Körper sieht die Speculation sich von der wissenschaftlichen Forschung verlassen: die physikalische steigt nicht herab bis zu demselben; die chemische reicht nicht hinan bis zu ihm.

Allemal bleibt der Speculation das Lebensgesetz, welches als Gesetz der Analogie ihre eigene Thätigkeit bestimmt; ihr bleiben die absoluten Thatsachen: dass das Leben, seiner Beziehung nach auf die schöpferische Kraft, ein absolut Wirkendes sei; seiner Beziehung nach auf den schöpferischen Lebenswillen ein Wirkendes in absolutbestimmter, daher unveränderlicher Erscheinung in Bezug auf sich in eben einer solchen ihm entsprechenden, und auf entsprechende Weise von ihm verschiedener Erscheinung; dass es bei solcher Thätigkeit als ein minder Wirksames übergehen muss in die Form des wirksameren zu ihm in Beziehung getretenen Lebens, diese aber modificirt entsprechend der Form seiner Lebendigkeit.

Mögen nun die Erscheinungen durch die Modalitäten welche sie einander in wechselseitiger Bezüglichkeit er-

---

*) Encyclop. Metrop. Div. Vol. 4. Electromagnetism. §. III. 1. 2. 3. 4. p. 20—25. Mit Beziehung auf die Versuche Seebecks.

theilt, der Kraft und sonach der Grösse, der Vielfältigkeit, der Beziehungen so nach der Formen der Bewegung und Verkörperung zufolge, sonach auch der Wärme, dem Ton, der Farbe, allen möglichen Eigenschaften zufolge, so verschieden von denjenigen Erscheinungen auftreten, worauf sie ursprünglich bezüglich sind, dass die sinnliche, die mit derselben zusammenhängende bildliche Auffassung letztere in demselben wiederzuerkennen nicht vermag: geleitet durch jene Thatsachen, wie durch unsichtbare Fäden, verfolgt die Speculation sie bis zu ihrem Ursprung; wo das Bild sie verlässt, verfolgt sie deren Bewegung, deren Kraft der Wirksamkeit, dringt bis in's Imponderable mit ihren Forschungen, bis in's Absolute über jenes hinaus. Diejenige Form, worauf sich alle übrigen Formen zurückführen lassen, ist die Grundform; der Moment, welcher selbe in ihrer Reinheit darstellte, der Grundmoment; das Entsprechendste und auf entsprechende Weise Verschiedenste gehört zusammen als Vorhergehendes und Nächstfolgendes; nach Maassgabe, als die Modalitäten sich vervielfältigen, reihen die Momente sich im Allgemeinen aneinander. So geleitet verfolgt die Speculation zu ihren Grundbeziehungen auch die fraglichen Lebensformen.

Als elementarische Lebensformen spricht sie Sauerstoff und Kohlenstoff, Wasserstoff und Stickstoff an, weil sämmtliche irdische anorganische und organische Naturen sich auf selbe zurückführen lassen; weil sie selbe nicht auf das primitive irdische Leben zurückführen kann; sie aber zu demselben in nächster Beziehung stehen. Eine absolute Beziehung zwischen Wärme und Sauerstoff muss sie erkennen: freie Wärme tritt unbedingt in Verbindung mit Sauerstoff auf; sämmtliche einfache Körper, mit Ausnahme des Fluor, treten theils direkt, theils indirekt in Beziehung zum Sauerstoff; die direkte Beziehung aber wird durch einen Zusatz von Wärme vermittelt. Der Sauerstoff steht ferner in absoluter Beziehung zur positiven Elektrizität, wie die elektromagnetische Thätigkeit erweist; die eine vervielfältigte elektrische in magnetischer Form, durch Beziehung zum Sauerstoff vermittelt werden muss.

Zwischen Sauerstoff und Kohlenstoff herrscht dieselbe Analogie, als zwischen Sauerstoff und Wärme. Beide gehen vorzugsweise Beziehungen ein. Dem specifischen Gewichte nach, wie solches das Verhalten beider Körper ihrer absoluten Wechselbeziehung und ihrer Manifestation dieser zufolge als Kohlensäure erweist, steht der Sauerstoff zum Kohlenstoff in einem Verhalten wie 1 : 3. Bei der Beziehung zwischen beiden Körpern erscheint jener durchweg als bedingende, dieser als bestimmende Form. Die Wirkung jenes ersteren ist wesentlich verflüchtigend (verfeinernd), Leben erregend, expansiv; die Wirkung dieses letzteren wesentlich verdichtend, contrahiv. An sich kommt der Sauerstoff nicht anders, als in gasförmiger Erscheinung vor; der Kohlenstoff stellt sich gasförmig und fest, nimmermehr flüssig dar. Fest erscheint derselbe in allgemeinbestimmter Form als Kohle, in bestimmter als Graphit, in reiner Krystallform als Diamant. In dieser letzteren Gestalt in Beziehung zu Sauerstoff und zu Wärme gebracht, verflüchtigt er sich absolut.

Diesen Eigenthümlichkeiten und Wechselbeziehungen beider Körper zufolge nimmt die Speculation hinsichts beider ein Verhalten wie von expansiver zu contrahiver Wirksamkeit an. Den Sauerstoff schreibt sie seiner absoluten Beziehung zur Wärme, seiner unbedingt flüchtigen Verkörperung, Leben erregenden Wirksamkeit, die expansive; dem Kohlenstoff seiner zwiefachen flüchtigen und festen Verkörperung, verdichtenden Wirkung gemäss die contrahive Form der Lebendigkeit zu. Ihrer wesentlichen wechselseitigen Bezüglichkeit nach betrachtet sie beide Formen als eine correspondirende expansive und contrahive, so als eine einzeln bedingte, als Repräsentanten der allgemeinbestimmten Form der irdischen Lebenswirksamkeit.

Im Allgemeinen herrscht zwischen Wasserstoff und Stickstoff dasselbe Verhältniss wie zwischen Sauerstoff und Kohlenstoff; speciell stellt dasselbe sich verschieden dar. Beide Naturen erscheinen in flüchtiger Verkörperung. Das specifische Gewicht beträgt beim Wasserstoffgas 0,0688, beim Stickstoffgas 1,976. Beim Sauerstoff und beim Kohlenstoff tritt die leichtere Form als bedingende im Verhältniss zur schwereren, diese als bestimmende im Verhältniss zur leichteren auf; wie solches bei der allgemeinbestimmten Form der Lebenswirksamkeit stets der Fall ist. Bei Wasserstoff und Stickstoff stellt sich das umgekehrte Verhältniss dar; wie solches die absolutbestimmte Form des Lebens mit sich bringt. Denn indem das Leben in anfänglichster Wirksamkeit als freie Wärme, Emanation der Sonne, sich in der flüchtigsten Erscheinung verkörpert: muss es seinem schliesslichen, auf jenen anfänglichsten bezüglichen Moment sich in eben einer solchen Verkörperung darstellen. Bei der allgemeinbestimmten Wirkungsform als einer absoluten, geht es folglich aus der leichtern Form in die schwerere über; bei der contrahiven umgekehrt. Absolut progressiv, quantitativ und qualitativ gewaltiger in Form seiner folgenden, als in Form der vorangegangenen Momente, muss es nichts destoweniger durch denjenigen Moment, der es in contrahiver Form vollendet, allen Momenten nach, worauf derselbe bezüglich ist, bestimmt werden. Diesem entsprechend tritt der Stickstoff auch als bestimmende Form im Verhältniss zu Wasserstoff nicht nur, sondern auch im Verhältniss zu Kohlenstoff und Sauerstoff auf, ohnerachtet letzterer, wie solches die einfache Beziehung beider Gasarten erweist, welche sie darstellt als Luft, zu demselben in einem quantitativen Verhalten wie 1,1026 : 0,976 steht. Dasselbe Verhalten einer bestimmenden Form und einer bedingenden Form findet hinsichtlich von Wasserstoff und Sauerstoff Statt. Die Wärme erscheint bei Wasserstoff und Stickstoff stärker, aber intensiver gewaltig als bei Sauerstoff und Kohlenstoff. Zwischen jenen und dem Leben in der Wirkungsform als negative Electricität und als Licht herrscht eine analoge Beziehung, wie zwischen diesen und demselben unter den Formen Wärme und positive Elektricität. Der geringste Zusatz von Wärme, sei's an sich oder vermöge einer Beziehung zum Licht, bringt hinsichts Wasserstoff und Stickstoff entsprechende Erscheinungen zuwege, wie die Beziehung der Kohle in der Erscheinung als Diamant zu Sauerstoff und Wärme erzeugt. Was aber in diesem Falle als Verflüchtigung, einer allgemeinbestimmten Form der Lebenswirksamkeit gemäss in unbestimmbarer Ausdehnung ohne Explosion vor sich geht: stellt in jenem, einer absolut bestimmten Form letzterer entsprechend, sich dar als Explosion.

Allen den gedachten Merkmalen nach spricht die speculative Auffassung Wasserstoff und Stickstoff als absolute Repräsentanten des Lebens in contrahiver Wirkungsform an. Sie schreibt denselben ein specielles analoges Verhalten wie jenes zwischen Sauerstoff und Kohlenstoff zu; sie fasst in Bezug auf die zwei letzteren und die zwei ersteren Formen ein dem speciellen beider analoges allgemeines Verhältniss auf; zu letzterem auch durch die vorzugsweise Beziehung berechtigt, welche zwischen Kohlenstoff und Wasserstoff herrscht. Galvanismus, Elektromagnetismus und Thermoelektromagnetismus aber betrachtet sie als die dritte, mit jenen beiden correspondirende elementarische Lebensform.

Mit diesen allgemeinen elementarischen Naturen bringt die Speculation dann ferner specielle elementarische Körper in Zusammenhang. Vier verschiedene Reihen letzterer in Bezug auf Sauerstoff, Kohlenstoff, Wasserstoff und Stickstoff nimmt sie an; von denen jegliche, in Gemässheit der dreifachen correspondirenden progressiven Bedingtheit des Lebens in drei analoge Erscheinungen zerfällt: diese vier Reihen sind:

Schwefel,	Graphit,	Chlor,	Bor,
Selen,	Anthracit,	Jod,	Fluor,
Phosphor:	Diamant.	Brom:	Kiesel.

Hinsichtlich der wesentlichen Beziehungen dieser Körper lassen die physikalische und chemische Forschung die speculative ganz auf gleiche Weise, als hinsichtlich jener von Sauerstoff, Kohlenstoff, Wasserstoff und Stickstoff, ohne zulängliche Daten. Letztere muss deren Ursprung auf gleiche Weise, als den Ursprung dieser Naturen, ermitteln.

Schwefel, Selen, Phosphor erscheinen in Bezug auf bestimmte Beziehungen zur Wärme flüchtig, flüssig, fest. Eine Beziehung zu letzterer unter ihrer contrahiven Form als Kälte stellt sie in fester Verkörperung und, nach Maassgabe der Steigerung des correspondirenden Wärmegehaltes, in vervielfältigter Krystallform dar. Flüssig werden sie: der Schwefel bei 111°, das Selen bei etwas über 100°, der Phosphor bei 35° Wärme. Mit ihrem Auftreten in flüssiger Erscheinung ist eine correspondirende Verflüchtigung verknüpft. Hinsichtlich des Phosphors ist diese eine absolute, seiner Beziehung zum Sauerstoffe gemässe. Schwefel krystallisirt in vervielfältigter winklichter, Selen in solcher fadenförmigen und lagenförmigen, Phosphor in solcher Form eines geschobenen Vierecks.

Zum Sauerstoff, so wie unter einander stehen diese drei Körper in wesentlicher Bezüglichkeit. Bei ihren Beziehungen zeigen sie ein übereinkommendes Verhalten.

Wir ordnen aus diesen Ursachen sie dem Sauerstoffe bei.

Kohle erscheint unbedingt fest. Ihrer Beziehung zum

Sauerstoff ist gedacht. Bei ihrer festen Erscheinung in den angegebenen drei Formen, repräsentirt der Anthracit als ein Festes die flüssige, der Graphit die flüssige, der Diamant die feste Verkörperung.

Chlor, Jod, Brom stellen, bei gleicher Temperatur sich flüchtig, flüssig und fest dar. Im Verhältniss der Erscheinung von Schwefel, Selen und Phosphor unter denselben allgemeinbestimmten Formen einer solchen mögten wir hier den Unterschied eines allgemeinbestimmten und absolutbestimmten Lebens erkennen; einen Unterschied entsprechend demjenigen, welcher Statt hat in Betreff der Spannkraft (Expansion) von Gas und Dampf, von denen das erstere, Repräsentant expansiver, allgemeinbestimmter Lebendigkeit, eine allgemeinbestimmte, der letztere, Repräsentant absolutbestimmter Lebensthätigkeit, eine absolutbestimmte Spannkraft zeigt. Der Abschnitt: von den Formen der Lebensverkörperung führt zurück auf diesen Gegenstand. Chlor, Jod, Brom stehen in wesentlicher wechselseitiger, in wesentlicher gemeinschaftlicher Beziehung zum Wasserstoff, wie wir ein solches hinsichts von Schwefel, Selen, Phosphor an sich und ihrem Verhalten nach zum Sauerstoff bemerkt haben. Bei der Verbindung von Phosphor und Jod wird diese zwiefache Verwandschaft klar: beide Körper verbinden sich unter Entwickelung von Wärme. Werden sie mit Wasser übergossen, so zersetzt ihre Verbindung sich der Art, dass der Sauerstoff des Wassers sich mit dem Phosphor, der Wasserstoff mit dem Jod verbindet. Bei ihren Beziehungen zu andern Körpern zeigen Chlor, Jod, Brom ein analoges Verhalten, wie, unter gleichen Umständen, Schwefel, Selen und Phosphor erweisen.

Wir ordnen jene ersteren Körper aus diesen Ursachen dem Wasserstoffe, wie diese dem Sauerstoffe unter und bei.

Kiesel erscheint an sich in fester, Fluor und Bor stellen sich an sich in flüchtiger Verkörperung dar, in flüchtigerer als alle obgedachten flüchtigen Körper. Wie der Anthracit als ein festes das Flüssige repräsentirt, repräsentirt selbes als ein Flüchtiges der Fluor. Kiesel würde demnach zum Stickstoff in einem analogen Verhalten, wie der Diamant zum Kohlenstoff befindlich seyn. Zwischen Kiesel, Fluor und Bor herrscht die innigste Wechselbeziehung. Wie der Diamant, in Sauerstoffgas erhitzt, verbrennt, verbrennt das Bor unter gleichen Verhältnissen mit starkem Funkensprühen.

Zu den angeführten Gründen die gedachten zwölf Körper als specielle elementarische Lebensformen anzusprechen und sie zu den angegebenen allgemeinen elementarischen Lebensformen in die bemeldeten Beziehungen zu bringen, liessen sich viele andere Gründe gesellen. Ihre Anführung und Ausführung führte hier zu weit. Sie wird zu seiner Zeit erfolgen. Hier kommt es nur darauf an, zu erweisen, wie das dargelegte speculative Resultat kein bildlich combinatives, phantastisches sei, sondern auf das Wesen der Dinge beruhe.

Mit dem Auftreten des Lebens in der Form als Bor, wäre der elementarische Akt desselben vollendet, wie der primitive mit dessen Erscheinung als Licht. Eine zwiefache Form der irdischen Lebenswirksamkeit stellt sich dar. Die eine, bezüglich auf deren expansiven, allgemeinbestimmten Moment, wird repräsentirt durch die Formen freie Wärme, bestimmte Wärme, absolute Wärme, positive, negative Electricität, Sauerstoff, Kohlenstoff, Schwefel, Selen, Phosphor, Graphit, Anthracit, Diamant. Die zweite, in Zusammenhange mit der contrahiven Form der Lebenswirksamkeit, vertreten die Formen negative Elektricität, Kälte, Wasserstoff, Stickstoff, Chlor, Jod, Brom, Kiesel, Bor und Fluor. Absolute Wärme, negative Elekricität und Kälte einerseits; Lichtwärme, Licht, freie Wärme, Emanation der Sonne andrerseits bilden zwischen beiden Reihen Einheit vermittelnde Formen.

Unter den gedachten Formen nun setzt das irdische Leben seiner absoluten Lebendigkeit, seiner absoluten gesetzlichen Bestimmung zufolge sich fort, bringt sich in immer neuer Erscheinung, gesteigert der Kraft, der Form nach vervielfältiget, durch wechselseitige, gesetzliche Beziehungen hervor. Die Natur ist absolut lebendig; auch im unorganischen Leben herrscht kein Stillstand: kein folgender Augenblick gleicht dem vorhergehenden, der alte Kreislauf erneuert sich; doch in immer neuer Erscheinung.

Nächst dem elementarischen Lebensakt mögten wir einen chemischen ansprechen. Bei diesem erschiene das Leben in flüchtiger, flüssiger, fester Verkörperung in absolut bestimmter Folge. Als die flüchtige Form, worunter er sich darstellte, sprächen wir die Luft an: Sauerstoff und Stickstoff, einer Verbindung nach, welche dem quantitativen Gehalte zufolge sich wie 1,0026: 0,976 darstellt; dem quantitativen Verhalten nach auftritt wie 1:4. Mitscherlich äussert sein Befremden darüber, dass die Verbindung beider Gasarten als Luft, trotz der grossen Verschiedenheit der specifischen Schwere beider so innig seyn könne. Eben diese Innigkeit führt den Beweis, dass selbe eine chemische sei. Der schwerere, intensiv minder gewaltige Körper, Sauerstoff, bedingt den leichteren, intensiv gewaltigeren Körper entsprechend seiner Form und wird von demselben dessen Form entsprechend bestimmt. Eben weil diese Verbindung, als eine chemische, Bezug hat auf die impulsive und auf die mechanische Form der irdischen Lebenswirksamkeit, stellt sich die Luft auch unbedingt in mechanischer Construction dar.

Ihrer Beziehung nach auf Sauerstoff und Stickstoff, ihrer flüchtigen Form der Verkörperung nach, stehen der Luft Beziehungen zum Leben in jeglicher flüchtigen Wirkungsform zu; während das Leben in der Form als Luft zu sich selbst in flüssiger und in fester Form der Wirksamkeit und Erscheinung in Beziehung steht.

So in Wechselwirkung mit dem irdischen Leben in jeglicher Form, unbedingt angezogen von demselben und dasselbe anziehend, bestimmt durch dasselbe, der Form desselben entsprechend, umgiebt die Luft, in bestimmter, ihrer wesentlichen Mächtigkeit entsprechender Höhe, den Erdball; während sie, durch ihre einzelnen Beziehungen zu demselben fort und fort auf das Mannigfaltigste modificirt, dergleichen Modalitäten fort und fort in die absolute Form ihrer Wirksamkeit überträgt.

Ihrer Beziehung auf Sauerstoff und Stickstoff, die anfängliche und schliessliche Form allgemeiner elementarischer Lebensthätigkeit gemäss, muss der Luft eine entsprechende und eine auf entsprechende Weise verschiedene Form der Bewegung und Verkörperung, wie dem Leben in primitiver Wirkungsform zuständig seyn.

Hiemit steht eine Fähigkeit derselben in Zusammenhange, gesetzliche Beziehungen zu demselben unter allen seinen primitiven Formen einzugehn.

Damit bringen wir die Phänomene der Temperatur, Wärme, Kälte, die elektrischen und magnetischen Erscheinungen bei der Luft, ihre Ton- und Farbenphänomene, ihre Durchsichtigkeit, ihr Wiederleuchten in Verbindung.

Die absolute Folge der Farben, wie selbe sich am Eingange dieses Kapitels angegeben findet, erklärt die entsprechende Folge der Farben der Luft den Tag hindurch, Weiss und Roth der Morgenluft, die gelben und blauen Morgenschatten, jene als Bedingung dieser; das gelbe Mittagslicht, des Abends hochrothe, orange, violette und grüne Tinten, das schwarze Blau der Nacht.

Die Folge der Bestimmungen der Wärme durch den primitiven Lebensakt erklärt die Wechsel der Temperatur den Tag hindurch, deren entsprechende Wechsel während des Jahrs.

Ihre Beziehung zu den zwei Elektricitäten erklärt die elektrischen Luftphänomene, Wetterleuchten und Gewitter; das Nordlicht mit seinen weissen, blauen, rothen, oscillirenden Strahlenstreifen.

Mit der Beziehung der Luft zum Kohlenstoff, bringen wir den Antheil von Kohlensäure in Verbindung, welcher derselben permanent eigen ist. Mit deren Beziehung zum Wasser im Allgemeinen, den gleichen Antheil an Wasserdunst, der sie begleitet. Auf deren Beziehung zum Meer beruht der Antheil von Seesalzsäure, welcher der Luft in der Nähe des Meeres eigen. Specielle Beziehungen bringen zufällige Miasmen hervor, so die Luft durchziehn, sich ihr vermengen, von ihr verarbeitet werden.

Die impulsive allgemein und absolut bestimmte Form der Bewegung, welche die Grundform bildet der chemischen Thätigkeit der Luft, erklärt die einzelnen zufälligen und bestimmten Strömungen bei derselben; deren mechanische Form der Bewegung die allgemeinen regelmässigen impulsiven und respulsiven Strömungen in ihr, die südöstlichen und nordöstlichen Passate; deren absolute expansive und contrahive Form, die regelmässigen kreisförmigen Strömungen in ihr, welche Dove so schön beobachtet.

Wir mögten die Luft nicht theillos erachten einer Beziehung zu den Emanationen der Sonne, des Merkur, der Venus. Auf diese, und auf ihnen entsprechende Emanationen des Erdkörpers aber das Daseyn des Mondes beziehn, und so dessen Einfluss auf die Witterung erklären.

Als flüssige allgemeine chemische Lebensform betrachten wir Wasser: Sauerstoff und Wasserstoff, einer Verbindung nach, die ihrem quantitativen Verhältniss zufolge 1:2, ihrem qualitativen Verhältniss nach 1:8 beträgt.

Wie das Leben als ein vollendetes in bestimmter Erscheinung sich durchaus in fester Verkörperung darstellt: so auch in allgemeiner chemischer Erscheinung.

An die gedachten zwei Formen desselben in solcher schliessen wir zwei Formen seiner festen chemischen Verkörperung: Metalle, Erden, Krystalle der Metalle und der Erden. Die Metalle mögten wir mit der flüssigen Form der Verkörperung, als die ihr correspondirende Form des Festen, die Erden auf gleiche Art mit der flüchtigen Form jener in Zusammenhang bringen. Zwei Reihen der Metalle fassen wir auf: elektropositive und elektronegative; vier Reihen der Erden fassen wir auf: Kalk, Kohle, Thon und Kiesel. Die Metalle bilden gleichsam eine Mittelstufe zwischen den elementarischen festen Körpern und den Erden. Ihrem Verhalten nach zu letzteren sprechen wir auch hier, das Verhältniss absolutbestimmter Körper zu allgemeinbestimmten an. Dem entspricht, dass die Metalle intensiv gewaltiger und aus mehreren Formen zusammengesetzt, als die Erdarten, doch weniger Formen, als diese bilden.

Die zwei Gasarten, welche sich als Luft hervorgebracht, stellen andern quantitativen Bedingungen zufolge sich als Stickstoffgas, Stickstoffoxydul, salpetrichte Säure und Salpetersäure dar.

Sauerstoff und Wasserstoff bringen einem andern quantitativen Verhalten nach, als dasjenige, welches ihnen als Wasser zum Grunde liegt, sich als Wasserstoffsuperoxyd zuwege.

Bei dieser Verbindung überwiegt die Thätigkeit derjenigen Form, welche die contrahive Richtung der Bewegung repräsentirt, des Wasserstoffes, im Verhältniss zur Thätigkeit des Sauerstoffes, derjenigen, wodurch die expansive Richtung ersterer vertreten wird: dem gemäss stellt bei derselben die Verkörperung sich nicht rein flüssig, wie beim Wasser dar, sondern dickflüssig, näher dem Festen, jener Form der Körperlichkeit, welche durch die contrahive Richtung der Bewegung bedingt wird.

Sauerstoff und Kohlenstoff gehen verschiedenen quantitativen Verhältnissen nach Verbindungen ein, welche sie darstellen in verschiedener Form, als Kohlenoxyd, Kohlensäure, Oxalsäure, Crotonsäure, Honigsteinsäure.

Wasserstoff und Stickstoff bringen sich als Ammonium hervor.

Wasserstoff und Kohlenstoff erscheinen durch Wechselbeziehungen, verschiedenen quantitativen Bedingungen entsprechend, als Aetherin, Naphtalin, Parnaphtalin u. s. w.

Kohlenstoff und Stickstoff erzeugen einem zwiefach verschiedenen quantitativen Verhalten nach sich als Cyan und als Melon.

Hier ist nicht der Ort, den Stammbaum des anorganischen Lebens nach der aufgefassten Ansicht seinen sämmtlichen Verzweigungen und deren Eigenthümlichkeiten nach zu verfolgen. Wir bezeichnen im Allgemeinen drei Momente seiner Entwickelung, den primitiven, den elementarischen, den chemischen. Als ein vollendetes, in sich selbst geschlossenes, erscheint das Leben seinem primitiven Momente nach einfach, seinem elementarischen Momente nach zwiefach, dem chemischen Momente nach dreifach bedingt und bestimmt. So tritt es jedem dieser Momente zufolge einzeln, in bestimmter Allgemeinheit, in absoluter Allgemeinheit auf.

Sauerstoff und Kohlenstoff in der Verbindung als Kohlensäure, Wasserstoff und Stickstoff in jener als Ammonium, erscheinen der chemischen Form der Bewegung gemäss als kohlensaures Ammonium, in Zusammenhange mit organischer Bewegung stellen sie sich als organische Materie, als Gehirn dar.

Wir werden diese Verschiedenheit alsbald auf ihre Beziehungen zurückführen.

Die Beziehung des irdischen Lebens in primitiver Erscheinung auf die Emanation des Planeten Venus, wodurch dasselbe hervorgebracht worden, als absolute Wärme, negative Elektricität, Kälte, hatte die Formen der irdischen Lebensbewegung verändert; ebenso auch die Form, unter welcher selbe sich bis dahin verkörpert.

Zu der rein impulsiven verticalen und horizontalen Form jener Bewegung kamen die Formen: Schwanken, Haltung, Schwung; aus der allgemeinen Gestalt eines Winkels ging die irdische Lebensverkörperung mehr und mehr in eine elyptische Form über.

Die folgenden, rein contrahiven Momente des irdischen primitiven Lebensaktes, diejenigen, wodurch das irdische Leben sich vollendete in magnetischer Wirkungsform, sich hervorbrachte in der Form als Licht, ertheilten ihm zu seiner speciellen Beziehung auf sich selbst eine solche allgemeine Beziehung; in absoluter Beziehung zu sich selber stand es nun. Ausserdem vollendeten jene Momente es in allgemeiner elyptischer Erscheinung; in der Erscheinung unter den drei allgemeinbestimmten, den zwei absolutbestimmten Formen der Verkörperung als in einer.

Mit diesen vervielfältigten Formen der irdischen Lebensbewegung und Lebensverkörperung musste eine veränderte Stellung der Elypse, wodurch beide repräsentirt wurden, gegen die Himmelskörper verbunden sein, zu welchen das irdische Leben in Beziehung stand, zur Sonne, zum Merkur, zur Venus. Jene Elypse nahm gegen diese Gestirne mehr und mehr eine seitliche Stellung an.

Das Auftreten des gedachten Lebens in expansiver Richtung, nach seiner Vollendung in primitiver Form, stellte dasselbe in selbstständiger Bewegungsform als Kreisen dar; sein Kreisen aber manifestirte sich körperlich als ein fortwährender Uebergang des Flüchtigen in das Flüssige, dieses letzten in das Feste.

In die Reihe der Gestirne trat die Erde ein, zum planetarischen Leben war ihrem Leben eine dreifache Bezüglichkeit eigen: auf die Sonne, auf den Merkur, auf die Venus. Sie hatte dasselbe einer dreifachen, progressiven, correspondirenden Wirkungskraft nach als einer bedingt. Mit ihr kam das Maass der Entfernung der Erde von der Sonne, das Maass des Erdkörpers, die Umlaufszeit der Erde überein; während die allgemeine Form jenes letzteren, die allgemeine Form ihrer Bewegung bedingte. Die Bewegung nämlich, welche einen bestimmten Körper betrifft, erhält und modificirt dessen Gestalt. Da aber die irdische Lebensbewegung absolut sich selber, derjenigen Verkörperung nach, worin sie sich hervorgebracht, betraf, musste sie im Allgemeinen der allgemeinen Form dieser letzteren entsprechen, und, da diese eine elyptische war, auftreten in elyptischer Form.

Ihre allgemeine Verkörperung aber erhielt eine veränderte Gestalt, nach Maassgabe, als das irdische Leben unter denjenigen Formen die es sich ertheilt, der Folge nach, worin es sie angenommen, in Bezug auf sich selber thätig war, und demgemäss, die Formen seiner Bewegung und seiner Erscheinung verviefältigte. Sie erhielt auch eine veränderte Gestalt durch ihre absolute rotative Bewegung, welche zugleich, ihre allgemeine elyptische Form mehr und mehr sich selber entsprechend modificirte.

Und so stellt heute die Erde sich in andrer allgemeiner Form, als die elyptische dar; so ist ihre elyptische Bewegung in fortwährender Annäherung zu einer kreisförmigen begriffen *).

Dass unter solchen Umständen die Erde sich nicht

---

*) Sir Charles Lyell. Principles of Geology. Edit. 3. Vol. I. B. 1. chap. VIII. p. 207. The excentricity of the orbit is continually diminishing. The Elipse in a state of approach to a circle.

fortwährend vergrössert, hat Beziehungen, worauf der Abschnitt von den Formen der Verkörperung bringt.

Mit dem Auftreten des irdischen Lebens in chemischer Form, stellt dieses sich vollendet allen seinen allgemeinbestimmten, so wie den zwei absolutbestimmten Formen seiner Verkörperung nach, unter denselben allen in wechselseitiger Beziehung und in Einheit dar. Sein allgemeinbestimmter Lebensmoment, der Moment seiner anorganischen Wirksamkeit ist vollendet.

Tritt nun ein oder der andere feste chemische Körper in Beziehung zum Wasser und zur Luft — den chemischen Körpern dritter Ordnung aber stehen, als elektropositive wie als elektronegative, keine andern Beziehungen mehr zu; weil ihr wesentlicher quantitativer Gehalt, seiner dreifachen progressiven Bedingtheit zufolge in formellen Gehalt übertragen, eine absolut gesteigerte Wirkungskraft derselben bedingt, der gemäss er weder in der einen noch in der andern Form absolut bestimmt ist, so lange das Leben unter beiden nur expansiv wirkt; dagegen beut das Leben in allgemeiner chemischer flüchtiger und flüssiger Verkörperung, als Wasser und als Luft, ihnen gesetzliche Beziehungen, allgemeinbestimmt ihrer absoluten Bestimmtheit entgegengesetzt, als ein chemisches ihrer chemischen Lebendigkeit entsprechend — tritt nun ein oder der andere feste chemische Körper in Beziehung zum Wasser, wird dadurch auch eine Beziehung desselben zur Luft vermittelt, da Luft unbedingt im Wasser enthalten ist; letztere Beziehung vermittelt eine Beziehung derselben zum primitiven Leben, seinen allgemeinbestimmten Formen nach, als Wärme und als Kälte, seinen absolutbestimmten Formen nach, als positive und als negative Elektrizität, Magnetismus, Licht.

Wie ihr Leben angehoben hat von primitiver Wirksamkeit, und alle Stufen elementarischer und chemischer Lebendigkeit hindurch sich ausgelebt zu seiner speciellen chemischen Form: steht es unter dieser in Beziehung zu sich selbst in allen jenen früheren, ihm unter derselben integrirenden Formen, und wirkt in solcher Beziehung mit dem quantitativen Gehalt der ihm in jener eigenthümlich ist, als mit einem einfachen progressiven. Sein quantitativer und sein formeller Gehalt erscheinen demnach absolut gesteigert und vervielfältiget.

Ihre feste Verkörperung erhält durch jene Beziehungen eine flüssige und eine flüchtige Modalität. Das Flüchtige erscheint bei denselben einer Seits als Bedingung des Flüssigen, dieses als Bedingung des Festen; andrer Seits tritt das Feste als Bedingung des Flüssigen und dieses als Bedingung des Flüchtigen auf. Der Uebergang der einen Form in die andere bedingt bei denselben, als ein progressiver in immer wachsender Stärke, eine relative Bewegung gleich jener des Erdballs; doch als eine verdoppelte in Einheit verhältnissmässig zu letzterer. Das Flüchtige, das Flüssige, das Feste stellt sich bei ihnen in einem polaren Verhalten dar. Indem eine solche Modalität den festen chemischen Körper im Einzelnen, wie im Ganzen betrifft, löst sie ihn seinen Theilchen nach auf. Seinen einzelnen Theilchen nach und im Ganzen stellt er sich in derjenigen Krystallform, welche sein specielles chemisches Leben ihm ertheilt, weich, feucht, geschwollen dar; jene Theilchen aber bewegen in dieser Form sich selbstständig um ihre Achse.

In solcher veränderten Gestalt nun, und während er sie annahm, in Beziehung zu Wasser und Luft, zu Sauerstoff, Kohlenstoff, Wasserstoff und Stickstoff, befand der gedachte Körper sich zugleich in Beziehung zur elektromagnetischen Thätigkeit. Er trat als Leiter elektromagnetischer Strömungen auf: alle Körper sind Leiter. Er trat als ein solcher geradlinigter Leiter auf, seiner Krystallform entsprechend.

„Ein unbeweglicher geradlinigter Leiter, welcher von einem galvanischen Strome durchflossen wird, zieht einen andern beweglichen Leiter an, sobald denselben eine galvanische Strömung in gleicher Richtung mit derjenigen durchdringt, der er selber als Leiter dient. Er stösst ihn ab, ist die Richtung der Strömung in demselben entgegengesetzt derjenigen der Strömung, wovon er durchflossen wird *).

„Wird ein geradlinigter Leiter von einer galvanischen Strömung durchflossen, und ein anderer geradlinigter Leiter demselben in paralleler Richtung genähert: wird in dem bewegten Leiter ein Strom in umgekehrter Richtung erregt, wie jener, welcher den unbewegten Leiter durchdringt. Entfernt man ihn, ist die Richtung der Strömung im ersteren wieder gleichlaufend mit der Richtung der Strömung in letzterem **).

Befinden nun zwei chemische Körper, ein elektropositiver und ein elektronegativer sich in Beziehung zum Wasser; ist ihre Beziehung zum Wasser solcher Art, dass dieses sie bewegen kann, bewegt dasselbe, der eigenthümlichen Form seiner Bewegung gemäss, abwechslend den einen gegen den andern, so dass sie wechselsweise bewegt werden und ruhen; zu einander also wechselweise

---

*) v. Poggendorff's Annalen der Physik und Chemie. Berlin 1834. Bd. 31. Nr. 30. LXX. s. Lenz. Ueber die Bestimmung der Richtung, der durch elektrodynamische Vertheilung erregten galvanischen Ströme. Mit Beziehungen auf Ampère und Faraday. S. 487.

**) Ebend., ebend.

im Verhältniss eines bewegten und eines unbewegten Leiters stehen.

Werden beide Körper von einer galvanischen Strömung in gleicher Richtung durchflossen: entsteht dadurch wechselsweise Anziehung des bewegten Leiters durch den unbewegten. Die Richtung der Strömung im ersteren umkehrend, stellt diese Anziehung als Bedingung von Abstossung sich dar, wodurch dann wieder Anziehung bedingt wird; und so fort, nach Maassgabe der Bewegung der zwei Körper, und der Bedeutsamkeit der galvanischen Strömungen denen sie als Leiter dienen, so wie ihrer wesentlichen Fähigkeit solcher Leitung. Eine selbstständige impulsive und repulsive Bewegung beider in Bezug auf einander wird vermittelt, welche in Zusammenhange mit ihrer wechselseitigen Beziehung, mit ihrer gemeinschaftlichen Beziehung zu Wasser und Luft, so wie zum Leben in elementarischer Form steht.

Diese Bewegung ertheilt beiden ein gegenseitiges paralleles Verhalten; setzt sie, sich vervielfältigend mehr und mehr ihren einzelnen Theilen nach in Contact.

In Berührung gebracht, stellen jene Theilchen als elektropositive und als elektronegative, ihrem polaren Verhalten nach sich in magnetischer Bewegungsform dar. Dem zufolge reihen sie sich in ihrer eigenthümlichen Krystallform in spiralförmigen Windungen aneinander. Ihre einzelne rotative Bewegung setzt dergleichen Windungen hindurch, sich als eine bestimmte allgemeine fort. Aber sie treten nicht nur in Contact: chemische elektropositive und elektronegative, einander durchaus entsprechend und auf entsprechende Weise verschieden voneinander, treten sie in wechselseitige Beziehung. Bei einer solchen tritt das flüchtige Elektropositive, als dem flüchtigen Elektronegativen wesentlichst entsprechend, in specielle Beziehung zu diesem; dasselbe findet hinsichts des einen und des andern Flüssigen und Festen Statt: so dass diese drei allgemeinbestimmten Formen der Verkörperung bei den gedachten Körpern ebenso wie im Einzelnen auch in bestimmter Allgemeinheit die gedachten Spiralwindungen hindurch, in welchen sie sich aufgestellt erscheinen. Da aber den Theilchen der fraglichen Körper ein absolut polares wechselseitiges Verhalten eigen: treten sie auch in wechselseitige Beziehung, sofern sie diesen Spiralwindungen nach in Berührung gerathen, und da ihre gegenseitige impulsive und repulsive Bewegung sie auch diesen zufolge in Berührung bringt: stellt bei denselben die flüchtige, flüssige, feste Form der Verkörperung sich als eine, im Ganzen, wie in bestimmter Allgemeinheit, wie im Einzelnen dar.

Eine solche wechselseitige Beziehung aber bringt mit sich, dass sie nicht nur den allgemeinbestimmten Formen ihrer Verkörperung, sondern allen Formen ihrer chemischen Lebensthätigkeit nach im Einzelnen, in bestimmter, in durchgängiger Allgemeinheit sich einer entsprechend dem anderen modificiren; dass ihre einzelne und allgemeine rotative Bewegung als eine absolute erscheint. Sie treten dem gemäss als ein aus zwei Hälften zusammengesetzter Körper, in veränderter chemischer Form, in veränderter Form der Verkörperung auf. Statt der bisherigen zwiefachen Combination ist ihnen eine drei- und vierfache chemische Combination eigen. Ihre Verkörperung umfasst als eine die drei allgemeinbestimmten Formen einer solchen, das Flüchtige als Bedingung des Flüssigen, dieses als Bedingung des Festen und so umgekehrt: so, dass dem polaren Verhalten des Flüchtigen und Festen bei derselben zufolge, ersteres als Repräsentant der Beziehung derselben auf sich selbst, letzteres als Repräsentant der Beziehung derselben auf das Aeussere erscheint; statt der anorganischen agregativen Construction ist ihr eine organische constitutive Construction zuständig. Sie besitzen selbständige rotative, impulsive und repulsive mechanische Bewegung; welche von einem Punkte ausgeht, welcher im Allgemeinen die Linie ihrer Zusammensetzung als ein Körper als Trennungs- und Verbindungslinie dient, welche in absoluter wechselseitiger Beziehung steht.

Die galvanischen hin und her laufenden Strömungen, wodurch ihre mechanische Bewegung veranlasst worden ist, bedingen dann ferner eine eigenthümliche Construction jener Körper.

Wie früher schon bemerkt, ist der galvanischen Thätigkeit eine tangentale Bewegungsform eigen, der zufolge sie die Partikelchen, zu denen sie in Beziehung tritt, in rechten Winkeln voneinander und vom Punkte des Einfalles ihrer Wirksamkeit aufstellt. So stellen die her und hinlaufenden galvanischen Strömungen, wodurch die mechanische Thätigkeit beider Formen als einer bedingt wird, deren Theilchen, sofern sie zu denselben in Beziehung treten, in rechten Winkeln voneinander und vom Punkte ihres Einfalles auf. Bei der rotativen Bewegung dieser Theilchen im Einzelnen und im Allgemeinen muss diese Aufstellung denselben eine cylindrische Form ertheilen.

Sobald sie sich als eine rotative vollendet hat und nach Maassgabe wie sie sich als eine solche vollendet, bedingt zugleich die rotative Bewegung jener Theilchen die Form der gedachten galvanischen Strömungen in einer der ihren entsprechenden Form, indem sie als Leiter derselben dienen, in einer Form, derjenigen entsprechend, worin das Experiment mit der couronne de tasses die galvanische Bewegung darstellt. Der hin und her laufenden wechselnden Richtung dieser Strömungen zufolge muss diese Richtung sich verschieden in dem elektronegativen und in dem elektropositiven Theil beider darstellen. In dem einen wird der Kreis links, in dem andern recht gewunden erscheinen: solchergestalt aber werden beide Strömungen auf dem Punct zusammentreffen, von welchem die galvanische Thätigkeit beider ursprünglich anhob, und sich von hier die Linie herab, welche derselben als Bezeichnung dient, in allgemeiner und specieller wechselseitiger Beziehung fortsetzen. Diese Linie herab hat die impulsive und repulsive wechselweise Bewegung der zwei Körper gegeneinander wodurch ihre Vereinigung vermittelt worden, die Spiralwindungen, in deren Form ihre magnetische Thätigkeit sie als einen Körper hervorgebracht am dichtesten zusammengedrängt.

In solcher Form hat beide Körper deren wechselseitige Beziehung zu einander, ihre gemeinschaftliche Beziehung zu Wasser und Luft, so wie zur elementarischen Thätigkeit unter deren sämmtlichen Formen vermittelt.

In solcher Form sprechen wir sie als hyperchemische Naturen an, mit einer Benennung, welche von Lichtenberg herrührt, und welche dieser, so viel uns bekannt geworden ist, bisher allein gebraucht hat. „Man sollte," sagt er, „vom Chemischen das Hyperchemische unterscheiden. Gährung ist wohl etwas Hyperchemisches *)." Den Akt, welcher sie in solcher Form hervorgebracht, bezeichnen wir als hyperchemischen Lebensmoment. Beide aber, diesen Akt, so wie das Leben in der Form, worin derselbe es darstellt, als Moment und Form seines Ueberganges von anorganischer zu organischer Lebendigkeit.

Durch die Beziehung des Lebens in hyperchemischer Form der Bewegung und Erscheinung auf die elektromagnetische Form einer solchen, dessen Thätigkeit in gleicher

*) Vermischte Schriften. Herausgegeben von Kries. Göttingen 1800. Bd. 9. S. 197.

eigenthümlich bedingter und bestimmter Wirkungsform, wird eine Beziehung desselben zum primitiven Leben unter allen Formen seiner Wirksamkeit als positive und negative Elektrizität, als Wärme, Kälte, Magnetismus und Licht bewirkt.

Die Beziehung desselben in elektromagnetischer Form zu positiver und zu negativer Elektrizität steigert ihr entsprechend den Gehalt seiner elektromagnetischen Thätigkeit. Seine Beziehung zur magnetischen Thätigkeit bestimmt diese Steigerung einer gewissen Kraft nach, und dieser Kraft nach als eine abwechselnde in Bezug auf die positive, auf die negative Form der elektromagnetischen Thätigkeit. Die Beziehung zur Wärme stellt letztere, als eine fortgesetzte dar, eine thermoelektromagnetische. Die Beziehung zur Kälte bedingt sie in contrahiver Form, wie jene in expansiver. Die Beziehung zum Licht vermittelt sie also einer bestimmten Kraft zufolge, und dieser Kraft zufolge, als eine regelmässig wechselnde in expansiver und contrahiver Richtung.

Mit der Thätigkeit des hyperchemischen Lebens in eigenthümlich bedingter magnetischer Form, als Leiter einer solchen, war eine abermalige Veränderung der chemischen Beschaffenheit desselben verknüpft. Diese betraf ein Mal die drei allgemeinbestimmten Formen seiner Verkörperung, die flüchtige, die flüssige, feste. „Mit Elektrizitätsleitung ist Wasserzersetzung nothwendig verbunden. Der Zusammenhang von Elektrizitätsleitung und Wasserzersetzung ist so innig, dass die eine ohne die andere nicht bestehen kann" *).

Da nun die drei allgemeinbestimmten Formen der Verkörperung bei den hyperchemischen Naturen in abso-

*) Von Poggendorff's Annal. der Physik und Chemie. Bd. 33. Faraday's Experimentaluntersuchungen uber Elektrizität. p. 509 —511.

luter wechselseitiger Beziehung stehn, wird durch Zersetzung des Flüssigen eines Theils der Gehalt des Festen andres Theils der Gehalt des Flüchtigen gesteigert: indem das hyperchemische Leben absolut auf Elektrizitätsleitung beruht, findet eine solche Zersetzung des Flüssigen bei demselben permanent Statt, durch selbe aber wird permanent die specielle, allgemeine, und absolute rotative Bewegung bei demselben erhalten.

Ferner dann verändert Elektrizitätsleitung ihr entsprechend die chemische Beschaffenheit der Körper, welche ihr als Leiter dienen. Eine Thatsache, welche beweist, dass bei solcher Leitung durchaus nicht von einem passiven Verhalten des Leiters die Rede seyn kann, sondern dass Wechselbeziehung dabei Statt findet. „Ohne Zersetzung des Leiters“ sagt Faraday, „findet keine Durchleitung der Elelektrizität Statt. Für eine bestimmte Menge durchgegangener Elektrizität, wird eine eben so bestimmte Menge Wassers anderer Substanzen erfordert*). Die Elektrizität, welche eine bestimmte Menge von Substanzen zersetzt, und diejenige, welche deren Zersetzung entwickelt sind gleich“ **). Ein Stückchen Platin, das als positiver Pol einer voltaischen Säule gedient, erhält die Kraft, welche der elektromagnetischen Thätigkeit eigen, Sauerstoff und Wasserstoff in der Verbindung als Wasser darzustellen. Diese Kraft aber bezieht sich nicht mehr auf die Function der Säule; sie beruht auf einer Structur der Theilchen des Platin, die es durch seine Function bei dieser angenommen. Sie gehört dem Platin zu allen Zeiten und zeigt sich immer wirksam, sobald dessen Oberfläche vollkommen rein ist***).

*) Ebendaselbst, ebendaselbst.
**) Ebendaselbst. S. 517.
***) Ebendaselbst, S. 590.

Durch seine Beziehung als ein elektromagnetisches zum Leben in primitiver Wirkungsform trat das hyperchemische Leben in Beziehung zum irdischen Leben sämmtlichen anorganischen Formen desselben zufolge. Da es, als ein vielförmigeres wirksamer ist, als das Leben unter jenen Formen; da dem Lebensgesetze nach bei Beziehung zwischen zween Lebensformen die minder wirksame in die Form der wirksameren übergehen muss, die Form letzterer aber modificirt ihrer Form entsprechend: muss das primitive, das elementarische, das chemische Leben, bei Beziehung zum hyperchemischen, die Form dieses letzteren annehmen, dessen Form abändern entsprechend der seinen: und so umfasst jenes erstere in eigenthümlicher Modalität sämmtliche anorganische, irdische Lebensformen.

Die Beziehung zum Leben in primitiver Wirkungsform stellt die Momente seiner hyperchemischen Thätigkeit nothwendig in der Ordnung dar, worin die primitiven, elementarischen, chemischen Lebensmomente aufeinander folgen. Und so erklärt sich, wie das Gehirn, welches die hyperchemische Thätigkeit als Leiter der elektromagnetischen, demjenigen Momente nach repräsentirt, wo diese in Beziehung zum primitiven Leben tritt, die vier allgemeinen elementarischen Formen, Sauerstoff, Kohlenstoff, Wasserstoff und Stickstoff als eigenthümliche chemische Formen umfasst. Indem aber die elektromagnetische, hyperchemische Lebenswirksamkeit durch ihre Beziehungen zum primitiven Leben eine selbstständige, thermoelektrische ist, findet eine Verwandlung der hyperchemischen Thätigkeit durch sich selber fort und fort Statt. Die hyperchemische Verkörperung aber hat durch die Beziehungen der hyperchemischen Thätigkeit zum primitiven Leben sämmtliche Formen der Lebensverkörperung, die allgemeinbestimmten jener dreifachen Modalitäten nach angenommen, welche der dreifachen quantitativen Bedingtheit des Lebens zufolge ihnen zuständig sind; das Flüchtige stellt bei jener Lebensverkörperung sich transcendental, imponderabel, gasförmig dar; das Flüssige dampfartig, dünnflüssig, dickflüssig; das Feste tritt faserig, kuglicht, cylindrisch, zäh, blättrig, in allen möglichen Formen der Krystallisation bei derselben auf.

Zu den hyperchemischen Lebensmomenten hat jene Beziehung einen neuen Moment gesellt. Der absolut flüchtigen Form der Verkörperung des Lebens durch seine elektromagnetische Thätigkeit, und, da das primitive Leben sich in ebenderselben körperlichen Form hervorbringt, erscheint auch die hyperchemische Lebensthätigkeit dem gedachten Momente nach in flüchtiger Verkörperung.

Als Schlussmoment des hyperchemischen Lebens stellt dasselbe diesem Momente nach sich in contrahiver Wirkungsform, als Auffassung dar. Seiner Bezüglichkeit nach demselben zufolge auf seine elektromagnetische Wirksamkeit, der zufolge es in absoluter Beziehung zu sich selber steht, betrifft seine Thätigkeit in solcher Form dasselbe allen seinen Momenten (Beziehungen, Formen) nach. Wirksamer in der Form dieses Momentes als seinen sämmtlichen übrigen Momenten nach, bestimmt es in solcher Form als Auffassung sich allen seinen Momenten zufolge.

Durch diesen Moment aber hat das hyperchemische Leben sich als ein organisches vollendet und dargestellt. Und so sehen wir uns zurückgeführt auf die zween Kreise, die Plato als Grundform der organischen Lebensthätigkeit betrachtet; den einen bildet die hyperchemische organische Lebensthätigkeit, den andern die geistige Form einer solchen. Der erste stellt das organische Leben vollendet seinen elementarischen Lebensbeziehungen zufolge, der zweite stellt es in absoluter Vollendung als irdisches Leben dar, beide Momente beziehen sich auf dessen elektromagnetische Wirkungsform, diejenige, wodurch es wesentlich als ein organisches bedingt und bestimmt ward; worauf seine Bewegung, seine Verkörperung bezüglich sind. Plato sagt: der Mensch ermangle der Flügel; doch seinem Geiste fehlten sie nicht. Der menschliche Geist, vielmehr der Akt menschlicher organischer Thätigkeit in flüchtiger Verkörperung, in der Form als Lebensauffassung und als Lebensbestimmung, den wir unter der Benennung Geist begreifen, stellt die menschliche organische Lebendigkeit nicht geflügelt, doch mit einer Geschwindigkeit der Bewegung dar, welcher, als einer absolutbestimmten, die Geschwindigkeit des Lichtes in vervielfältigter Form, als einer allgemeinbestimmten gar kein Maass, eine unbestimmbare, räumliche Umfassung zusteht.

Der absoluten zwiefachen Bestimmtheit des organischen Lebens als ein hyperchemisches elektropositives und elektronegatives gemäss: erscheint das organische Leben unbedingt in zwiefacher Form, in Form der zwei Geschlechter, so wie in einer hyperchemischen neutralen Lebensform, welche auf seine elektropositive und elektronegative Thätigkeit bezüglich, die eine und die andre als integrirende Formen umfasst, in Form einer bestimmten Gattung.

Unbedingt ertheilen wir den zwei organischen Geschlechtern eine Beziehung auf die elektropositive und die elektronegative Form der hyperchemischen Lebensthätigkeit; dem männlichen Geschlecht auf jene erstere, auf diese letztere dem weiblichen Geschlecht.

Damit kommt die Naturart beider Geschlechter überein: das Vordringende, ungestüm Gewaltige, wesentlich durch seine Kraft bestimmte, das Impulsive, Schrankenlose der männlichen Natur; das Gehaltene, in sich Geschmiegte, zur Gesetzlichkeit Aufgerichtete, in sich Bewegte und Beruhende des weiblichen Wesens. Damit kommt die Körperform beider Geschlechter überein: das Gestreckte, Ausspringende, Eckige, Rauhe, Gröbere beim männlichen Bau; das Breite, Bogenförmige, Zarte oder Verflüchtigte, das Glatte des weiblichen Körpers. Dem entspricht die Art des Antheils beider Geschlechter beim Akte der Reproduction ihrer Gattung: der Impuls zum neuen Dasein hebt vom Manne an; Auffassung und Vollendung desselben sind dem Weibe übertragen.

Die Frauen sind öfter als die Männer negativ elektrisch *). Herrscht in dieser Hinsicht keine Regel, erklärt sich dieses daher, dass durch specielle Verschiedenartigkeit die generellen Bestimmungen in der Natur durchweg aufgehoben erscheinen.

Ausser ihrer Beziehung auf jene positiv und negativ elektrischen chemischen Körper, welche sich zu hyperchemischer Lebensthätigkeit verbindend, organisches Leben vermitteln, schreiben wir den zwei Geschlechtern, in deren Form letzteres unbedingt getrennt und verbunden erscheint, eine Beziehung auf das elementarische und auf das primitive Leben in der einen oder andern elektrischen Form, eine vorzugsweise Wirksamkeit desselben in der einen oder andern, jenem Momente nach zu, der das hyperchemische Leben in organischer Form vollendete.

Und so würde denn die mosaische Tradition im Betreff der Entstehung beider Geschlechter auch in dieser Hinsicht durch physikalische, chemische und organische naturwissenschaftliche Forschung bestätiget, wie sie derselben als Bestätigung diente. Der seitlichen Aneinanderlagerung des elektropositiven und des elektronegativen chemischen Körpers zufolge, welche sich zu einem hyperchemischen Körper vereinigen und zu organischer Leben-

*) Handbuch der Physiologie des Menschen, von J. Müller. Prolegomona. S. 70.

digkeit ausleben, ist Eva allerdings aus der Seite*) Adams genommen.

Der absoluten dreifachen Bedingtheit des Lebens gemäss, stellt auch das organische Leben sich einer solchen zufolge, wie bereits erwähnt worden ist, dar, als vegetabiles, animales, menschliches organisches Leben. Wir bringen diese dreifache Modalität in Zusammenhang mit der dreifachen chemischen Lebensbedingtheit.

Eben jener Bedingtheit nach zerfällt das hyperchemische Leben in drei progressive Akte oder Momente: Bewegung in allgemeinbestimmter Form; in bestimmter einzelner, bestimmter allgemeiner Form und Beziehung, als Leben der Ernährung, als Reproductionsthätigkeit. Es zerfällt in drei Momente, seiner elektromagnetischen Thätigkeit nach, sofern diese in Beziehung zum primitiven Leben, dem gemäss als Auffassung, absolut die Lebensverkörperung, die Lebensbewegung ihrer körperlichen Manifestation nach betrifft. Dieser Beziehung entsprechend wirkt es unter den Formen als Sinnenthätigkeit, als bildliche Auffassung in unmittelbarem Zusammenhange mit dieser (Einbildungskraft) als bildliche Auffassung in Bezug auf sich selbst in der Form als solche und in der Form als logische Thätigkeit (Phantasie). Es zerfällt in drei Momente, sofern seine elektromagnetische Wirkungsform in Beziehung zum primitiven Leben, dem zufolge in der Manifestation als Auffassung, absolut die Lebensbewegung begreift. Dieser Beziehung und Form nach stellt es sich als analogisch-combinatives, als objectives, als absolutes logisches Erkennen dar.

Die ersten drei Akte sind allem organischen Leben zuständig.

---

*) צֵלָע Hiob. 18, 12. 2. Mos. 26. 26—88.

Seiner Beziehung nach auf das chemische Leben ist das organische Leben absolut bestimmt der Kraft, absolut bestimmt der Form nach. Seine wechselseitige Beziehung verdoppelt diesen Gehalt, seine gemeinschaftliche Beziehung zu Wasser, Luft, Elektromagnetismus verdreifacht ihn als einen verdoppelten; seine Beziehung zum primitiven Leben verdreifacht ihn als einen verdreifachten: so steht dem organischen Leben eine unbedingt gesteigerte Kraft und Form der Wirksamkeit verhältnissmässig zum chemischen Leben zu; ein absolutbestimmter Gehalt indem es in Form einer bestimmten Gattung ein bestimmtes chemisches Leben betrifft. Seine Thätigkeit als Leiter elektromagnetischer Strömungen musste durch Zersetzung der flüssigen Form seiner Verkörperung und Uebertragung derselben in die flüchtige und in die feste Form einer solchen, gar bald seiner dreifachen Form der Verkörperung als einer, somit seiner rotativen Bewegung ihrer Grundform zufolge, seiner damit zusammenhängenden Erscheinung in Spiralform, seiner rotativen Bewegung als einer bestimmten allgemeinen, einer absoluten ein Ende machen, seinem organischen Daseyn überhaupt. Der organische Körper musste zerfallen, wie das Krystall zerfällt, sobald dessen Krystallwasser verdunstet ist. Ausserdem musste seine chemische Thätigkeit als Leiter elektromagnetischer Störungen die Elektrizität zersetzen, worauf seine ursprüngliche chemische Form, als auf ihre Grundform bezüglich war: auch dadurch wurde seine Fortdauer in organischer Form aufgehoben.

Als ein absolut lebendiges in bestimmter Form ist das organische Leben fort und fort, und fort und fort in Bezug auf das Leben in äusserer ihm entsprechender und auf entsprechende Weise von ihm verschiedener Erscheinung thätig. So steht es seiner chemischen Natur nach in Beziehung zum chemischen Leben in Formen, unter welchen dieses der chemischen Beschaffenheit desselben entspricht, unter dessen allgemeinen Formen als Wasser und als Luft. Als chemisch-organisches Leben wirksamer lebendig, denn das anorganische chemische Leben, überträgt es dieses letztere in die Form seiner Wirksamkeit, steigert also deren Kraft, vervielfältigt deren Form; befähigt sich dadurch einer grösseren Masse von Elektrizität, und fortgesetzt als Leiter einer solchen zu dienen, erhält sich: Leben ist ein sich selbst fortsetzendes Werden.

Diese Thätigkeit bildet den Akt der Ernährung. Die dreifache Beziehung der organischen Thätigkeit als Thätigkeit der Ernährung gemäss, hat dieser Akt eine dreifache Form: Essen, Trinken, Athmen. Das chemische Leben, welches das organische seiner Thätigkeit nicht beiordnen kann, scheidet es, dem Gesetze des Lebens entsprechend von dieser aus. So entstehen die drei Momente der Ernährungsthätigkeit, der combinative, dessen Formen kaum angegeben sind, die Momente, Secretion und Excretion. So auch erklärt sich, weshalb in bestimmter Gattungsform, das organische Leben bestimmter chemischer Körper zu seiner Nahrung, bestimmte Massen von Nahrung braucht; warum es im Allgemeinen einer zwiefach verschiedenen Art der Nahrung braucht, warum nicht jedes Wasser, alle Luft ihm als Nahrung entspricht. So erklärt sich auch, warum der Respiration eine zwiefache Form eigen ist; die erwähnte, der zufolge sie einen Moment des Ernährungslebens bildet; eine allgemeine, der zufolge sie im Allgemeinen zu Erhaltung der organischen Thätigkeit dient, indem letztere durch Beziehung zur Luft als solche vermittelt werden muss. So erklärt sich die Heilsamkeit der Luftbäder für den Organismus; der Einfluss der Witterung auf die Nerventhätigkeit; der schädliche Einfluss gewisser Miasmen, und wie gewisse Miasmen bestimmte Krankheiten bewirken.

Unbedingt sprechen wir die Nerven an, als denjenigen Theil der organischen Lebensform, dem zufolge diese speciell als Leiter der elektromagnetischen Strömungen dient, worauf sie überhaupt bezüglich ist. Alle hyperchemische und organische Bewegung beruht auf Nerventhätigkeit. Während der Cholera zeigte die Luft in Italien einen aussergewöhnlichen Gehalt an negativer Elektrizität. Ein solcher musste die Nerventhätigkeit als eine unverhältnissmässig verstärkte in contrahiver Wirkungsform bedingen. Jene Krankheit begleiteten alle Symptome, welche ein solches Missverhältniss bewirken muss: Darstellung der organischen Wärme als Kälte, Zusammenziehung des gangen Organismus, Auswerfen dessen, was er sich noch nicht assimilirt, Verwandlung der rothen Farbe in eine dunkle blaue oder grüne, Krämpfe.

Ein unverhältnissmässiger Gehalt der Luft an positiver Elektrizität, würde die Nerventhätigkeit unverhältnissmässig in expansiver Form verstärken; er würde sie erregen, spannen, durch abnorme Spannung stocken machen.

Allemal kann das specielle organische Leben sich durch den Akt der Ernährung nur bis zu einem gewissen Grade der Kraft, einer gewissen Vervielfältigung der Form ausleben. Da seine Kraft und seine Form absolut bestimmt sind, jene absolut dreifach, diese absolut zwiefach in Einheit: kann es sich nur in dreifacher quantitativer, in zwiefacher formeller Potenz in Bezug auf den ihm zum Grunde liegenden quantitativen und formellen Gehalt steigern. Es stellt in dieser Beziehung dasselbe Phänomen, wie die chemischen Körper dritter Ordnung, wie jede bestimmte Multiplication in Ziffern und Zahlen dar.

Auf diese dreifache Steigerung seiner Kraft und Vervielfältigung seiner Form beziehn wir die drei organischen Lebensabschnitte, Jugend, männliches Alter, Alter.

Nachdem es sich aller Steigerungen seiner Kraft und

Vervielfältigungen seiner Form ertheilt hat, welche es dem absoluten Gehalte beider zufolge annehmen kann, löst es sich, auf die oben angegebene Weise auf: theils verflüchtiget, theils verdichtet, dient das Flüssige nicht mehr als verbindendes Glied zwischen der flüchtigen und festen Form seiner Verkörperung; sie zerfällt, dem quantitativen und formellen Gehalte nach, welchen sie sich vertheilt, in einzelner flüchtiger und fester Verkörperung fortzuleben.

Durch den Akt der Ernährungsthätigkeit lebt das organische Leben sich aus als ein specielles; durch den Akt der Reproduction lebt es sich als ein generelles, als Leben einer organischen Gattung aus. Sobald jenes Leben als ein specielles alle Formen angenommen hat, die zu seiner organischen Vollendung gehören, im Momente der Pubertät, bringt es sich selbst in hyperchemischer Form wieder hervor, entsprechend der angenommenen Form. Hiermit steht der Akt seiner Reproduction als ein genereller in Zusammenhang; so wird dieser Akt durch das Ernährungsleben bedingt. Als Organ der Vermittelung einer solchen hyperchemischen Reproduction seiner selbst des organischen Lebens betrachten wir die Milz.

Nach Tiedemanns Versuchen beruht die Function der Milz entweder auf Veränderung des durch ihr Gewebe gehenden Blutes, oder sie sondert eine eigenthümliche Lymphe ab; die erste Thätigkeit bezieht jener Anatom auf Antheil an der Bildung vom Blut, die zweite auf Antheil bei der Chylification. Authenrieth fand eine Verschiedenheit zwischen dem Blute der Milz und anderm venösen Blute *). Dass die Milz keinen wesentlichen Antheil an der Chylification und der Blutbildung haben kann, be-

*) Herr J. Müller leugnet diese Verschiedenheit, weil Gmelin und Tiedemann das Blut der Milz gerinnen sahn, wie andres Blut Handbuch der Phys. Bd. II. IV. S. 557—558.

weist, dass Hunde, nach Exstirpation derselben, fortlebten. Für die angegebene Beziehung der Thätigkeit der Milz, spricht die Reizbarkeit dieses Organs um die Zeit der Pubertät; dessen verhältnissmässige Passivität im Alter; die allgemeine Form desselben u. s. w.

An dem Akte der Reproduction müssen beide Geschlechter der Gattung Theil nehmen. Auch hierin sehen wir eine Bestätigung der Beziehung, welche wir der Entstehung des organischen Lebens auf zwei chemische Körper, einen elektropositiven und einen elektronegativen ertheilt, so wie der Annahme, dass beide Körper durch die zwei Geschlechter der Gattungen repräsentirt werden, die Gattung im Verhältniss zu beiden als eine neutrale Lebensform erscheint.

Da das eine Geschlecht der Gattung nur dem andern Geschlecht ebenderselben Gattung unbedingt entsprechend und auf entsprechende Weise verschieden von demselben ist: können nur beide Geschlechter derselben Gattung, das Leben dieser letzteren, überhaupt organisches Leben fortsetzen.

Der Akt der Zeugung vereinigt die positive und die negative hyperchemische Lebensform zu einer, gleich wie die ursprüngliche hyperchemische Leben-form, worauf die organische bestimmte Gattung Bezug hat, zu einer verbunden wurde. Die Akte, welche das Leben der Gattung als ein allgemeines fortsetzen, sind nur organische Wiederholungen des Momentes ihrer Entstehung aus anorganischem Leben.

Hiemit beantwortet sich die Frage, welche Herr J. Müller als eine der schwierigsten in der ganzen Physiologie betrachtet: warum die organische Kraft aus den producirenden Theilen in die jungen Produkte übergehe, diese fortlebten, jene abstürben? —

Die hyperchemisch reproducirte Lebensform beider

Geschlechter, tritt hinsichtlich des organischen Lebens, das durch ihre Vereinigung zu einer möglich gemacht wird, ganz in demselben Verhältniss auf, wie die organische hyperchemische Lebensform, womit das Leben einer bestimmten organischen Gattung im Zusammenhange steht, im Verhältniss zu diesem. Jenes vervielfältigt in Bezug auf selbe als auf seine Grundform, dem durch sie bedingten quantitativen und formellen Gehalte entsprechend die Form seiner Lebendigkeit. Als eine später angehobene Thätigkeit, reicht die Dauer derselben über die Dauer einer gleichen vorhergehenden Thätigkeit hinaus. Die Dauer der Gattungen aber wird durch eine unbestimmbare Folge solcher Akte bedingt. Die Entwickelung des Lebens der organischen Gattungen betrachten wir übrigens als wesentlich gleich bedingt einer dreifachen Progression zufolge, wie die Entwickelung des individuellen organischen Lebens.

Einen Beweis für diese Annahme enthalten die Straten Secundärformation. Im pariser Bassin, im ältesten Sande von Soissons, einer Salzwasserformation, welche dem regelmässigen Lager des Grobkalks daselbst unterliegt, erscheint die Muschel, Cardium porulosum, eine ausgestorbene Gattung, erst klein, manchen Eigenthümlichkeiten der Form nach, welche sie in den untersten Straten jenes Kalks ablegt. In diesen gelangt sie zu ihrer äussersten Grösse und nimmt andre Modalitäten der Form an, welche sich in den höheren Straten des Grobkalks entwickelt zeigen. Den Charakter, welchen sie hier angenommen, behält sie alle folgenden Lager desselben hindurch bei *). Und so sprechen die Felsen, Werke der Natur, mit natürlicher Hyroglyphenschrift von deren Leben,

*) Sir Charles Lyell. Principles of Geolagy. Edit. 3. 1833. V. 3. p. 250.

wie die Denkmale der Vorzeit, Werke des Menschen, in solcher Schrift von dessen Leben zeugen.

Das kaum im Betreff der Reproductionsthätigkeit Bemerkte, erklärt die Verschiedenartigkeit und Gleichartigkeit der Naturart bei Aeltern und Kindern, bei Kinder derselben Aeltern.

Auf den vorzugsweisen Antheil des einen und des andern Geschlechtes beim Akte der Reproduction, sei dieser Antheil auf die hyperchemischen geschlechtlichen Lebensformen, die er vereint, oder auf denselben als Moment der Bewegung bezüglich, wodurch deren Lebensbewegung als vereinte bedingt wird, beziehen wir im Allgemeinen die körperliche und geistige Naturart, speciell die geschlechtliche Beschaffenheit, des organischen Individuums, das durch ihn entsteht.

Ohne Beziehung zur Luft kann das hyperchemische Leben sich weder als ein anorganisches noch als ein organisch reproducirtes in organischer Vollendung ausleben. Mit seiner Beziehung zur Luft empfängt das punctum saliens im Ei Bewegung und Athem. Bei den Säugethieren dringt die Luft zum Embryo mittelst der Placenta; bei Reptilien und Fischen mittelst anderer Organe. Ohne Beziehung des Ei's zur Luft hat dessen Beziehung zur Wärme, das Brüten keinen Erfolg.

Und so erscheint die Annahme einer generatio spontenea versöhnt mit der Lehre, wodurch sie bisher absolut bestritten ward, dass alles Lebendige aus dem Ei stammt. Die hyperchemische Lebensform, welche jeglicher organischen Gattung zum Grunde liegt, entstand aus dem anorganischen Leben; als reproducirt durch dasselbe, setzte in Bezug darauf die organische Gattung sich fort. Indem sie als eine immer vervielfältigte der Form, somit auch gesteigert der Kraft nach reproducirt ward, lebte, in Bezug auf sie auch die Gattung sich in gesteigerter Wirkungsform aus, während sie ihrer Grundform nach unveränderlich dieselbe blieb. Hiermit aber ist im Wesentlichen die Hypothese gerechtfertigt, welche der geistvolle, tiefsinnige Lamark in seiner Zoologie botanique aufgestellt. Alle Einwendungen erscheinen beseitigt, welche dawider mit Grund erhoben worden sind. Jene hyperchemischen anorganischen Lebensformen, die gewissen höheren Affengeschlechtern zum Grunde liegen, können nicht sehr verschieden von denjenigen sein worauf sich die menschliche Gattung bezieht; zumal von derjenigen Form, worauf diese ihrer geringsten Potenz nach bezüglich ist; denn der absoluten dreifachen Bedingtheit und zwiefachen Bestimmtheit des Lebens gemäss, nehmen wir fünf dergleichen Formen, in Uebereinstimmung mit den Ansichten Blumenbach's und v. Humboldt's an. Ganz gleich können diese Lebensformen nicht gewesen sein: als Dasselbe ist in der Natur Alles nur ein Mal da. Der Mensch kann sich vom Affen nicht zum Menschen ausgelebt haben; von einer Stufe der Entwickelung, die sein Leben der thierischen Lebendigkeit nahe stellte, hat er sich zum gegenwärtigen Momente seiner Entwickelung ausgelebt. In sich enthält jegliche organische Gattung die absoluten Bedingungen ihrer Entwickelung: diese sind in Bezug auf das animale organische Leben, absolut verschieden von denjenigen, welche im Betreff des menschlichen organischen Lebens Statt finden.

Eine generatio spontanea vel primitiva aus der Ursach leugnen, weil einige chemische Combinationen zufälliger Art in Verbindung mit Wasser, Wärme, Licht kein organisches Leben dargestellt, ist nicht besser, als behaupten, unter einer bestimmten Menge von Zahlen wären gewisse Zahlen nicht befindlich, weil sie daraus nicht durch ein Paar ohngefähre Griffe hervorgerufen sind.

Dass Pilze aus unendlich kleinen Saamen erwachsen,

beweist nichts, als dass hinsichts der aus demselben erwachsenen Pilze keine generatio spontanea Statt gefunden habe.

Darin, dass Infusorien sich durch Eier, Gemmen, lebendige Junge und durch Quertheilung reproduciren, ist ebenfalls kein Beweis wider die generatio spontanea enthalten. In den drei ersteren Formen der Reproduction sprechen wir eine dreifache Modalität dieses Aktes an, in Uebereinstimmung mit der absoluten dreifachen Bedingtheit des Lebens. Die letztere Reproductionsform beziehen wir darauf, dass in jenen untergeordneten Formen das animale Leben, absolut bestimmt als ein organisches, doch einfach als ein solches bedingt und bestimmt erscheint. So steht es zunächst dem vegetabilen organischen Leben, und dieses stellt in seiner verschiedenen Art der Reproduction durch Saame, Auge, Zelle, Setzling ein Analogon mit der gedachten animalen Reproduction dar.

„Ueberall, wo atmosphärische Luft, wo nur ein Minimum von reflectirtem Lichte Zutritt hat“ sagt der geehrte Naturforscher, gegen dessen Arbeit an sich, so wie als Resumee der Ansichten, welche die unmittelbare Entstehung des organischen Lebens aus anorganischem bestreiten, wir hier polemisiren, selbst in den Tiefen der Erde kommen organische Wesen, Familien von Infusorien vor *). Mit diesen Worten aber bestätigt er selbst unsre, der seinen entgegengesetzte Auffassung.

Uebrigens muss jene Entstehung ein so absolut bedingtes und bestimmtes Phänomen sein, als irgend ein andres in der Natur. Der Moment, wo aus organischem Leben jene höheren organischen Formen hervorgingen,

*) v. Poggendorfs Annalen der Physik und Chemie. 1832. No. I. Ehrenberg. Ueber das Entstehen des Organischen aus einfacher Materie.

welche wir kennen, ist im irdischen planetarischen Leben so wenig wieder hervorzurufen, als ein vergangener Moment des menschlichen Lebens in diesem wieder hervorgerufen werden kann: absoluter Wechsel, ist die Natur des Lebens.

In Bezug auf das irdische planetarische Leben, möchten wir einen zwiefachen Moment der Entstehung von organischem Leben aus anorganischen ansprechen: eine Periode, wo die gegenwärtigen höheren organischen Gattungen sich in hyperchemischer Form entwickelt; einen zweiten, wo sie sich ausgelebt zu organischer Lebendigkeit in geschlechtlicher Verschiedenheit.

Das vegetabile organische Leben steht dem chemischen Leben zunächst: es ist wesentlich hyperchemisch. Einfach bedingt und bestimmt als ein organisches, kommen ihm nur drei Akte zu: Ernährung, Reproduction, Bewegung in allgemeinbestimmter und absolutbestimmter Form.

Die zwei Geschlechter erscheinen bei demselben noch in zwitterhafter Vereinigung; theils verbunden in einer vegetabilen Erscheinung, von demselben Stengel oder Stamm getragen; theils auch schon in absoluter Selbstständigkeit, wie bei den Palmen.

Die vegetabile Thätigkeit stellt verschiedene chemische Producte dar, nach Massgabe ihrer Entwickelung. Bei den anfänglichen Producten derselben findet ein quantitatives Verhältniss zwischen Wasserstoff und Sauerstoff Statt, entsprechend, dem Verhalten beider ihrer Verbindung Wasser zufolge.

Bei einer zweiten Reihe chemisch vegetabiler Producte überwiegt nach Norm des gegenseitigen Verhältnisses von Wasserstoff und Sauerstoff bei der ersteren, dieser im Vergleiche zu jenem, der Kohlenstoff, der bei den ersteren nur schwach betheiligt erschien, zeigt bei diesen einen bedeutenderen Antheil, geringer als der Antheil desselben, doch ihm verhältnissmässig ist der Antheil des Stickstoffes.

Eine dritte Reihe stellt den Wasserstoff überwiegend im Verhältnisse zum Sauerstoff, den Antheil des Kohlenstoffes und des Stickstoffes bedeutender dar.

Uebrigens möchten wir dieser allgemeinen Progression der chemisch-vegetabilen Lebensproducte eine specielle zuordnen. Amylum und Dextrin, beide der ersten Reihe gehörig, sind der chemischen Beschaffenheit nach verschieden.

Die Milchsäfte des Mohns, der Cichoraceen, Lactuceen erweisen durch ihre tödtliche, schlaferregende, beruhigende Wirkung eine wesentliche Beziehung auf die magnetische Thätigkeit.

Bei noch andern, zumal bei solchen, welche mit dem Akte der vegetabilen Reproduction im Zusammenhange stehn, den Farbenstoffen der Blumen, dem weissen, noch unbenannten, dem rothen und blauen, Anthokyan, dem gelben Anthoxantin, ist offenbar das Licht eben denselben Beziehungen nach betheiligt, wie es sich als Farbe seiner primitiven Wirkungsform gemäss darstellt; während an andern, den ätherischen Harzen, Oelen, dem Alkohol, die Wärme, als eine gesteigerte, Antheil erweist *).

Treviranus bemerkt schön, das Licht verkörpere sich in einem Theile des Parenchyms der Blätter. Er stützt diese Annahme darauf, dass die grüne Farbe der Blätter intensiver erscheint, nach Maassgabe als das Licht länger und kräftiger darauf wirkt. So wahr ist seine Annahme,

*) Hinsichtlich der chemischen Progression der vegetabilen chemischen Lebensprodukts, siehe: Encyclop. Metrop. Div. II. Vol. 4. Chemistry Part. III. c. I. (975—1060.) p. 738—744. Mit Beziehung auf Berthollet.

dass die grüne Farbe von der Pflanze als ein ihr eigenthümliches Product Chlorophyll übertragen werden kann, wodurch der Embryo im Ei der Pflanze, im Saamenkorn, schon grün gefärbt erscheint *).

Mit der Sauerstoffentwickelung tritt die grüne, mit der Entwickelung der Kohlensäure, die bunte Farbe bei den Pflanzen auf **).

Der Färbestoff der weissen Blumen zeigt eine wesentliche Verwandtschaft mit dem der rothen und der blauen, Anthokyan. Dieser zeigt eine wesentliche Verwandtschaft mit Säuren, während der Färbestoff der gelben Blumen eine solche mit Salzen erweist; der blaue Färbestoff aber mit dem Licht. Die expansive rothe und die contrahive blaue Farbenreihe erscheinen bei der Pflanze, und die Farben folgen sich und wechseln, wie wir deren Folge und Wechsel beiden Richtungen nach aufgefasst, indem wir deren primitives Entstehen verfolgten. Sie erscheinen absolut gesondert bei der Pflanze, wie sie auftreten bei der Beziehung des Lichtes zum Leben in primitiver sonstiger Form. Die rothe Farbe erscheint in den oberen Zellenlagerungen der Epidermis auf der oberen Seite des Blumenblattes, die gelbe ebendaselbst auf dessen unterster Seite. Der Färbestoff bei den violetten Blumen stellt sich als ein durch schwache Säure geröthetes Anthokyan dar. Die orangefarbenen Blumen verbinden den blauen und rothen Färbestoff, als einen durch Beziehung zur Säure roth bedingten, mit dem gelben Färbestoff. Weisse, rothe, blaue Blumen kommen auf einem und demselben Stamme häufig vor. Im Garten zu Ferney trug im heissen Sommer des Jahres 1834

*) Clamor Marquardt. Die Farben der Bluthen, Bonn 1835. S. 147.

**) Ebend. S. 35.

ein blauer Weinstock eine weisse Traube. Die blauen Blumen sind in der Knospe roth, und nehmen, nachdem sie verblüht sind, diese Farbe wieder an. Alle Knospen der rothen und blauen Blumenkronen gehen durch Grün und Weiss über zum Rothen. Ein schwarzer Färbestoff der Blumen existirt so wenig, als eine schwarze Farbe. Das Pflanzenleben concentrirt Blau, Violett, Grün dergestalt, dass diese Farben sich als Schwarz darstellen.

Wie das Grün, alle primären Farben vereint, Weiss und Roth seiner Bezüglichkeit nach auf Gelb, Blau seiner unmittelbaren Bezüglichkeit nach auf diese Farbe *), begleitet es auch jene Momente des chemischen Lebens, welche dasselbe als ein vollendetes in expansiver Richtung darstellen; begleitet es das organische Leben als ein vollendetes in anfänglicher vegetabiler Wirkungsform, und tritt als Bedingung der übrigen primitiven Farben, als vegetabile Farben auf. Alle andern Blumenfarben sind nur ein verändertes Blattgrün. Alle gelben Blumenblätter gehen unmittelbar aus der grünen Farbe in die gelbe über; die andern Farben nehmen vor ihrer Entwickelung eine weisse, oder eine weisslichgrüne Farbe an. Clamor Marquardt ist es nie gelungen, das vegetabile Grün chemisch in Gelb und Blau zu zerlegen **). Der Grund erscheint theils in der vielfältigeren Zusammensetzung dieser Farbe; theils darin, dass vegetabiles Leben, kräftiger und mannigfacher wirksam als chemisches Leben, von diesem nicht in dessen Form übertragen werden kann, sondern dasselbe in seine Form überträgt. Hinsicht chemischer und organischer Lebensthätigkeit sprechen wir

---

*) Orange und Violet bringen sich hervor als Braun. Beim Goldlack erscheint diese Farbe als Bedingung der zwei ersteren, wie das Grün als Bedingung der Blumenfarben im Allgemeinen.

**) Clamor Marquardt. Farben der Blüthen. S. 40.

in diesem Falle ein gleiches Verhältniss und eine gleiche Wirkung dieses Verhältnisses an, wie zwischen mechanischem und chemischem Leben herrscht, und sich bei den Versuchen zeigt, chemische Lebensformen mechanisch zu zerlegen.

Das Produkt des Aktes der vegetabilen Reproduction, der Saame, erscheint theils in chemischer krystallynischer, theils schon in organischer Verkörperung, die flüchtige, flüssige, feste Form der Verkörperung, als eine enthaltend, in selbstständiger expansiver und contrahiver Bewegungsform *). Die Fovillakörner sind kleine Bläschen, denen Locomotivität eigen ist **). Bei den Fovillakörnchen der Asklepiaden sah Schauer diese Bewegung am stärksten und schönsten, wenn er das Object mit directen Sonnenstrahlen beleuchtete ***).

Die bisher erwähnte vegetabile Lebensthätigkeit umfasst die Akte der Ernährung und der Reproduction, die vegetabile Bewegung in der einen und der andern Form. Es steht der Pflanze auch absolute Bewegung in Beziehung auf Luft, auf das primitive Leben in den oft gedachten einzelnen Formen desselben, so wie allen Beziehungen nach, zu denen zufolge es sich als ein organisches dargestellt hat.

Ganz mit Unrecht ward den vegetabilen Naturen selbstständige Bewegung abgesprochen. Ihnen ist eine solche, unter allen Formen eigen, die der irdischen Lebensbewegung überhaupt zukömmlich sind; als eine impulsive, oscillatorische, mechanische, chemische, hyperchemische, organische, tritt die Bewegung bei der Pflanze

*) Annal. der Physik u. Chemie. Jahr 1834. Band 32. Fritsche. Ueber das Pollenin.

**) Ebend. ebend.

***) Wiegmanns Archiv für Naturgeschichte. Berlin. 1835. Erster Jahrgang. Band 1. S. 199.

auf. Wie aber das vegetabile Leben nur einzeln bedingt und bestimmt ist, stellt bei ihm auch die Bewegung sich unter allen gedachten Formen nur im Einzelnen dar.

So aber erscheint sie nicht nur als eine selbstständige, sondern auch als eine selbstbestimmte, durch Erkenntniss, Auffassungsthätigkeit der Pflanze in Bezug auf ihr Leben, seinen Beziehungen nach zu sich selber, seinen Beziehungen nach zum Aeussern, in einzelner, in bestimmter allgemeiner, in absoluter Beziehung und Form. Instinct, nennen wir diese einzelne, egoistische Form der Auffassung. Sie ist undeutlich, dem Einzelnen ihres Wesens zufolge. Sie betrifft nur die drei organischen Lebensmomente, Ernährung, Fortpflanzung, Bewegung in absolut bestimmter Form. Allen organischen Naturen, ist diese Form der Auffassung gemeinsam. Sie ist die absolute Form der Auffassung der vegetabilen organischen Naturen. Die Pflanze hat nur Instinct; ihr Instinct erscheint vielförmiger und klarer, je zufolge als ihre Momente sich vervielfätigen. Er stellt sich bedeutender als Erkenntniss im Zusammenhange mit ihrer Reproductionsthätigkeit, als mit ihrem Ernährungsleben dar; dem bedeutendsten in Bezug auf ihre allgemeine Thätigkeit. In allen diesen Beziehungen erweist die Pflanze unbedingte Kenntniss der Kraft, der Formen, der Folge, der gesetzlichen Bestimmung ihres Lebens, dessen Momenten an sich, in wechselseitiger Beziehung, in Beziehung zum Aeussern nach, somit auch der Kraft und Form des Aeussern, sofern dasselbe zu ihrem Leben in Beziehung tritt; und diese Erkenntniss regelt in allen jenen Beziehungen ihr Leben.

Sie streckt ihre Wurzeln aus in den Grund, nach Maassgabe der Tiefe und in der Richtung, wie dieser chemische Körper enthält, welche ihrer chemischen Lebensthätigkeit, als ihr entsprechend auf entsprechende Weise verschieden von ihr gesetzliche Beziehungen bieten; welche sie, bei Beziehung auf selbe, verhältnissmässig wirksamer denn selbe, in die Form ihres Lebens übertragen, dieses dadurch verstärken und vervielfältigen wird.

Sie streckt Luftwurzeln aus, ihr elektromagnetisch-organisches Leben zu erhalten, wenn chemische Verstärkung und Vervielfältigung der Form es nicht erhalten kann.

Sie eilt mit ihrem Wuchse hinauf über Felswände und Gemäuer, rein mit der Atmosphäre in Beziehung zu treten. Sie wendet sich ab vom Licht, wendet sich dem Lichte zu je nachdem dessen Stärke der Stärke ihrer Lebendigkeit entsprechend oder nicht entsprechend ist. Sie wendet auf gleiche Weise sich der Wärme, als solcher zu oder als Kälte ab von derselben. Sie bekleidet ihren Körper, ihren Stamm, mit Moos, beim Herannahen des Winters, in nördlicher Richtung, ihn vor unverhältnissmässiger Kälte zu schützen. Die Schlingpflanze beschreibt mit ihren äussersten Spitzen Kreise, gleich wie tastend, und richtet ihren Wuchs nach der Gegend, wo ein bestimmter Gegenstand dessen übermässiges Hinauswuchern zu stützen, ihr Haltung zu geben verheisst. In der Blume neigt sich der Staubträger gegen die Korolle und vollzieht den Akt der Befruchtung auf analoge Art, wie derselbe vom animalen Lebendigen vollzogen wird. Der Palmenstamm neigt aus weiter Ferne sich dem Palmenstamme entgegen, der Blüthen andres Geschlechtes, als die seinen trägt. Hier erscheint der Instinct schon genähert der sinnlichen Auffassung, als ein dunkles unvollständiges Riechen, ein Wittern. In andern Fällen stellt er sich sogar als ein solches Gefühl und Gehör dar.

Meyen gedenkt der Erscheinung, wenn in tropischen Gegenden, wo die Mimosen Wälder bilden, ein Reiter solcher Waldung naht. Beim fernsten Erschallen des Hufs, legen die Blättchen sich aneinander und übereinander, an die Blattstengel, mit diesen an die Zweige, an den Stamm. Ihr Durcheinander, ihre Vielfältigkeit, macht zum Geräusch die leichte, leise, dem Gehör im Einzelnen, unvernehmliche Bewegung, und ein winterliches Ansehn der Waldung erfolgt.

Die Oscillatorien bewegen, ohne bestimmte äussere Beziehung, die Spitzen ihrer Blätter her und hin. Bei Hedysarum gerans erscheint die Bewegung schon, analog der animalen Bewegung, als eine zwiefache, sich wechselseitig in entgegengesetzter Richtung bedingende, so durch bestimmte Organe, gewisse mittlere Blättchen repräsentirt, und verstärkt durch Beziehung zu Wärme und Licht.

Der vegetabile Organismus, der einfachste des organischen Lebens und somit am wenigsten verschieden von der hyperchemischen Lebensform, entspricht derselben. Expansion und Contraction ist die Grundform der vegetabilen Bewegung. Durch eine solche Form der Bewegung der Zellen an der Mündung der Wurzeln, erklärt Decandolle das Aufsteigen des Saftes in den Gewächsen. Meyen will jene Erklärung nicht gelten lassen, weil diese Bewegung an sich nicht beobachtet worden ist. Nach solcher Norm liesse sich der Geist läugnen, dessen Thätigkeit auch nicht durch Vergrösserungsgläser beobachtet werden kann. Wer sieht die Bewegung von Jodine, wenn ein 450,000 Theil dieses Körpers eine Auflösung von Stärke blau färbt? Das Imponderable muss logisch, seiner Wirkung zufolge begriffen werden. — Anlangend das Aufsteigen des Saftes in den Zellen folgt Meyen der Erklärung Dutrochets *) und erklärt es durch Endosmose. Wie lässt sich aber dadurch die veränderte Natur der vegetabilen Flüssigkeit in den höheren Zellenorganen erklären? „Alle Erzeugung des Neuen, geschieht durch Hülfe eines Orga-

*) L'Agent immédiat du mouvement vital. Paris 1826. p. 90.

nismus einer Maschine oder Organisation, wie ich es verstehe, und dass diese Maschinen in den verschiedenen Gebilden, welche neue Stoffe hervorrufen müssen, verschieden, ist dabei ganz natürlich, denn sonst würden die Erzeugnisse von gleicher Beschaffenheit sein *)." Somit aber nimmt H. Meyen's Bewegung der Pflanzellen, dasselbe an, was er als Annahme Decandolles verwirft.

Beim vegetabilen Organismus erscheint als Grundgebild die Spiralfaser in mehr flüchtiger und flüssiger Verkörperung, enthalten in einer festen Scheide, von der verschiedenartigsten krystallförmigen Construction, fadenförmig, bandförmig in Form eines Dreiecks, eines Würfels, in rhombischer Form u. s. w.

Mathäus Grew, der erste Entdecker dieser Grundform des Pflanzengebildes, der Newton des Pflanzenlebens, welcher logisch schon im siebzehnten Jahrhundert entdeckt, was Göthe seiner bildlichen Erkenntniss nach, im achtzehnten noch, in einer Grundpflanze suchte, ertheilte, jener Form eine Beziehung auf die Bewegung der Erde, die dadurch bedingte Stellung der Pflanze gegen die Sonne **); also auf Wärme und Licht, worauf wir die hyperchemisch-organische Construction derselben, so wie überhaupt beziehn. Bei den Charen erscheinen die grünen Chlorophyllkügelchen im Innern der Zelle unter der Zellenmembran in regelmässigen Abständen in spiralförmigen Windungen aufgestellt, die in kleinen Abständen von einander verlaufen. Bei Cactus pendulus, gewissen Aloëen, zeigen jene Kügelchen sich in gleicher kreisförmiger Aufstellung, entsprechend der kreisförmigen Richtung der elektro-magnetischen Strömungen, welche die organische Lebensbe-

*) Meyen. Ueber die Secretionsorgane der Pflanzen. S. 3

**) Anatomie of Plants. 1673.

wegung bedingen, und bei zunehmendem Alter der Pflanze, vergrössern sie sich.

Bei der Pflanze zeigt sich eine durchgängige Anlagerung in rechten Winkeln, eine durchgängige Aufstellung in der Spirale.

Die einzelnen Spiralgefässe treten in seitliche Beziehung. Hiebei erzeugt die Wechselbeziehung zwischen Flüchtigem und Flüchtigem, die gemeinschaftliche Beziehung desselben zur Luft, Tüpfelkanäle, die sich in Intercellulargänge münden; Intercellulargänge die Beziehungen zur Luft vermitteln, und in welchen jedes neue vegetabile Gebild, Knospe, Zweig, gleichsam wurzelt.

Eine mittlere Spirale bildet einzeln, oder vervielfältigt das Hauptgebild bei gewissen höhern vegetabilen Organismen. Mit vorschreitender Entwickelung, das heisst so viel, als bei gesteigerter Kraft, vervielfältigter Form der Lebensthätigkeit, höherem Alter der Pflanze, zerreisst diese Spirale ihre Windungen, tritt den entgegengesetzten Polen der zerrissenen nach in Wechselbeziehung, und so, in Ringform, in linearer Aufstellung stellt sie ein Analogon des Rückgrats mit seinen Wirbeln beim animalen Organismus dar.

Jeder kleinste vegetabile Lebensakt verkörpert sich in Form einer Zelle, eines Säckchens von eigenthümlicher Gestalt, das mit einer Oeffnung versehen ist. In spiralförmiger Aufstellung, in wechselseitiger Beziehung, bilden diese Zellen das Parenchym mit seiner prismatischen, würflichten, säulenförmigen, tafelförmigen, dodekaëdrischen, cylindrischen Textur und horizontaler oder verticaler Aneinanderlagerung der Flächen; das Prosenchym mit schiefer Aneinanderlagerung des Einzelnen; das Merenchym, dem wir die cylindrischen Zellen beigeben möchten zu seinen sphärischen, elyptischen, kugelförmigen Zellen, die sich nur im Einzelnen berühren. So stellen Faserzellen dar, welche zwischen den Zellengeweben verlaufen, ähnlich den Adern im thierischen Körper.

Mit der Steigerung der Kraft und Vervielfältigung der Form der vegetabilen Lebendigkeit vergrössern sich jene Zellen, vervielfältigt sich deren Form.

Die einzelnen Spiralfasern, welche sie bilden, stellen aneinandergepresst durch die mechanische vegetabile Lebensbewegung, Gefässbündel, dar.

Die Flüssigkeit, welche in jenen Zellen nicht nur mechanisch enthalten ist, welche einen wesentlichen organischen Theil derselben bildet, tritt in entsprechend gesteigerter Kraft und vervielfältigter Form auf, aus den Formen, Saft, Schleim, geht sie in die Formen Säure, Salz, Alkohol, Aether, Milchsaft, Farbensaft, aus der flüssigen theils in die flüchtige, theils in die feste Verkörperung über; die Zelle, nun ein leerer Luftbehälter, stirbt ab. Die höchste Entwickelung des vegetabilen Lebens stellt die Zelle als Drüse dar. Gewisse Drüsen stehen in absoluter Beziehung zur Luft, und vermitteln die Beziehung des vegetabilen Lebens zu letzterer. Allemal bleibt diese Beziehung eine allgemein-bestimmte. Sie tritt beim vegetabilen Leben noch nicht, wie beim animalen, auch in absolut-bestimmter specieller Form, als Moment der Ernährungsthätigkeit auf, als eigentliches Athmen. Das letzte Produkt des vegetabilen Lebens sind Härchen. Eben wie dieses Gebilde die Vollendung des animalen Lebens als ein individuelles bezeichnet; bezeichnet es die Vollendung des vegetabilen Lebens als ein solches. In ihm wiederholen die Formen, worin letzteres seinen anfänglichsten Momenten nach als Erzeugniss anorganischer Wirksamkeit erscheint, sich als ein organisches Afterprodukt in specieller, mehr entwickelter Erscheinung. Wie bei den Tremellen, Conferven, Fadenpilzen, einzelne Zellen, von denen jede an sich ein Individuum bildet, in einzelnen Reihen, in mehrfachen Reihen, oder in sternförmigen Strahlen, eine an die andere gelagert sind: so besteht das Haar aus Reihen aneinandergelagerter Zellen, so tritt es einzeln, zu zweien, zu mehreren oder in Büscheln vereint auf*).

Die Kraft jener flüchtigen und flüssigen Spiralfaser in fester Scheide, welche die Beziehung des Flüchtigen zum Flüchtigen, des Flüssigen zum Flüssigen, die Wechselbeziehung zwischen beiden und den festen als eine bestimmte allgemeine des vegetahilen Lebens, als Grundgebild der Verkörperung dieses letzteren hervorbringt, entspricht im Uebrigen der Lebenskraft des vegetabilen Organismus, zu dem sie gehört an sich und den Theilen nach, welchen sie angehört. Trotz ihrer unendlichen Feinheit hält jene silberweisse glänzende Faser, das Stück des Blattes schwebend, welches sorgfältig, ohne sie zu verletzen, durchgebrochen ward; wie solches bei der Art durchgebrochenen Blättern von Hyacinthen, Lilien, Pisang beobachtet werden kann.

Verhältnissmässig zum vegetabilen Leben ist das animale zwiefach in Uebereinstimmung und in Einheit bedingt und bestimmt. Diesem gemäss kommen zu den Akten Ernährung, Fortpflanzung, Bewegung, beim animalen Leben drei fernere Akte, sinnliche Auffassung, bildliche Auffassung in unmittelbarem Zusammenhange mit der sinnlichen (Einbildungskraft), bildliche Auffassung im Zusammenhange mit letzterer und mit logischer Thätigkeit (Phantasie).

Der angegebenen Kraft der animalen Lebendigkeit und ihrer Bestimmtheit zufolge, erscheinen beim animalen Leben die zwei Geschlechter in eigenthümlicher Selbst-

---

*) Hinsichtlich des Angeführten siehe Meyen. Neues System der Pflanzenphysiologie. Berlin 1837. Bd. I.

ständigkeit, wie sie beim vegetabilen Leben nur den höchsten Momenten der Entwickelung zufolge, auftreten.

Die untersten Stufen des animalen Lebens zeigen in jener Beziehung dieselbe Progression, welche beim vegetabilen Leben herrscht; nur dass dort dasjenige als allgemeine Form auftritt, was hier als anfängliche specielle erscheint. Bei den Rundwürmern stellen die zwei Geschlechter sich im Allgemeinen in absoluter Selbstständigkeit dar; das Männchen von Heteroura androphera hält sein Weibchen fortwährend umschlungen; bei Syngamus trachealis erscheinen die zwei Geschlechter verwachsen *).

Entsprechend der gedachten Bedingtheit und Bestimmtheit des Lebens der animalen organischen Naturen, ist die Bewegung bei denselben eine zwiefache als eine übereinstimmende und in Einheit. Damit hängt die Fähigkeit dieser Naturen zusammen, sich von der Stelle zu bewegen.

Ihrer sinnlichen Auffassung nach, stehen sie in bestimmter absoluter Beziehung zum Leben. Was das Gewächs, seiner instinctartigen Thätigkeit zufolge, nur undeutlich und momentan begreift, wird vom Thier schon absolut begriffen: allemal absolut subjectiv.

Die Sinnenthätigkeit betrifft in den Formen als Geschmack das chemische Leben in fester, flüssiger, flüchtiger Verkörperung. Der letztern Form zufolge, nicht direkt, nur durch Vermittelung des Geruches, der sich auch rein auf dasselbe in solcher bezieht. Sie betrifft, in der Form als Gefühl, das Leben unter allen seinen Manifestationen, als Wärme: freie Wärme, bestimmte Wärme, absolute Wärme, Kälte, Lichtwärme. Da mit der Manifestation des Lebens in solcher primitiven Form dessen räumliche Erscheinung, Zahl, Gewicht, Maass, des-

*) Archiv für Naturgeschichte von Wiegmann. 1835. Jahrg. I. Bd. I. S. 115.

sen Auftreten als Bewegung, so wie unter den drei allgemein bestimmten, den zwei absolut bestimmten Formen der Verkörperung in Verbindung stehen, alle Modalitäten beider Formen: begreift das Gefühl alle jene Eigenschaften der Lebenserscheinung; es begreift sie aber nur in allgemein-bestimmter Undeutlichkeit. Die Auffassung der Wärme jener quantitativen Bedingtheit nach, wie sie als Lichtwärme erscheint, macht, dass dem Gefühl auch eine allgemein-bestimmte Auffassung vom Lichte zukommt. So dient dieser Sinn als Grundform aller Sinnenthätigkeit; diese ist absolut ein Tasten in bestimmter Beziehung, in entsprechender Modalität und Form. Was der Tastsinn an sich in allgemein-bestimmter, absoluter Wirksamkeit betrifft, betrifft das Gehör so in allgemein und speciell bestimmter Wirkungsform, die Wärme, den Akten nach, denen zufolge sie sich hervorbringt als der Ton. Seiner Beziehung nach auf Wärme ist dieser Sinn nur allgemein-bestimmter, undeutlicher Auffassungen fähig. Erst als Gesicht bezieht die Sinnenthätigkeit sich auf das Leben in absolut-bestimmter Wirkungsform und Erscheinung, als Licht. Das Auge begreift in absoluter Deutlichkeit, was Gefühl und Gehör nur in allgemein bestimmter Undeutlichkeit erkennen. Im Gesicht ist eine Vollendung der Aperceptionen aller übrigen Sinne enthalten, beziehungsweise ein absoluter Verstand.

Ein solcher kommt dem Thiere zu. Ihren sämmtlichen Beziehungen nach zum Aeussern bestimmt er die animale Bewegung als eine absolute, so wie als Thätigkeit der Ernährung und der Reproduction. Er ordnet deren instinctartige Bestimmungen sich unter. Das Thier besitzt Einbildungskraft und Phantasie; es besitzt, im Zusammenhange mit beiden, rein geistige Triebe, eine gewisse absolute Vernunft.

Dem Instinkt der Thiere wohnt eine Erkenntniss bei

der Nothwendigkeit von Beziehung des hyperchemischen Lebens zur Luft, damit es sich als ein organisches vollende.

Fische, welche ihre Eier in Gewässern absetzen, die nur wenig Luft enthalten, thun dies auf eine Art, welche annehmen lässt, sie handelten dabei nach wissenschaftlicher Einsicht (und sie handeln nach einer solchen, denn Auffassung der Dinge ihrer Grundbeziehungen nach, ist wissenschaftliche Auffassung, wie immer sie erworben sein mag).

Karpfen, Hechte, Schleie, welche stille und tiefe Gewässer bewohnen, und im Frühjahr laichen, setzen ihre Eier an Wassergewächse ab, welche, vermöge des Einflusses der Sonne, dem Wasser fort und fort Luft mittheilen. Die Forelle, der Hausen, der Lachs, legen ihre Eier auf Sandhaufen, an Untiefen, so nahe als möglich der Quelle des Flusses, wo das Wasser reich mit Luft geschwängert ist. Zu diesem Zwecke unternehmen sie Reisen, überspringen Katarakten und Dämme. So der Salmo solar in der Rhone, der Aar, der Hausen in der Donau, durch die Seen von Tyrol und Steiermark bis zu den höchsten Gebirgsströmen der norischen und julischen Alpen *).

Dem Instinkte des Thiers entspricht in dieser Hinsicht jener der Pflanze. Tremellen und Nymphäen steigen auf aus der Tiefe der Gewässer an Luft und Licht, unter Beziehung zu diesen den Akt der Reproduction zu vollziehen, und senken nach dessen Vollendung sich wieder in die Tiefe hinab.

Durch Vervielfältigung und Vervollkommnung der Akte seiner Sinnenthätigkeit nähert das animale Leben sich dem menschlichen Leben.

---

*) Sir Humphry Davy: Tröstende Betrachtungen auf Reisen. Deutsch durch von Martius. 3te Aufl. 1833. S. 220 221.

Das menschliche organische Leben, ein dreifach bedingtes und bestimmtes elektropositives und elektronegatives chemisches Leben in hyperchemischer und organischer Verbindung, umfasst alle Momente der anorganischen Lebendigkeit, des vegetabilen und animalen Lebens in gesteigerter Kraft, in vervielfältigter Form und in eigenthümlicher Modalität, als Momente seines Lebens.

Zu dem Formen der vegetabilen und der animalen organischen Lebendigkeit kommen beim Menschen drei fernere Akte: logische Thätigkeit in einzelner, in bestimmter, in absoluter allgemeiner Beziehung und Form, analogisch-combinatives, objectives, absolutes logisches Erkennen.

Unter allen diesen Formen bestimmt die logische Auffassung das menschliche Leben. Der Abschnitt: Körper und Geist, wird diesen Gegenstand ausführlich betreffen.

Und so lebt das sogenannte Leblose sich aus zu einzelner Erkenntniss seiner selbst, des Aeussern im Verhältniss zu ihm selber; zu solcher bestimmten allgemeinen Erkenntniss; zu absoluter Erkenntniss seiner selbst im Verhältniss zum irdischen Leben, so wie dieses letztere an sich; und demnach auch dieses letzteren und seiner selbst im Verhältniss zum planetarischen, zum allgemeinen Weltleben, zur Gottheit; zu einer bestimmten Erkenntniss der Gottheit an sich. Indem es sich mittelst solcher Erkenntniss bestimmt, erlangt es Theil an der schöpferischen Wirksamkeit und Seligkeit, gelangt es zur Gottseligkeit. „Nicht ich lebe, sondern Gott lebt in mir!" sagt die Schrift.

Und so wird gesäet in Unehre und auferstehet in Herrlichkeit schon hier auf Erden. Ein unergründliches, beseligendes Geheimniss der schöpferischen Kraft ist in jener Thatsache offenbaret: eine Verheissung fort- und fortwachsender Lebendigkeit, Erkenntniss der Gottheit, Annäherung zur Gottheit durch gesetzliches Leben.

Wir haben das organische Leben vom Momente seines Ursprungs bis zu seinem Gipfel, wir haben das irdische Leben überhaupt so verfolgt. Die Erklärung der Entstehung des organischen aus anorganischem Leben, welche wir versucht, ist, so viel uns bekannt, die erste, welche überhaupt versucht wird, sie hat alle Dunkelheiten zerstreut, die bisher über die wesentlichsten Momente der organischen Lebensthätigkeit verbreitet lag, dadurch sich selber als richtig beurkundet. Sie zeigt die Ursachen der Nothwendigkeit von Ernährung zur Fortdauer des organischen Lebens; die Ursache, woher Mangel an fester Nahrung nur langsam, Mangel an flüssiger geschwinder, Mangel an flüchtiger urplötzlich tödtet; warum die Zerstörung der Haut, des Organs der Respiration in allgemein bestimmter Form durch die Poren, nicht weniger tödtlich und auf gleiche Art tödtlich ist, als Zerstörung der Organe, welche die Respiration in bestimmter Form vermitteln, durch Ersticken. Sie zeigt die Beziehungen zwischen der Thätigkeit der Ernährung und jener der Reproduction, zwischen Bewegung und geistigen Thätigkeit. Diese ist eine Fortsetzung ersterer in gleicher, doch absoluter Form und flüchtiger Verkörperung.

Allerdings sind bei derselben manche Momente übergangen, sie ist unvollständig. Der in die Länge ausdehnenden Gewalt der elektropositiven, in die Breite ausdehnenden der elektronegativen Wirksamkeit ist nicht Erwähnung geschehen; ebensowenig der Thatsache, dass die Kraft der magnetischen Thätigkeit im Moment der Umdrehung ihrer Strömungen gesteigert erscheint u. s. w. Im Allgemeinen muss jene Erklärung richtig sein. Bevor weiter zu schreiten, erwähnen wir noch einer wissenschaftlichen autoritativen Ansicht, die ihr entspricht, so wie einer, die ihr von vorn herein entgegen ist.

Dutrochet versuchte Muskelfasern zu bilden, indem

er eine Auflösung von Eiweiss und Wasser mit den zwei verschiedenen Polen einer galvanischen Batterie in Verbindung brachte. An beiden Polen entstanden Wellen, eine durchsichtige am positiven; am negativen eine trübe: Sie wuchsen gegeneinander, und bildeten eine gekräuselte Faser. Weil diese vollkommen ruhig blieb, erklärt Herr Johannes Müller sie für ein Gerinnsel. Sofern es gelingen konnte, bestätigt das Experiment unsere Auffassung von der Art, wie aus anorganischem Leben organisches entsteht; diese aber zeigt, wie der Versuch, seiner Unvollkommenheit gemäss, keinen vollkommenen Erfolg haben konnte.

Der eben genannte, berühmte Anatom und Physiolog leugnet unbedingt einen Antheil der elektrischen Thätigkeit, wenn nicht beim organischen, doch beim Nervenleben. Er leugnet denselben allein aus dem Grunde, weil er bei seinen anatomischen Untersuchungen im Betreff jenes Lebens, auch mit dem allerreizbarsten Elektometer, keine Spur von Elektrizität entdecken können.

Abgesehen davon, dass in der Form als Elektromagnetismus die zwei Elektricitäten in wechselseitiger Beziehung, eine durch die andere bedingt und bestimmt, sonach modificirt thätig sind; sich somit anders äussern als in rein positiver oder negativer Wirkungsform; bedingt die Art ihrer Leitung durch organisches Leben, eine andere Aeusserung derselben als ihnen eigen, indem chemisches Leben ihnen als Leiter dient. Unter diesen Umständen ist die Thatsache erklärlich, dass durch ihre organische Aeusserung das Goldblättchen nicht afficirt ward, welches so reizbar gegen dieselbe ist, in anorganischer Manifestation, und sofern chemische Köper als Leiter derselben auftreten. Diese Gründe entkräften jene Thatsache als hinlängliche Stütze einer Behauptung, wie die im fraglichen Falle darauf begründete.

Hierzu kommt, unsrer Auffassung des Lebens zufolge, ein anderer, selbige als eine solche Stütze entkräftender Umstand.

War der Nerv tod, konnte derselbe keine elektrische Wirksamkeit äussern: darin besteht das Nervenleben, dass die Nerven Leiter elektromagnetischer Thätigkeit sind.

Bei der Vivisection unterwirft reine Gewalt ein armes, schwächeres, dem unsonst widerstrebendes Leben widergesetzlichen Beziehungen, welche dasselbe der Form nach, in welcher es sich ausgelebt, zerstören *).

---

*) Unsrer Auffassung des Lebens zufolge, ist die Vivisection unbedingt eine Versündigung gegen die schöpferische Kraft in ihrer Wirksamkeit als Lebenskraft und als Leben, eine irreligiöse Handlung. Diese Versündigung steht im Zusammenhange mit der bornirten Auffassung, welche das sinnliche und bildliche Erkennen zu einem rein absoluten Erkennen macht, und so die menschliche Erkenntniss zu einer thierischen erniedrigt; denn das Thier begreift absolut nur sinnlich und bildlich. Was logische Thätigkeit in Bezug auf sinnliche und bildliche Auffassung des Lebens in natürlicher Wirksamkeit, oder der Starrheit nach, worin der Tod dasselbe zurücklässt, nicht lehrt, wird dessen gewaltsame, grausame Zerstörung nicht lehren. Das Leben, die Bewegung an sich will der Mensch sehen: sie entzieht sich der sinnlichen Auffassung; geistiger Art offenbart sie sich nur dem Geiste. Was sich zeigt, ist körperlicher Krampf; soll dieser mehr als gesunde Lebendigkeit zeigen? — Die Behauptung ist durchaus nicht zu kühn, dass durch alle Abscheulichkeiten anatomischer Forschungen an lebendigen Naturen, kein Resultat für die Wissenschaft erworben ist, welches nicht auf unschuldigem Wege durch logische Thätigkeit in Bezug auf sinnliche und bildliche Auffassung gesunder Lebendigkeit oder des Todten, hätte erworben werden können. Die logische Thätigkeit ist das absolute anatomische Messer, wer dieses nicht in der vielfaltigsten Beziehung zu führen versteht, halte von absoluter Wissenschaft sich fern.

Das Lebendige darf das Lebendige nicht tödten; ausser in

Dem Gesetze des Lebens, der absoluten Bestimmung seines Lebens durch sich selbst diesem Gesetze, dem

---

Bezug auf seine eigene oder auf die Erhaltung eines höhern Lebendigen durch dessen Tod.

Die eine oder die andere Nothwendigkeit nur rechtfertiget den Mord.

So lange der Mensch unbedingt animaler Nahrung zu seiner Erhaltung braucht, ist das Tödten von Thieren Behufs derselben eine, durch die Natur seines Lebens bedingte Sache. Aber der Mensch ist verpflichtet, das Thier, welches seiner Erhaltung zum Opfer fällt, zu tödten mit möglichster Vermeidung von Todesangst und Todesqual desselben; und diese Pflicht ist religiöser Natur; das Leben bezieht sich unmittelbar auf die Gottheit.

An sein eigenes Leben hat der Mensch ein Recht der Zerstörung in Bezug auf seinen vernünftigen Willen. An das Leben Anderer nur ein Recht der Nothwehr.

Der bürgerlichen Gesellschaft steht allerdings die Verpflichtung zu, sich im Allgemeinen wie speciell gegen die Gewaltthätigkeit ihrer Mitglieder zu wahren. Ob jene Verpflichtung sie zu deren Hinrichtung berechtige, ist die Frage? Unbedingt ist der Staat, das collective Individuum, einem einzelnen seiner Individuen gegenüber das stärkere Individuum; unbedingt hat er kein Recht, eines seiner Mitglieder zu verhindern, dass es sich auslebe zur Vernünftigkeit.

Der Mensch, welcher ein todeswürdiges Verbrechen begangen hat, zeigt sich unfähig letzterer. Der erste Akt der Vernünftigkeit nach einem solchen, müsste dessen Hinrichtung durch ihn selber sein.

Jede andere Art der Hinrichtung desselben ist ein Recht, vom Stärkeren an ein Schwächeres auf blutige Weise geübt; folglich eine Rohheit; das Todesurtheil sollte nie einen Vollstrecker finden, als den Verurtheilten selbst.

Der Akt einer solchen öffentlichen Hinrichtung unter Gewährleistung der bürgerlichen Autorität, ein schreckliches und ein sittliches Schauspiel, würde die Gemüther erschüttern durch einen moralischen Eindruck, welche jeder andere Akt der Hinrichtung nur als eine Gewaltthat erschüttert. Jener förderte rein die Sittlichkeit; dieser fördert, als eine Rohheit zugleich auch die Rohheit.

schöpferischen Lebenswillen in Bezug auf sein Leben gemäss, entzieht das Leben sich solchen Beziehungen, sofern seine Kraft nicht zureicht, sie abzuwenden, in der einer oder der andern absoluten Form der Lebensbewegung, expansiv, indem es davor flieht, contrahiv, indem es mit der Beziehung zum Aeussern überhaupt sich auch ihnen entzieht. So lässt die Spinne sich als tod niederfallen bei herannahender Gefahr, so hemmt der Blick der Schlange die Bewegung des Vogels, der Maus, so entweicht die Schildkröte in ihre Schaale.

Die Möglichkeit, ähnlichen Beziehungen zu entfliehn, ist dem Thiere, welches der Vivisection unterworfen wird, durch eben die Gewalt entzogen, die es derselben unterwirft. Es entzieht sich ihnen contrahiv, indem es in sich selbst zurückweicht. Bei einer solchen Form der Lebensthätigkeit, folglich auch der Thätigkeit der Nerven, kann letztere sich nicht expansiv äussern; aus diesem Grunde konnte deren elektromagnetisches Wesen, bei Vivisectionen, das Goldblättchen nicht afficiren.

Die Richtigkeit unserer Ansicht von der Nerventhätigkeit wird durch eine Beobachtung des Herrn J. Müller bestätigt: durch die Beobachtung, dass die Frösche zur Zeit der Begattung, also zu der Zeit, wo die Nerventhätigkeit in verdoppelter Wirksamkeit auftritt, das Individuum als ein solches producirend oder erhaltend, und dasselbe reproducirend, eine grössere Empfänglichkeit für das galvanische Fluidum äussern.

Es spricht für deren Richtigkeit die Beobachtung Spalanzani's, dass der Zitterrochen seine elektrische Kraft einbüsst mit dem Abziehen der Haut; die elektrischen Fische überhaupt jene Kraft mit dem Durchschneiden der Nerven, der Zerstörung des Gehirns verlieren; während sie noch Schläge ertheilen, nachdem das Herz ihnen ausgeschnitten ist. Die Haut nämlich betrachten wir als

Organ der Respirationsthätigkeit im Allgemeinen, der Respiration, sofern selbige die Beziehung des organischen Lebens in elektromagnetischer Form als Nervenleben zum Leben in primitiver anorganischer Wirksamkeit vermittelt; dessen elektromagnetisches oder Nervenleben durch Beziehung auf die zwei Elektrizitäten erhält; durch Beziehung zu Wärme und Licht es als ein bestimmtes, thermoelektrisches darstellt; und die Thätigkeit des organischen Lebens in absoluter Form als Auffassung vermittelt.

Die Nerven aber betrachten wir, wie gesagt, als Leiter des organischen elektromagnetischen Lebensstromes, Bedingung aller organischen Bewegung. Das Gehirn, ein chemisch-organischer Bestandtheil, welchen die vier elementarischen Grundformen: Sauerstoff und Kohlenstoff, Wasserstoff und Stickstoff bilden, muss von allen organisch-chemischen Bestandtheilen zum Elektromagnesismus, zu positiver und negativer Elektrizität, Wärme und Licht, in reinster vollständigster Beziehung stehn; da er andrerseits, eben jener Zusammensetzung nach, zum organisch-chemischen Leben unter sämmtlichen Formen, unter welchen dies als Leiter elektro-magnetischer Thätigkeit dient, als sie bedingende, als Grundform in Beziehung steht: so dass seine Zerstörung unbedingt die Leitung der organischen elektromagnetischen Strömung unterbricht, und so die Nerventhätigkeit aufhebt, während seine Kraft deren Kraft überhaupt bedingt.

Hier sehen wir uns auf dem Punkte, von wo aus wir im Stande sind, die Beziehungen von Irrthum und Unrecht zu erkennen; deutlich zu machen, wie selbe mit der unbedingten Gesetzlichkeit des Lebens durchaus in keinem Widerspruche stehn.

Verschiedene progressive Momente der irdischen Lebenswirksamkeit überhaupt, der organischen insbesondere, haben wir aufgefasst; eine absolute Wechselbeziehung derselben ihren vorhergehenden und folgenden Momenten nach, wobei, der gesetzlichen Bestimmung des Lebens gemäss, der folgende Moment als ein stärkerer, vielförmigerer denn der vorhergehende, in Uebereinstimmung mit der progressiven Natur des Lebens, diesen bestimmt, durch ihn bedingt wird, selber dann im Verhältniss eines bedingenden zum folgenden auftritt, und so fort. Zwei absolute Formen der Lebenswirksamkeit haben wir aufgefasst, die expansive, allgemein bestimmte, quantitative; die contrahive, absolut bestimmte, qualitative; die Manifestation jener ersteren in der Form als Lebensäusserung, Trieb, Wille, That; die Manifestation dieser letztern als Lebensauffassung und Lebensbestimmung. Wir haben die erstere Form als bedingende hinsichts des Lebens überhaupt, die letztere als bestimmende hinsichts desselben überhaupt aufgefasst, eine wesentliche Wechselbeziehung und Uebereinstimmung zwischen beiden Formen.

Wir haben dann ferner bemerkt, wie das organische Leben alle Formen des anorganischen als vervielfältigte in eigenthümlicher Modalität umfasst; als ein specielles absolutes, auf sich selbst bezügliches, durch sich selbst bestimmtes erscheint, während das anorganische, das Naturleben sich so als ein generelles, das organische bedingend, bestimmt durch dasselbe darstellt. Als Momente der organischen Thätigkeit aber haben wir drei Akte begriffen, welche sich zufolge der Auffassung des Lebens in Bezug auf sie, als instinctartige bezeichnen lassen; drei fernere Akte, welche sich als sinnliche und bildliche Momente darstellen; endlich drei Momente logischer Auffassung. Allen diesen Momenten nach bildet das organische Leben eine Kette, wobei die vorhergehenden Glieder die folgenden bedingen, die folgenden die vorhergehenden bestimmen.

Auf die expansive und contrahive Form der Lebensthätigkeit, Lebensauffassung, Lebensbestimmung und Lebensäusserung, sind Irrthum und Unrecht wesentlich bezüglich, demnach auch aufeinander: der Irrthum, eine mangelhafte Form der Auffassung des Lebens; das Unrecht, im Zusammenhange, damit eine mangelhafte Form der Bestimmung und Aeusserung desselben. Sie sind wesentlich expansiver, allgemein bestimmter, impulsiver Natur. Mit untergeordneten Formen der organischen Lebendigkeit, solchen, denen zufolge jene im Verhältniss einer bedingenden zu sich selbst höhern Momenten nach, so wie im Ganzen steht, als eine unvollendete auftritt, hängen Irrthum und Unrecht wesentlich zusammen, Vollendung des Lebens schliesst sie erst in einzelner, dann in bestimmter allgemeiner Beziehung, endlich durchweg aus. Absolut bestimmt muss das Leben absolut gesetzlich sein.

Ihrem allgemeinbestimmten, impulsiven Wesen zufolge, können Irrthum und Unrecht sich auch nicht hervorbringen in bestimmter Erscheinung. Treten sie in solcher auf, bezieht sich dies, wie am Eingange dieses Abschnittes bemerkt worden, auf Wahrheit und Recht. Eine Wahrheit sind sie, ein Recht, denen durch äussere quantitative, impulsive Gewalt Beziehungen ertheilt sind, die ihnen nicht zukommen, ihnen zukömmliche Beziehungen entzogen worden.

Da aber das Leben in bestimmter Erscheinung, seiner gesetzlichen Bestimmung gemäss, nur Beziehungen eingehen kann, welche seiner Kraft und Form entsprechend zugleich und verschieden von denselben sind: vermag es nicht, alle Beziehungen anzunehmen, welche Irrthum und Unrecht ihm zuführen, sondern nur diejenigen, welche seine wesentliche Art ihm gestattet. Es kann durch äussere zufällige Bereicherung sich nicht ausleben hinaus über die Bedingung und Bestimmung jener letzteren.

Da das Leben, sobald äussere Beziehungen sich ihm versagen, in Beziehung zu sich selbst tritt; so unter den angenommenen Formen sich verstärkt, diese vergrössert, sie vervielfältiget, setzt es in Ermangelung äusserer Beziehungen sich in Bezug auf sich selber in progressiver Wirksamkeit fort, wenn durch Schuld von Irrthum und Recht das Aeussere ihm Beziehungen versagt. Und so verändern Irrthum und Unrecht Nichts am wesentlichen Gange des Lebens. Ein Leben können sie bereichern, dadurch dessen gesetzliche Auslebung seiner selbst fördern, und es so beglücken; sie können dasselbe nicht bereichern über sein wesentliches Vermögen der Thätigkeit und des Glückes hinaus. Ein Leben können sie vereinsamen, dessen gesetzliche Auslebung in Bezug auf das Aeussere erschwerend, es veröden und quälen. Unbedingt können sie dasselbe gesetzlicher Beziehungen nicht berauben, somit auch nicht es durchaus elend machen. Gleich nähert das Leben sich der Gottheit durch gesetzliche Thätigkeit in Bezug auf das Aeussere und auf sich selbst; in jener Annäherung aber ist wesentlich das Glück enthalten.

Wie die quantitative Form der Lebensthätigkeit die Grundform einer solchen überhaupt ist: beziehen Irrthum und Unrecht sich zunächst und wesentlich auf diese Form.

In solcher Beziehung betreffen sie entweder das rein absolute Wesen der Lebenskraft oder deren absolut bedingtes und bestimmtes Wesen.

Das Unrecht beruht auf einer ausschliesslichen Auffassung des einen oder des andern als bestimmende im Betreff des Lebens.

Alles Unrecht der Gewalt, der Zerstörung, Zerstreuung, Zerfahrenheit, des Hochmuthes, des Trotzes, der Anmaassung, der Unmässigkeit hat die erstere, alles Unrecht der Starrheit, Beschränktheit, Feigheit, Trägheit, die letztere Beziehung.

Dem Irthum und dem Unrechte dieser Art ist auch das animale Leben unterworfen, ja das vegetabile ist davon nicht gänzlich frei; und wie die quantitative Form des Lebens der qualitativen zum Grunde liegt, sind aller sonstige Irthum und das damit zusammenhängende Unrecht ursprünglich der einen oder andern Art.

Zunächst dann stehen jene beide in Beziehung zu den instinctartigen Momenten des organischen Lebens; wenn dasselbe unter einer oder der andern seiner instinctartigen Formen unverhältnifsmäfsig stark und lebendig oder schwach und träge im Verhältnifs zu seiner Thätigkeit unter den übrigen wirkt; wenn es, was damit übereinkommt, unverhältnifsmäfsig thätig, in Bezug auf das Aeufsere, oder in Bezug auf sich selber unter der einen oder andern wirkt.

Ferner beziehen Irthum und Unrecht sich auf die Sinnenthätigkeit. Dieser Beziehung nach betreffen sie das Sinnenleben seinen Beziehungen nach zu sich selbst, zur instinctartigen und zur höhern organischen Thätigkeit.

Das Sinnenleben steht in Beziehung zu sich selbst seinen einzelnen Akten zufolge. In dieser Hinsicht herrschen bestimmte Affiliationen.

Zum Geschmack steht der Geruch in specieller Beziehung; bedingt durch ihn bestimmt er denselben. Durch den Geruch wird das chemische Leben absolut seiner flüchtigen Verkörperung nach begriffen. Da die flüchtige die Grundform ist aller Verkörperung, das Leben, vollendet in fester Form einer solchen, unbedingt wieder expansiv in flüchtiger Form auftritt: begreift jener Sinn unbedingt das chemische Leben, ein absoluter chemischer Verstand.

Eine specielle Beziehung analog derjenigen zwischen Geruch und Geschmack herrscht zwischen dem Tastsinn, dem Gehör und dem Sinn des Gesichts; zwischen letzterem und der Sinnenthätigkeit unter ihren sämmtlichen Formen. Das Gehör bestimmt den Tastsinn, und wird durch diesen bedingt; es wird bestimmt durch das Gesicht; die Auffassungen jener beiden Sinne erhalten absolute Vollständigkeit, somit Klarheit nur in Beziehung auf Aperceptionen dieses letzteren Sinnes. Das Auge aber hört und fühlt nicht nur; es riecht, es schmeckt. Gewisser Auffassungen ist der Geschmack nicht fähig, ohne Zuthun des Gesichts. Nach einiger Verwechslung der Trinkgefäfse, worin beide enthalten sind, kann, mit verbundenen Augen Niemand mehr, weissen und rothen Wein unterscheiden. Ihren verschiedenen Formen nach bildet die Sinnenthätigkeit eine absolute Analyse der körperlichen Lebenserscheinung, deren Inbegriff das Gesicht enthält.

So steht das Sinnenleben einestheils in wesentlicher Beziehung zur instinctartigen Thätigkeit, andres Theils zur Thätigkeit absoluter Auffassung des organischen Lebens.

Den instinctartigen Momenten desselben, ertheilt sie absolute Bestimmtheit, entkleidet sie von dem Allgemeinbestimmten, Dunkeln, Dumpfen, das ihnen wesentlich eigen ist. Bei der Ernährungsthätigkeit, welche sich ihrer instinctartigen Bestimmung durch sich selber zufolge, auf ihr entsprechende und auf entsprechende Weise von ihr verschiedene Gegenstände ohne Unterschied richtet, vermittelt sie einen Unterschied zwischen solchen. Das Reproductionsleben, das sich jener ersteren Bestimmung zufolge nur auf das entsprechende und auf entsprechende Weise verschiedene Geschlecht, also auf ein Individuum andern Geschlechts derselben Gattung bezieht, richtet sie auf ein solches bestimmtes Individuum.

Bildliche Thätigkeit vermittelnd, eine absolute transcendentale Form der sinnlichen Auffassung, gleichsam ein solcher organischer Reflex dieser letzteren, eines Theils bezüglich auf letztere, andres Theils auf logische Thätigkeit bezüglich, wodurch die Bewegung rein an sich und ihrer Beziehung nach zur Lebenskraft und zur gesetzlichen Bestimmung des Lebens begriffen wird, macht sie logische Thätigkeit in absoluter Beziehung und Form möglich.

Und so verknüpft das Sinnenleben, indem es die instinctartige Thätigkeit bestimmt, diese mit der bildlichen Thätigkeit, mit der logischen Thätigkeit, vergeistigt dieselbe, vermittelt eine Bestimmung derselben durch logische, Auffassung und dem zufolge eine absolut gesetzliche Bestimmung derselben, welche jener wesentlichst vegetabilen und animalen Form der organischen Thätigkeit absolute Würde verleiht.

Hinsichts der Beziehungen zwischen der instinctartigen organischen Thätigkeit und dem Sinnenleben herrschen bestimmte Affilationen.

Der Geschmack, der Geruch, bestimmen das Ernährungsleben. Geruch, Tastsinn, Gehör, Gesicht bestimmen die Reproductionsthätigkeit; jene ersteren Sinne vorzugsweise bei den untergeordneteren, diese letzteren bei den höheren organischen Naturen. Die Bewegung an sich wird durch sämmtliche Formen sinnlicher Auffassung bestimmt; diese selbst eine Fortsetzung ersterer in flüchtiger Verkörperung, in bestimmter Beziehung und Form.

Denjenigen Formen nach, denen zufolge es in specieller Beziehung zur Sinnenthätigkeit befindlich ist, wird durch selbe das instinctartige Leben in Uebereinkunft mit seiner wesentlichen instinctartigen Regel bestimmt.

Ist dasselbe aber in einer oder der andern seiner instinctartigen Formen quantitativ so gewaltig, dass es seiner Stärke nach der Sinnenthätigkeit auch unter Formen entspricht, in welchen es zu derselben nicht speciell in Beziehung steht: geht es auch dergleichen Beziehungen mit derselben ein; seine Bestimmung durch selbe nimmt, statt ihres absolut relativen instinctartigen Characters einen rein absoluten Character an.

Beim animalen Leben bezieht sich dies nur auf die Reproductionsthätigkeit: Das Thier frisst mehr als es zu seiner Nahrung bedarf; es verschlingt unter andern auch ihm schädliche Sachen in Bezug auf unverhältnissmässige quantitative Gewalt seines Ernährungslebens. Es begattet sich in Bezug auf solche Gewalt im Widerspruch mit seiner instinctartigen Bestimmung; es begattet sich im Widerspruch mit derselben auch in Bezug auf eine Bestimmung durch das Gesicht. Allemal beschränkt sich letzteres beim Thier auf das männliche Individuum; die Weibchen, denen in Bezug auf den Akt der Reproduction eine vollendende, wie dem männlichen Geschlecht eine anhebende Wirksamkeit zusteht, welche in dieser Beziehung, so wie im Allgemeinen zum Manne in eben derjenigen Beziehung stehn, in welcher contrahives Leben zu expansivem, Sitte zur Gewalt befindlich; manifestiren einen unbedingten Abscheu vor jeder Begattung, welche nicht in Uebereinstimmung mit der instinctartigen Bestimmung ihres Lebens ist.

Auf die erste absolute Bestimmung des menschlichen Ernährungslebens durch den Akt des Gesichts im Widerspruche mit dessen relativer instinctartiger rein gesetzlicher Bestimmung, den Genuss, einer durch letztern ihm versagten (verbotenen) Frucht, bezieht die mosaische Tradition Irrthum, Unrecht, Scham, Furcht, Erkenntniss, Krankheit, Tod des Menschengeschlechts. Diese Beziehungen verbürgen die historische Wahrheit und das hohe Alter jener Tradition.

Nur der Mensch war einer solchen Bestimmung fähig; aber nur auf der niedrigsten Stufe menschlicher Entwikkelung war er einer solchen fähig; auf dieser ist selbe natürlich, vielleicht nothwendig, als ein Moment menschlicher organischer Lebensentwickelung; sie war zugleich der erste Moment absoluter Auffassung des Menschen von ihm selber, folglich auch von seiner instinctartigen Bestimmung seiner selbst als von einer absoluten; der erste Moment absoluter Auffassung von ihm selber im Verhältniss zur ihm äussern Lebenserscheinung, also auch von letzterer. Einer solchen Auffassung gemäss besass er von ihm selber ein bestimmtes Bewusstsein, eine bestimmte Erkenntniss: jegliche absolute Auffassung enthält beide Formen, die allgemeinbestimmte, Bewusstsein oder Wissen, die absolutbestimmte, Erkenntniss.

In der ersten, allgemeinbestimmten daher undeutlichen Form, betraf des Menschen Auffassung ihn selbst im Verhältniss zur Gottheit, zur Natur; seine That im Verhältniss zu seiner instinctartigen gesetzlichen Bestimmung.

So begriff der Mensch den Schöpfer als ein absolut überlegenes Wesen; sich selbst als bezüglich auf dieses Wesen; seine instinctartige Bestimmung als Willen dieses Wesens in Bezug auf sein Leben; seine That als eine Abtrünnigkeit von diesem Willen.

Die Auffassung eines absolut Ueberlegenen ertheilt, als eine allgemeinbestimmte, undeutliche dem Leben eine Bestimmung gleicher Art, als Trieb, Gefühl. Sie manifestirt sich als solche auf zwiefache Weise: bei Uebereinstimmung des Lebens mit diesem Ueberlegenen, als Trieb, Gefühl des Vertrauens; bei Widerspruch zwischen demselben und letzterem als Gefühl der Furcht.

So fürchtete der Mensch sich vor Gott im Augenblicke, da er sich zuerst bestimmt Gottes bewusst ward; denn seinem ersten bestimmten Bewusstsein von der Gottheit, gesellte sich ein Bewusstsein der Abtrünnigkeit von derselben.

Als eine absolutbestimmte, als Erkenntniss, betraf seine Auffassung nur die äusserliche, körperliche Erscheinung, sein Aeusseres im Verhältniss zum Aeusseren letzterer. Alles sah er bekleidet, das Gewächs mit Rinde, Laub, Nadeln; das Thier mit Schuppen, Schaale, Federn, Wolle, Haar; sich selbst sah er nackend. Seine erste absolute Auffassung von ihm selber im Verhältniss zum Aeussern, betraf einen Mangel an ihm selber im Verhältniss zu diesem. Schaam ist die absolute Manifestation einer solchen Auffassung in allgemeinbestimmter, dunkler Bewusstseinsform.

So schämte sich der Mensch, so fürchtete er sich vor Gott. Sein Erkenntnissleben hatte von vorn herein eine egoistische, gesetzwidrige Richtung genommen: mit dem Auge der Begier, des Neides, sah er die äussern Erscheinungen an, statt mit dem Auge der Erkenntniss und der Liebe: sein Friede mit der Creatur war gebrochen; er zwang sie, ihn zu fürchten und bewirkte dadurch in sich Furcht vor ihr. Allemal war der gedachte Moment der erste seines Erkenntnisslebens. Dieses bezog sich auf ihn, und bezog sich auf ihn als ein absolutes. Unbedingt treu seiner gesetzlichen Bestimmung, hätte der Mensch die Erscheinung nur in gesetzlicher Beziehung zu ihm selber begriffen. So würde er sie absolut begriffen haben, seiner absoluten Beziehung zu ihr gemäss. So aber hätte er das Leben nur als Freude auffassen können; nicht als Schmerz. Das Dumpfe, Allgemeinbestimmte, die Gewalt, hätte er nimmer ihrem ganzen Umfange nach begriffen; nur das Absolutbestimmte, Regel und Form.

Aus dem Saamen seiner ersten Uebertretung des göttlichen Willens in Bezug auf das Leben, entwickelte sich ihm absolute Erkenntniss des Lebens; und, da die Erkenntniss das Leben als Trieb, Wille, That bestimmt, absolutes Leben selbst. Einem Baume aber ist das Leben mit seinen fortwährend vervielfältigten Ramificationen vergleichbar. Und so gebraucht die Schrift für den Baum von welchem die Frucht kam, zu deren Genuss rein sinnliche Auffassung den Menschen im Widerspruch mit seiner instinctartigen Auffassung verlockte, die Benennung: Baum der Erkenntniss.

Auf den Akt der Ernährungsthätigkeit ist der Akt der Reproduction bezüglich. Das specielle organische Leben, welches durch ersteren als vollendet, allen Möglichkeiten seiner Natur und Lage nach bedingt wird, stellt der letzte in Bezug auf ersteren als ein hyperchemisches wieder dar.

Eine Bestimmung der Ernährungsthätigkeit im Widerspruche mit ihrer instinctartigen gesetzlichen Bestimmung, musste das gesammte, auf sie bezügliche organische Leben verwirren. Eine solche Verwirrung manifestirt der Auffassung sich als Krankheit, der Empfindung als Schmerz.

Da beide Geschlechter der menschlichen Gattung gleich Theil an dem Akte hatten, wodurch ihr Ernährungsleben, und mit demselben ihr ganzes organisches Leben verwirrt ward: wurde dasselbe durch den Akt der Reproduction als ein absolut verwirrtes übertragen.

Und so rechtfertigt eine absolute Auffassung des Lebens das Dogma von der Erbsünde, welches zwar wesentlicher, Dogma einer Erbtugend ist; denn absolut widergesetzlich kann das Leben nicht werden; wie regellos es an sich, und in wie regelwidriger Gestalt es vererbt sei: Lebenskraft, göttlicher Natur und gesetzlich bestimmt durch den absoluten schöpferischen Lebensgedanken lebt in ihm, wird mit ihm vererbt.

Kann dieser Gedanke seiner Beziehung nach auf die Kraft eines bestimmten Lebens und durch deren Vermittelung ein solches Leben nicht durch dessen eigene Thätigkeit in gesetzlicher Allgemeinheit herstellen: löst er es in solcher auf, es im Einzelnen wieder gesetzlich zu machen; war dasselbe ein organisches, stirbt's.

Und so sind alle jene Lebenserscheinungen, welche die mosaische Tradition mit dem Genuss einer verbotenen Frucht durch die Stammältern des Menschengeschlechtes in Verbindung bringt, als wesentlich und wirklich bezüglich darauf erwiesen.

Die Thatsache bedarf keiner symbolischen Auffassung, sie kann ganz baar als richtig begriffen werden. Eine symbolische Thatsache aber als eine wirkliche begreifen können, ist ein so grosser Gewinn, als das Vollständige besser ist denn das Halbe, das Klare denn das Undeutliche, das Gewisse denn das Problematische.

Der Stammvater der Menschheit, Adam nennt ihn die Geschichte, begriff das Lebensgesetz nur in allgemeinbestimmter Unklarheit, seiner Beziehung nach auf das instinctartige, das sinnliche Leben.

Christus offenbarte der Menschheit jenes Gesetz in absoluter Beziehung und Form.

Er offenbarte ihr dasselbe als ein positives Gesetz in Bezug auf ihr eigenes Leben; er offenbarte es ihr symbolisch als absolutes, als Naturgesetz.

Einer andern Form seiner Auffassung war sie nicht fähig; und diejenigen, welche einer solchen als Vermittler hätten dienen müssen unter einer Nation, deren absolute Erkenntniss Eigenthum und Mysterium von Kasten war; welche Christus, scheint's, gern als solche Vermittler gebraucht hätte, Pharisäer, Saduzäer, Schriftgelehrte, versagten sich diesem göttlichen Beruf aus egoistischer, sinnlicher Beschränktheit.

Unmittelbar zum Volke musste er sprechen, und darum musst' er in Symbolen sprechen. So war die gewöhnliche Form des Ausdruckes im Orient, so begriff ihn das Volk. Keiner andern, als sinnlicher und bildlicher Auffassung, als logischer Auffassung unter dieser Manifestation, war es fähig; und somit auch keiner reinen Begeisterung für die Idee; keiner andern als der Begeisterung für das Bild, die Person. Er musste seine Lehre identifiziren mit seiner Person, die Herrschaft des göttlichen Gesetzes mit seiner Herrschaft, dem Reiche Gottes. Und buchstäblich konnte er sich das verkörperte Wort oder Gesetz, den eingeborenen Sohn Gottes nennen; denn das Wort war verkörpert in seinem Leben, in seiner Lehre; Wir brauchen keine übernatürliche, daher vom Menschen nicht zu erfassende, nicht zu gebende Erklärung der Beziehung zwischen Gott und Christus; ein natürliches, geheimnissreiches Wunder, welches die Menschheit zur Gottheit zurückgeführt, begreifen wir in seiner Erscheinung.

So konnte Christus von sich sagen: „ehe Abraham war, war ich;" denn nicht mit Abraham; mit ihm war der schöpferische Lebensgedanke, der da war vor aller Zeit, dem alles Zeitliche seinen Ursprung dankt, identisch. So konnte er sagen: „so ihr mich seht, sehet ihr den Vater." So: „es kann Niemand zum Vater kommen, denn durch mich." So sprach er zu Petrus, als dieser auf seine Frage: „wer sagst Du, dass ich sei?" geantwortet: „der Sohn des lebendigen Gottes!" — „Fleisch und Bein haben Dir das nicht offenbaret, sondern der Geist meines Vaters!" Und so ist der alte Bund zwischen der Gottheit und dem Menschen durch Christus ein neuer geworden.

Ist das instinctartige Leben im Allgemeinen, quantitativ gewaltiger denn die Sinnenthätigkeit, sei's überhaupt, sei's unter einer oder der andern ihrer Formen; kehrt das natürliche Verhalten zwischen beiden sich um; die Thätigkeit, welche ihrem Wesen nach eine bedingende, tritt als eine bestimmende auf, und ertheilt ihre Richtung derjenigen, welche sie bedingen, und durch welche sie bestimmt werden sollte; verhindert selbe an ihre Thätigkeit, als Vermittlerin absoluter Erkenntniss. Auch die bildliche, auch die logisch-combinative Thätigkeit werden so der instinctartigen untergeordnet. Statt das gesammte Leben absolut an sich und seiner Beziehung nach zu dem Leben zu begreifen, von dessen Thätigkeit sie einen Theil ausmachen, begreifen sie jenes nur einzelnen untergeordneten Beziehungen nach zu diesem letzteren, und bestimmen das letztere dem gemäss.

Das menschliche Daseyn schliesst sich ab in seinen niedrigsten Kreisen; es entwickelt sich nicht zu menschlicher Vollendung, sondern bleibt wesentlich animal, subjectiv, egoistisch. Ja dasjenige, wodurch es ganz und gar natürlich werden sollte, lenkt es endlich ab von der Natur.

Die sinnliche Auffassung wird bedingt durch ein gewisses räumliches und zeitliches Verhalten, zwischen dem Leben zu dessen Momenten sie gehört, und dem Gegenstande, welchen sie betrifft; sie ist wesentlich momentan. Dem entspricht die sinnliche Lebensbestimmung. Die bildliche Auffassung und die logisch-combinative, rein auf organische Thätigkeit bezüglich, fassen, unabhängig von deren Gegenwärtigkeit die Gegenstände, fassen sie den mannigfachsten Beziehungen nach rein in Bezug auf ihre eigene organische Wirksamkeit auf. Sie bestimmen dem entsprechend das Leben.

So nimmt dasselbe einzelnen, instinctartigen Momenten zufolge, eine Gewalt, eine Ausschliefslichkeit, eine Lebendigkeit an, die ihm von Natur jenen Momenten nach durchaus nicht zukommen. Es wird durch sich selbst zu Beziehung auf das Aeussere bestimmt, wenn der Kraft nach, die unter jenen Formen ihm wesentlich eigen, seine Beziehung auf sich selbst längst wieder angehoben haben sollte, oder bevor als selbe sich vollendet hat seiner Beziehung auf das Aeussere entsprechend. Es wird durch sich selbst bestimmt zur Thätigkeit in Bezug auf gewisse äussere Gegenstände, die räumliche und zeitliche Umstände seiner Thätigkeit überhaupt oder in der Form unter welcher es sich auf sie richtet versagen. Es wird bestimmt zu Thätigkeit in Bezug auf Gegenstände, welche überhaupt nicht wirklich sind; denn die Einbildungskraft, bezüglich auf eine momentane sinnliche Auffassung, begreift den Moment als ein Absolutes; vergeistigt den Moment, verschönert denselben ihn vergeistigend; die Phantasie aber, bezüglich auf die Einbildungskraft, überkömmt ihn von dieser, wie sie ihn begriffen, vervielfältigt ihn absolut, verschönert ihn absolut, ihrer Beziehung nach auf die logische Thätigkeit, als eine rein gesetzlich bestimmte. Und so richten beide das Leben auf bestimmte Gegenstände, in Formen, unter welchen dasselbe in solcher Beziehung gar nicht thätig sein kann.

Alle diese Regellosigkeiten sinnlicher, bildlicher, und logisch-combinativer instinctartiger Thätigkeit machen selbe leidenschaftlich. Als Leiden manifestirt das Regellose der organischen Thätigkeit sich unbedingt ihrer allgemeinbestimmten, undeutlichen Auffassung von ihr selber, ihrem Gefühl; es schafft Leiden. Mit der Art der Regellosigkeit einer solchen Bestimmung der Thätigkeit steht der Character des dadurch bewirkten Leidens in Verbindung, Ungestüm, Rastlosigkeit, Ermattung, Erschöpfung, Sehnsucht, Oede, ein überschwengliches und doch kein genugsames Glück.

Den Momenten der Ernährung nach sind die Beziehungen des organischen Lebens wesentlich so beschränkt, dass hier die absolute Auffassung nicht die ganze Gewalt ihrer Lebendigkeit ausüben kann; anders ist dies hinsichtlich der Reproductionsthätigkeit. „So voll Phantasie ist Liebe, dass sie ganz und gar phantastisch ist!“ sagt von der Liebe Shakespear. Nicht von der Liebe an sich kann dies gelten; von der geschlechtlichen Liebe gilt es unbedingt; auch die geschwisterliche, ja die älterliche, die Familienliebe können einen leidenschaftlichen Charakter erthalten.

Mit der Sinnenthätigkeit an sich, sofern sie das Leben absolut bestimmt, sind neue eigenthümliche Formen des

Irrthumes und des Unrechtes verknüpft. Jene begreift nur die äussere, körperliche Manifestation, nicht das Wesen, den gesetzlichen Zusammenhang der Dinge; sie ist wesentlich momentan und subjectiv, und so kann sie die Dinge auch nicht ihrem Wesen zufolge, nur dem Aeussern nach, nur in momentaner Erscheinung, nur in subjectiver Hinsicht beurtheilen. Dieser Auffassung gemäss bestimmt sie die Bewegung; ihr gemäss bestimmt sie, absolut gewaltig in irgend einem Leben, ein solches allen seinen Momenten nach. Alles hinsichts der instinctartigen Leidenschaften Bemerkte, leidet Anwendung auf diese Form der Lebens-Auffassung und -Bestimmung. Die Leidenschaften aber, welche mit derselben im Zusammenhange stehn unterscheiden von den instinctartigen sich durch eine gewisse Kälte, die ihr absolutes Wesen veranlasst. Ehrsucht, Ruhmsucht, Herrschsucht, Habsucht, Eitelkeit, Rangsucht, Prachtsucht, Eifersucht, Neid, sind Leidenschaften dieser Art.

Bis dahin sind die Leidenschaften rein egoistisch, oder egoistisch subjectiv. Sie veröden das Leben, indem sie es erschöpfen; sie veröden es auch, indem sie es an der ihm möglichen Auslebung hindern, es an einen Gegenstand, sei's auch in der mannigfaltigsten Erscheinung ketten; da es seiner absoluten Bestimmung nach in Bezug auf die ganze Fülle der Erscheinungen thätig sein sollte, sofern zu ihr Beziehungen ihm möglich sind.

Ist irgend einer der untergeordneten Sinne quantitativ gewaltiger als ein höherer Sinn, oder fasst irgend ein Sinn die Gegenstände nicht vollständig auf; geht der sinnliche Eindruck, an sich mangelhaft als ein subjectiver, auch mangelhaft als ein solcher über in die Einbildungskraft. Die Sinnenthätigkeit vermittelt der logischen im ersten Fall unvollständige, im letzten Fall unrichtige Bilder als Material; in Bezug auf solche kann jene keine andren als unvollständige, unrichtige Begriffe bilden.

Mit der logischen Auffassung hören Irrthum und Unrecht denjenigen Beziehungen nach auf, in welchen selbe die Gegenstände betrifft. Da das analogisch-combinative Erkennen diese an sich einzeln oder einzelnen Eigenthümlichkeiten nach betrifft, haben sie mit solcher Form logischer Auffassung noch nicht ganz und gar ein Ziel. Im Gegentheil steht damit der radicalste Irrthum, das schwerste Unrecht in Verbindung.

Das rein Persönliche der instinctartigen, das subjectiv Persönliche der sinnlichen Erkenntniss bedingen ein Mitgefühl des auffassenden mit dem aufgefassten Leben. Der Moment der Auffassung identificirt, gewissen Beziehungen nach beide. Das Egoistische der instinctartigen und sinnlichen Lebensbestimmungen wird dadurch bis zu einem gewissen Grade gemildert, von absoluter Rücksichtslosigkeit in Bezug auf das Aeufsere entkleidet. Dies gilt hauptsächlich hinsichts Auffassungen der untergeordneteren Sinne. Das Absolute der Auffassungen des Gesichtes ist von dieser Milderung freier. Die damit verbundene Bestimmung des Lebens hat etwas rein Absolutes.

Die logische Auffassung eine rein absolute, weifs von jener Milderung nichts. Als eine vollkommene bedarf sie deren nicht, indem sie das Leben als Aeufserung einer göttlichen Kraft und eines göttlichen Gedankens und Willens in in der mannigfachsten Erscheinung begreift. Eine solche Auffassung mufs zu durchgängiger Liebe und Förderniss des Mitlebenden das Lebende bestimmen. In absoluter logischer Auffassung und Bestimmung des Lebens ist eine Vervollständigung der instinctartigen und sinnlichen enthalten, somit auch des durch sie bedingten Mitgefühls.

Logisch-combinativ begreift der Mensch absolut nur einzelne Lebenserscheinungen, folglich das Leben nicht an sich oder im Ganzen; einzelne Erscheinungen nur einzelnen Eigenthümlichkeiten nach, folglich auch das Einzelne unvollständig. Er selbst ist jener Form der Auffassung sich als einer absoluten bewusst: eine solche beziehungsweise, bedingt sie diese allgemeine, sonach undeutliche Auffassung von ihr. Keine rein absolute, bedingt sie keine Auffassung ihrer Mangelhaftigkeit als eine solche.

Sofern sie eine absolute betrifft sie die Gegenstände allen ihrer Manifestationen nach in Bezug auf ihre gesetzliche Bestimmung. Somit begreift sie selbe als rein gesetzlich, (ideal) gut in jeder Beziehung, oder als das Gegentheil hievon. Im ersten Fall bestimmt sie zu unbedingter Förderniss; im zweiten bestimmt sie zu unbedingter Abänderung; eine solche ist Zerstörung. Da nun durch analogisch-combinatives Erkennen der Mensch die Dinge einer absoluten Erkenntniss einzelner Beziehungen derselben nach als rein absolut begriffen nimmt: bestimmt selbe den Menschen in Förderniſs oder Zerstörung ungerecht wider das Aeuſsere und wider jene selber. Alle Verbrechen des Patriotismus, des Fanatismus, des Despotismus wider die Menschlichkeit haben jenen Grund.

Mit dieser Form der Auffassung, dem auf selbe bezüglichen Unrecht haben Irrthum und Unrecht, erst in bestimmter allgemeiner, dann in durchgängiger Beziehung ihr Ziel. In Bezug auf Erscheinungen, welche logisch objectiv, das heisst auf bestimmte allgemeine Erscheinungen, welche absolut begriffen worden: kann kein Irrthum Statt finden, sonach kein Unrecht. Rein absolute logische Erkenntniss hebt beide völlig auf. Werden die Dinge, ihrer Bewegung, Verkörperung, der ihnen zum Grunde liegenden Kraft so wie ihrer gesetzlichen Bestimmung nach in jeder Hinsicht begriffen, kann kein Irrthum hinsichtlich der Beziehungen, in denen sie zu Gott, zu sich selbst, zum Aeussern stehn, herrschen. Das egoistische und subjective absolute specielle Gefühl und die Besimtmung des Lebens durch dasselbe, erhalten durch das absolute allgemeine Gefühl, durch die Bestimmung, welche dies dem Leben giebt, eine durchgängige Modalität. Was jenes vor diesem an Bestimmtheit voraus hat, hat dieses vor jenem voraus an Umfassung, Sobald der Mensch das Leben in jeglicher Erscheinung der Kraft, dem bestimmenden Grundgedanken, der Bewegung, der Verkörperung zufolge, als Eines und dasselbe mit seinem Leben begreift; muss er es in jeglicher lieben. Mit solcher Auffassung hat alle absolute einzelne affinitive, instinctartige, sinnliche, bildliche, Neigung, alle damit zusammenhängende Abneigung ein Ende. Sobald er zugleich jedes einzelne Lebendige in seiner individuellen Wesenheit begreift, bestimmt sie ihn zu unbedingter Gerechtigkeit bei solcher Liebe.

Der Zwiespalt der Ansichten hört auf. Rein mit instinctartiger, mit sinnlicher Erkenntniss, steht ein solcher in Zusammenhang. Diese Erkenntniss, wesentlich persönlich, ist eine andre in Bezug auf jedes Lebendige; da die Kraft des Lebens, dessen absolut progressivem Wesen nach, verschieden in jedem, jedes verschieden bedingt, und dieser Bedingung entsprechend bestimmt wird, folglich verschieden wirkt, somit auch verschieden auffasst. Da aber die Kraft des Lebens an sich als dieselbe in allem Lebenden wirkt, derselben Bestimmung zufolge in allem; da die Formen der Lebensbewegung an sich dieselben sind das Leben hindurch, nicht weniger die Formen der Verkörperung: muss diesen absoluten oder Grundformen nach Alles gleich von allem Lebenden begriffen werden.

Und wie die absolute Verschiedenheit der Ansichten hat die absolute Gleichheit des Strebens mit absoluter Auffassung sein Ziel. Der wesentlichen Verschiedenheit des Lebenden nach, hat dasselbe auch absolut verschiedene Beziehungen oder Zwecke. Das Streben keines einzigen Lebenden kann wesentlich das

Streben des andern mehr hindern, wird jedes seiner Wesenheit nach vollständig begriffen, und wird diesem Begriffe zufolge sein Leben durch sich selbst wie von Aussen her bestimmt. Brust an Brust, eine Kraft mit vereinten Kräften, strebt von nun an das Lebende vorwärts, Zielen entgegen, die für Alle dieselben, doch auf verschiedene Weise sind; die erreicht, neue Ziele offenbaren, und so das Unvereinbare vereinen, Glück der Hoffnung mit der Sehnsucht Glück. Eine solche Form der Auffassung ist der Tröster, der Paraclet, dessen Zukunft Christus der Erde verheissen hat, durch den sein Gesetz auf Erden lebendig werden soll.

Das tausendjährige Reich der Liebe ist kein phantastischer Traum, es ist eine prophetische Ahnung des menschlichen Geistes. Auf einer gewissen Stufe der Entwickelung ist das menschliche Leben einer Kraft, einer Mannigfaltigkeit der Freude und des Glückes theilhaftig, wovon die beschränkte sinnliche, bildliche, logisch combinative Auffassung, diejenigen Formen der Erkenntniss, welche im gegenwärtigen Moment der Zeit die allgemeinen sind und für absolute gelten, durchaus keine Vorstellung vermitteln können. Denn, was ist Freude,*) als Auffassung

---

*) Der Ausdruck Vergnügen bezeichnet eine solche Auffassung in materieller, der Ausdruck Freude in geistiger Beziehung. Diese wesentliche Beziehung des Vergnügens gab Anlass, dass jenes kritische Verfahren vor Kant, welches die Wirkungen der Dinge als Criterien ihrer Beurtheilung betrachtete, das Vergnügen als Princip der Kunst nahm, die es mit dem rein Gesetzlichen der Erscheinung in bildlicher Manifestation zu thun hat, als ächt, daher durch ihre Hervorbringungen Vergnügen erregen muss.

„Ques ce qui fait te bon heur?" fragt der geniale Montlosier in seinem Werke: sur les Mysterès de la vie humaine. Er bestimmt den Begriff des Glückes dahin: ètre en paix avec soi méme: ètre d'accord avec les autres, et fair sa volonté. Nur eine absolut gesetzliche Form der Auffassung, eine ihr entsprechende Form des Lebens in einzelner gesetzlicher Erscheinung? Was heisst Glück, als eine ununterbrochene bestimmte Folge solcher Auffassungen? Was Seligkeit, als eine solche absolute Folge? — Leben der Seele entsprechend ihrer Natur als ein wirkliches, ist seliges, oder, wie die Mystiker bezeichnender sprechen, seelisches Leben. Die Seele aber ist göttliche, durch sich selbst gesetzlich bestimmte Kraft.

Gott ist kein Gott der Rache, des Zorns, der Kreuzigung, wie der Begriff der Gottheit im Alterthum zum Theil von der jüdischen Nation aufgefasst und festgestellt ward auch für die Christen: er ist ein Gott der Ordnung, der Schönheit, der Liebe, der Harmonie und Freude.

Eine absolute Form der Lebensauffassung kann als allgemeine Form einer solchen nur das Ergebniss vieler auf einander folgenden Generationen und Zeitalter sein. Liegt darin ein Grund, sich dem Verlangen danach als nach einem zu Allgemeinen, zu Fernstehenden zu entschlagen? — Ein Mal zu ihr erhoben, wird auch der Geist der Schranken von Raum und Zeit als ihn absolut beengender enthoben. Raum und Zeit, enthalten im Leben, schliessen nicht dessen ewiges rastloses Forschreiten aus.

Uebrigens beut die bisherige Progression der geistigen Entwickelung des Menschengeschlechts keinen unbedingten Maassstab für die zukünftige. Derjenige Mensch, welcher zu absoluter Auffassung gelangt ist, überträgt in die Form seiner Erkenntniss die Auffassung aller Derjenigen, mit deren Gedankenleben das seine Beziehungen eingeht; das seine aber wird modificirt der Form des ihren entsprechend; und so erweitert jenes seinen Bereich, dieses nimmt einen absoluten Character an, und die allgemeine Erkenntniss tritt mehr und mehr als eine absolute, zuerst bei den Ein-

---

der Bestimmung des Lebens, kann diese drei Dinge vermitteln, welche allerdings den Begriff des Glückes erschöpfen.

zelnen, dann bei der Menge auf, wird endlich als eine solche durch den Akt der Fortpflanzung, in der Form als Anlage übertragen.

Irrthum und Unrecht sind wesentlich eines und dasselbe mit dem Wahnsinn. Sie haben als Wahnsinn denselben Charakter und dieselben Bezüglichkeiten, wie an sich. Im Zusammenhange mit einer irrthümlichen, rein quantitativen Auffassung des Lebens tritt der Wahnsinn auf als Wuth, auf als Angst; im Zusammenhange mit einer bildlichen, der Wirklichkeit nicht entsprechenden Auffassung von dieser, stellt er sich als Verrücktheit dar; im Zusammenhange mit einer absoluten einzelnen logisch-combinativen Auffassung, erscheint er als fixe Idee. Keine andern Beziehungen und Formen als diese hat der Wahnsinn. Darum ist der Wahnsinn nicht als Sünde zu betrachten.

Bei der Unvollständigkeit irdischer Lebensentwickelung, dem damit zusammenhängenden allgemein Irrthümlichen der Lebensauffassung und Bestimmung des Lebens, kann eine solche Form der Lebensauffassung und Lebensbestimmung dem Einzelnen aus dessen Wesen sie nicht hervorgegangen wäre, durch äussere Beziehungen mitgetheilt werden; kann das Leben als ein irrthümliches und unrechtes reproducirt werden: soll die allgemeine Schuld auch als eine specielle gelten? —

Sie auch als eine solche und somit als eine absolute betrachten; sie rächen unter'm Namen der Heilung; mystisch-traditionelle dogmatische Vorstellungen und Formeln dagegen als Heilmittel anwenden, wie gut gemeint, ist die beste Art, das grösste menschliche Unglück, den Wahnsinn, radical zu machen. Ehrfurcht für das absolute Wesen der schöpferischen Kraft und ihrer gesetzlichen Bestimmung ihrer selber auch als Lebenskraft des Wahnsinnigen, die bei demselben, vielleicht mit Ausnahme gewisser Stadien der Wuth, welche das menschliche Leben zurückschleudern auf die uranfänglichsten Stufen anorganischer Lebendigkeit, so Fähigkeit als Verlangen klarer Auffassung des Lebens und vernünftiger Bestimmung seines Lebens bedingen; Pietät gegen Unglück des Wahnsinnigen; anhaltende, einfache Beschäftigung desselben mit Zurückführung auf deren göttliche Beziehung: das sind die Grundbedingungen zur Heilung des Wahnsinns.

Der Natur des organischen Lebens gemäss, muss die Fortdauer desselben nach dessen Auflösung sich darstellen in dreifacher Form: als eine chemische, seinem chemischen Wesen nach; als eine elementarische und primitive seiner Bewegung und geistigen Thätigkeit nach; als eine absolute seiner Wirksamkeit nach als Seele oder durch sich selbst gesetzlich bestimmte Kraft.

So möchten wir eine irdische Fortdauer des Lebens nach dem Tode, eine allgemeine planetarische Fortdauer desselben, und eine absolute Fortdauer desselben annehmen, eine Rückkehr zu Gott.

Sollten auf eine solche dreifache Form der Unsterblichkeit jene geheimnissvollen Worte Christi in Bezug auf seinen Tod zielen: „Reisset diesen Tempel ein, und innerhalb dreier Tage will ich ihn wieder aufbauen!"

Bestimmt unterscheidet Christus eine zwiefache Form des Todes: „des Todes sterben", und: „zum Vater gehn."

Sobald absolute Auffassung erlangt ward, demzufolge absolutes Lebensbewusstsein, muss die Seele nicht nur, muss auch der Geist der Unsterblichkeit theilhaftig geworden sein.

Die Unsterblichkeit ist zu beweisen; zu begreifen nicht, jene Ringe in der Kette der Lebensmomente, welche dasselbe fortsetzen über sein irdisches Dasein hinaus, entziehn sich dem Bereich des menschlichen Erkenntnissvermögens

Mit der Auffassung einer zwiefachen materiellen und transcendentalen Form der Fortdauer des menschlichen

Lebens nach dem Tode, ist die Lehre des Paulus von dieser in Uebereinstimmung. „Es wird gesäet ein natürlicher Leib, und wird auferstehen ein geistiger Leib. Hat man einen natürlichen Leib, hat man auch einen geistigen Leib. Aber der geistige Leib ist nicht der erste, sondern der natürliche, darnach der geistige. Und wie wir getragen haben das Bild des Irdischen, so werden wir tragen das Bild des Himmlischen. Wir werden nicht Alle entschlafen, wir werden Alle verwandelt werden." (Cor. 1. V. 44. 46. 47. 51.)

Die Seele, Emanation der schöpferischen Kraft, ist unablöslich von dieser, ist ewig, wie sie.

Der Moment des Urtheils kommt überein mit der Auffassung, auf welche er sich bezieht, und schliesst das Leben absolut, einem bestimmten Akte zufolge.

Der letzte Moment des menschlichen Lebens muss folglich ein Moment des Urtheils sein; als ein solcher muss er jenes Leben absolut, seinem Verhältnisse nach zu sich selbst, zum Aeussern, zu seiner gesetzlichen Bestimmung betreffen.

Er muss sich darstelten als ein Moment des Urtheils ihrer selbst der Seele, ihres Gerichts in Betreff ihres irdischen Lebens. Dieses Urtheil aber ist, dem absoluten Wesen der Thätigkeit nach, womit es im Zusammenhange steht, ein ewiges, unveränderliches. Das ist das jüngste Gericht.

10.

Formen der Auffassung des Lebensgesetzes.

Wir übergehen die ältesten Auffassungen des Lebensgesetzes durch Indier, Chaldäer, durch die Priester von Meroë, die ägyptischen Priester, die Pythagoräer: zu wenig Bestimmtes ist in dieser Hinsicht bekannt.

Schon von den ältesten Griechen ward jenes Gesetz

erfasst: wer mag bestimmen, ob sie dasselbe an sich erkannt, ob sie es nur geahnt, nur in symbolischer Form begriffen? — Aufgefasst in solcher, stellt es die Mythe von Eros und Anteros vom Chaos dar; dieser Auffassung nach bildet es einen Theil ihrer ältesten Religion *).

Moses sprach jenes Gesetz in bestimmter Gesetzesform, gewissen Beziehungen nach aus. Da die Beziehung die Form bestimmt, erschien es denselben zufolge in eigenthümlicher Modalität, als bürgerliche Satzung für ein gewisses Volk, die Israeliten.

Christus offenbarte dasselbe an sich, als Naturgesetz, in symbolischer Form; er offenbarte dasselbe als ein positives Gesetz in Bezug auf das menschliche Leben. So stellte es sich dar als Moralgesetz. So betrifft es nur das Verhältniss des Menschen zum Menschen und zur Gottheit; auf das Verhältniss des Menschen zum übrigen irdischen Leben nimmt das Moralgesetz nur untergeordnete Rücksicht.

In jener verschiedenen Beziehung und Form, worin das Lebensgesetz durch Moses aufgefasst ward, und durch Christus, ist wesentlichst der Unterschied zwischen Judenthum und Christenthum begründet; darin, dass es beiden Religionen als Grundlage dient, besteht deren Zusammenhang, die Vollendung der mosaischen Religion durch die christliche.

Als Gesetz der Analogie bestimmt jenes Gesetz das Erkenntnissleben des Menschen. Als Moralgesetz bestimmt es dessen Leben im Verhältniss zur Gottheit und zum übrigen menschlichen Leben. Als Diätetik regelt es dessen hyperchemische Thätigkeit, die geistige ihrer Beziehung nach auf diese.

Als Klugheitslehre regelt es die zufälligen gesellschaft-

*) Hesiod. Theogonie.

lichen Beziehungen. Als bürgerliche Satzung die constanten gesellschaftlichen Beziehungen einer gewissen menschlichen Allgemeinheit. Als kirchliche Satzung das äussere Verhältniss einer solchen zur schöpferischen Kraft.

Sehr verundeutlicht durch die Form, worunter seine Anwendung es bedingt, stellt dasselbe sich in der Form als bürgerliches Gesetz dar.

Schon hatte das menschliche Leben mannigfache Formen angenommen, als der Begriff Gesetz darauf allgemeine Anwendung erhielt; schon hatte er in specieller Anwendung mancherlei bestimmte Formen erhalten, noch aber war das menschliche Leben keineswegs vorgedrungen zu einer geistigen Entwickelung, welche es befähigte, das Lebensgesetz in reiner Form zu erfassen. Auch hier folgte das irdische Leben seiner absoluten Progression vom Einzelnen zum bestimmten Allgemeinen zum absoluten Allgemeinen. Einzelne Gesetze wurden zusammengefasst als ein allgemeines Gesetz,

Einer symbolischen Form der Auffassung gemäss betrachtete dies Gesetz den Besitz im ausgedehntesten Sinne des Wortes als Repräsentanten bestimmter ihm entsprechender Thätigkeiten; als deren Repräsentanten, der Besitzer.

Bei einfacheren Beziehungen der menschlichen Thätigkeit herrschte noch Analogie zwischen der Thätigkeit, die zum Besitze verhalf, und diesem letzten.

Wie mit den Beziehungen der menschlichen Thätigkeit deren Formen, mit diesen die Formen des Besitzes sich vervielfältigen, verlor sich dies. Das Geld trat auf als Repräsentant von Thätigkeit und Besitz, die eingetretene Vervielfältigung auf eine bestimmte allgemeine Form zu reduciren. Symbol aller Arten der Thätigkeit und des Besitzes, als Eigenthum möglich ohne Thätigkeit und Besitz, verwischte dies Symbol die Analogie zwischen beiden;

die damit zusammenhängende Uebereinstimmung zwischen dem absolut Gesetzlichen, dem natürlichen und dem bürgerlichen Gesetz oder Recht. Letzteres selbst diente jene Uebereinstimmung auszulöschen, indem es, als Erbrecht, Lehnsrecht, Recht der Schenkungen und Verträge, Besitz aller Art auf Besitzer aller Art übertrug.

Solchergestalt hat sich der Widerspruch gebildet, welcher zwischen dem natürlichen und dem bürgerlichen Recht herrscht (seiner Anwendung nach auf bestimmte Fälle, stellt das Gesetz sich dar als Recht), welcher so wenig zu leugnen ist, als er zu vermeiden war, und welchen nur eine bestimmte Auffassung des Lebensgesetzes in Anwendung auf das bürgerliche Recht vermitteln kann.

Kepler hatte das Lebensgesetz aufgefasst in Anwendung auf die Bewegung der planetarischen Körper, deren einfache quantitative Bedingtheit und Bestimmtheit. So trat dasselbe auf in problematischer Form.

Kepler unterschied noch nicht bestimmt zwischen Kraft und Bewegung; doch schon ahnte er einen solchen Unterschied, schon das durch sich selbst bestimmte der Lebensbewegung. „Ich halte", sagt er, „die Schwere für ein natürliches Bestreben, welches der Schöpfer in die Theile gelegt hat, damit sie sich zu einem Ganzen verbinden, und zu einer Kugel sammeln."

Newton begriff nicht nur die planetarische, sondern die Bewegung an sich, ihrer dreifachen quantitativen Bedingtheit und ihrer zwiefachen formellen Bestimmtheit nach. So fasste er die quantitative Bedingtheit und Bestimmtheit des Lebens als Gesetz des Lebens, als Gesetz der Schwere auf.

In einfacher Vollendung stellt die Bewegung sich un-

---

*) De rovolutionibus orb. coel. Lib. I. c. IX.

bedingt in kreisförmiger Erscheinung dar, sei der Kreis auch, wie immer, durch die Linie modificirt.

Ein Moment tritt ein bei dieser Form der Bewegung, wo selbe nach verschiedenen oder nach allen Richtungen hin mit gleicher quantitativer Gewalt wirkt, und, der Verkörperung nach, stellt dieser Moment sich als Mittelpunkt dar. Bei dem Selbstbestimmten der Lebenskraft ihren Manifestationen nach als Lebensbewegung und als Lebensverkörperung, wurde auf diesen Mittelpunkt die Bewegung überhaupt bezogen; ihre expansive und contrahive Grundformen wurden einer solchen Beziehung nach aufgefasst, als Centropetalkraft und als Centrofugalkraft.

In der Form als Polarität ist das Lebensgesetz aufgefasst, seiner Anwendung nach auf die impulsive Bewegung einer verschiedenen quantitativen Bedeutsamkeit und Richtung nach.

In allgemeiner Anwendung auf die Wechselbeziehungen zwischen den chemischen Naturen, ward dasselbe als Gesetz der Wahlverwandtschaft begriffen.

Eine solche allgemeine Auffassung genügte nicht dem kräftigen, klaren Geiste des Berzelius. Er bestimmte sie als eine absolute in Bezug auf deren Lebensbeziehungen: so stellte das Gesetz der Wahlverwandtschaft sich dar als Gesetz bestimmter Proportionen, nach welchen die anorganisch-chemischen Naturen sich verbinden; so gab Berzelius ihren wechselseitigen Lebensbeziehungen eine absolute Beziehung auf die elektropositive und auf die elektronegative Grundform der irdischen Lebensthätigkeit.

Eine Zahl analoger Beziehungen der Verbindung der chemischen Körper folgte. Ihr wurde eine absolute Beziehung auf Quantität, auf die flüchtige, die flüssige, die feste Form der Verkörperung ertheilt. Jegliche neue Beziehung stellt das Lebensgesetz auch dar in neuer Form. Es ging in der Chemie wie in der Geologie. Eine neue

Form der Lebenswirksamkeit, welche absolut Theil hat an der Gestaltung der Erde, wird aufgefasst, und dem Einzelnen, analogisch Combinativen der Speculation gemäss, wird auf sie Alles bezogen; die verschiedenen Auffassungen bestreiten sich als absolute mit gleichem Recht und Unrecht; die neuentdeckte Wahrheit hemmt zugleich, und fördert die Wissenschaft, je nachdem sie genommen wird, als eine durchgängige oder als eine einzelne.

Die Atomenlehre Dalton's führte das chemische Leben zurück auf gewisse Urkörperchen*).

Wie Kant die absoluten Formen des menschlichen Lebens als absolute Kräfte desselben aufgefasst, in starrer Selbstständigkeit, fasste Dalton gewisse Urkörperchen (Atome) auf, denen er eine sphärische Gestalt, ein verschiedenes Gewicht, unbestimmte Formen der Bewegung beimisst, welchen zufolge sich selbe, in einer gewissen Ordnung aneinanderlegen.

Wie man sieht, begreift Dalton wesentlich als Atome eine allgemeinbestimmte Grösse, welche sich, einer gewissen Ordnung und Folge nach, als Einheit construirt.

Das Mechanische der Dalton'schen Lehre hat Berzelius wohl erkannt. Sie ist allgemeiner als dessen Auffassung; sie ist nicht so tief, nicht so bestimmt als diese. Die Atome des Dalton entsprechen den infinement petits des Cartesius, den Monaden des Leibnitz, minder beseelt jedoch als die letztere Vorstellung.

Allemal war die Dalton'sche Auffassung in ihrer Allgemeinheit einer absoluten Auffassung des Lebens näher getreten, als eine der vorhergehenden gesetzlichen Auffassung desselben. Was ihr an Bestimmtheit gebrach, er-

---

*) A. new System of chemical Philosophy 1808.

**) Neues System der Mineralogie von J. J. Berzelius. Aus dem Schwedischen von Gmelin und Paff. Nürnberg. 1816. S. 57.

gänzte die Lehre des Berzelius. Wenn Mitscherlich sagt: dass kaum ein Gesetz, gewiss keine Theorie sich der Wissenschaft fruchtbar, gleich jener Hypothese erwiesen*), sagt er nicht zu viel; doch ihre Fruchtbarkert bezieht sich wesentlich auf das Gesetz bestimmter Proportionen. Durch dasselbe ward die Grundwahrheit festgestellt, dass hinsichtlich des Quantitativen und des Qualitativen der Verbindung chemischer Naturen ein Gesetzliches walte (der Begriff Proportion nämlich umfasst Beide, Quantität und Qualität); dass Quantität und Qualität als ein Uebereinkommendes das chemische Leben bestimmen, ward dieses an sich als ein zwiefach verschiedenes erfasst, und auf zwei Grundformen, die positiv und negativ elektrische, als gesetzliche in Betreff desselben zurückgeführt.

Die eine und die andere Lehre wurden der Naturwissenschaft nicht fruchtbar ihrer Bedeutsamkeit nach, weil die Chemie, eigentlich eine neue Wissenschaft, sich mehr als andere Wissenschaften auf einzelne Forschungen beschränkte. Sie führte die Atome Dalton's nicht zurück auf deren Ursprung und Urbeschaffenheit. Sie nahm selbe, als unbestimmbar kleine Theilchen, welche mechanisch nicht zu zerlegen sind**). Die Entdeckung einer Menge gesetzlicher Thatsachen in Bezug auf das anorganische Leben führte zu keiner Auffassung des Lebensgesetzes an sich, wiewohl dieses, in Anwendung auf das einfache primitive, elementarische, chemische Leben sich fast in ursprünglicher Reinheit darstellt. Die Wissenschaft hatte wie eine Scheu vor absoluter abstracter Auffassung ergriffen.

*) Lehrbuch der Chemie. Bd. 1. 3te Auflage 390. S. 360.
**) Ebendaselbst 391. S. 362.

11.

Raum und Zeit.

Sich bestimmend durch Aeusserung, stellt die schöpferische Kraft sich räumlich dar; sich bestimmend als ein Geäussertes tritt sie zeitlich auf. Raum ist Bedingung der Zeit, Zeit bestimmt den Raum. Beide sind absolute abstracte Formen des Lebens, somit der Lebensauffassung. Unbedingt muss das Leben räumlich begriffen werden, und zeitlich; Zeit und Raum sind jedoch im Leben und durch das Leben, dieses nicht in ihnen da.

Dass der Raum sich zeitlich darstellt, und die Zeit räumlich, dass beide fort und fort auftauchen auseinander, ineinander untergehen, dass der zeitlichen und der räumlichen Lebenserscheinungen zahllose, nicht nur dem Bilde, dem Begriffe, selbst der Zahl nach das Vermögen menschlicher Auffassung unendlich überbietende sind — dass von diesen Erscheinungen manche, der Verkörperung nach, den Sinnen fasslich, andere dies so wenig sind, als seinem allgemein-bestimmten, abstracten Wesen zufolge, der Raum an sich — dass die einen und die andern Erscheinungen einander auf das Mannigfachste bedingen, bestimmen, sonach begränzen — alle diese Eigenthümlichkeiten des Lebens haben den Begriff von Raum und Zeit mit Dunkelheit nicht, mit Blendung umgeben.

Als Raum wurde das Leben aufgefasst, denjenigen Formen nach, welchen zufolge es sich imponderabel den Sinnen unerfasslich manifestirt; als Zeit wurde dasselbe genommen solchen Erscheinungen nach, wo es auch den Sinnen begreiflich, vollständig, daher bestimmt, erfasst werden kann.

Die Zeit galt für das Leben; der Raum für des Lebens Schauplatz und Einrahmung, für eine uranfängliche, geheimnissvolle Bedingung desselben, welche man in Zusammenhang brachte mit dem Wesen der schöpferischen Kraft.

12.

Zahl.

Als eine allgemeinbestimmte, drückt die Erscheinung des Lebens die Null aus; als eine absolutbestimmte, auf sich selbst in allgemeinbestimmter Erscheinung bezügliche, stellt die Eins sie dar.

Die Zeichen Null und Eins sind Bilder: sie repräsentiren die Lebensbewegung in expansiver, allgemeinbestimmter Vollendung; sie repräsentiren selbe in darauf bezüglicher absoluter Manifestation. Diesem gemäss bestimmt die Eins den Gehalt der Null. Sie vervielfältiget denselben entsprechend ihrer Vervielfältigung. Dass diese Vervielfältigung unbedingt als eine Neunfache auftritt, steht im Zusammenhang mit der absoluten dreifachen Bedingtheit des Lebens, mit seiner absoluten Bestimmtheit solcher zufolge. Nach einer speciellen neunfachen Vervielfältigung stellt das Leben sich unbedingt in durchaus gesteigerter Kraft und vervielfältigter Form, in neuer gesteigerter Einheit dar; so auch als Zahl. Unbestimmbar, wie seine Vervielfältigung in solcher, ist, als eine neunfache progressive, die Vervielfältigung der Null durch die Eins.

Man möchte nach der Form der arabischen Zeichen der Zahl auf eine uralte Auffassung von der Natur des Lebens schliessen, welche darin symbolisch ausgedrückt erscheint, und welche verdunkelt ward, indem sie sich nicht zu einer allgemein menschlichen machen konnte, oder machen wollte.

Eine absolute Einheit ausser der schöpferischen Kraft und Gottheit giebt es nicht. Alle Lebenseinheit ist zusammengesetzt aus Einzelheiten, allgemein-bestimmten und absolut-bestimmten. Ihre Zusammensetzung ist eine äusserliche, einzelne, dadurch werden die irdischen Lebenserscheinungen in aggregativer Einheit dargestellt; oder ihre Einheit ist eine absolute; dadurch werden sie in zusammenhängender bestimmter Folge, in constitutiver, organischer Form als Einheit vermittelt.

13.

Quantität und Qualität.

Quantitativ erscheint das Leben seiner allgemein-bestimmten Wirkungsform nach als Kraft. Qualitativ erscheint dasselbe seiner absolut-bestimmten Wirksamkeit nach als Kraft in einer gewissen Form.

Quantitativ erscheint es, seiner dreifachen primitiven planetarischen Lebensbeziehung auf Sonne, Merkur, Venus zufolge, als absolut dreifach progressiv in Uebereinstimmung und in Einheit bedingt und bestimmt.

Die qualitative Form der Lebenswirksamkeit bezieht sich auf die quantitative: Ohne Kraft des Lebens, keine Form des Lebens; ohne bedeutende Lebenskraft, keine bedeutende Form dieses letztern.

Je reiner die Uebereinstimmung zwischen Kraft und Form: so vollkommener gesetzlich an sich, so gewaltiger, gehaltener, harmonischer ist das Leben.

Im Leben ist Alles formell, selbst das Quantitative, die Kraft des Lebens. Den Unterschied zwischen dem quantitativ und qualitativ Formellen bildet nur das Einzelne, Allgemeine, Unvollendete des Lebens in quantitativer, das absolut Bestimmte, Vollendete desselben in qualitativer Erscheinung.

Dem einen und dem andern zufolge, ist es als ein Einzelnes undeutlich. Nur vervielfältigt in Einheit, stellt es sich vollendet, und somit deutlich dar; denn der erste Moment seiner Vollendung hat es hervorgebracht als Licht.

Dem absoluten Wesen der schöpferischen Kraft, dem Wesen der Lebenskraft als Emanation jener zufolge, ist das Leben in quantitativer Wirkungsform qualitativer Bestimmungen fähig, welche der Mensch beim gegenwärtigen Moment seines Lebens nicht bestimmen kann. Dem absolut dreifach progressiven Correspondirenden der quantitativen Lebenswirksamkeit zufolge, bildet das Leben unbedingt einer dreifachen, correspondirenden, progressiven, qualitativen Bestimmtheit zufolge eine Lebenseinheit, einen Lebensakt, der sich in bestimmter Erscheinung darstellt.

Jene Unbestimmbarkeit der Lebenskraft im Verhältniss zur Auffassung des Menschen macht, dass demselben das Leben in quantitativer Wirkungsform grossartiger, als in qualitativer erscheint.

Es geht damit, wie mit einem Gebirg, so lange dasselbe sich vor uns in duftiger Ferne am Horizont erhebt, und, wenn wir, es ersteigend, es in der Nähe betrachten. Grossartiger zeigt es sich der ersteren Auffassung nach; wir begreifen es, ihr zufolge, auch bestimmt als ein Ganzes, seinen Umrissen zufolge, so allemal undeutlich. Die Beziehungen zwischen den Theilen des Ganzen, diese an sich, Thäler, Hügel, Flächen, Felsen, Wohnsitze, Waldungen, Bäche, alle jene Einzelheiten, aus welchen ein Gebirg sich aufbaut, werden erst im Ersteigen bemerkt.

Die Frage, was grossartiger und herrlicher im Leben, die Kraft oder die Form, läuft darauf hinaus, was grossartiger, die schöpferische Kraft oder die schöpferische Weisheit? welches Menschenkind wagt die eine und die andere zu unterscheiden. Die Kraft bedingt die Weisheit, diese bestimmt die Kraft.

Da alle Lebenskraft Emanation der schöpferischen Kraft, alle Lebensform Bezug hat auf den schöpferischen Lebensgedanken, so ist das Leben in keiner Form absolut klein oder gross. Die Lebenskraft ist als solche unbedingt gewaltig im kleinsten wie im grössten Lebendigen; die Lebensbestimmung ist dieselbe beim Geringsten wie beim Grössten. Der Unterschied liegt in der Beziehung des Lebens; diese aber ist ein Relatives, kein rein Absolutes. So mehr der menschliche Geist aus sinnlicher und bildlicher Beschränkung sich emporarbeitet zu absoluter Auffassung der Dinge, destso mehr verlieren die Begriffe von Gross und Klein für ihn an wesentlicher Bedeutung. Wären diese Vorstellungen nicht relativ, wie viel geringer wäre der Mensch — nicht im Verhältniss zur schöpferischen Kraft, denn das Absolute gestattet keinen Maasestab — im Verhältniss zu einem Lebendigen, das einem grösseren Planeten als die Erde angehört, wie im Verhältniss zu ihm das geringste irdische Leben sein kann!

Darum — durchgängige Ehrfurcht des Lebendigen vor dem Lebendigen. Die absolute Gleichheit alles Lebendigen seiner Beziehung nach zu Gott, seiner Wirksamkeit nach als Seele, Bewegung, Verkörperung, überwiegt unbedingt die absolute Verschiedenartigkeit der speciellen Form seines Lebens.

Diese Verschiedenartigkeit beruht auf des Lebendigen Lebenskraft; seine Lebenskraft wird gesteigert mittelst der Vervielfältigung der Form seines Lebens; die Vervielfältigung der Form seines Lebens hat eine zwiefache Bezüglichkeit. Ein Mal steht sie im Zusammenhange mit der Gesetzlichkeit der Beziehungen seines Lebens. In dieser Hinsicht ist sie in die Willkür des Lebendigen gestellt; ihm steht keine absolute Freiheit ausser einer gesetzlichen zu. Alle sonstige Freiheit desselben ist quantitativ, ist Gewalt; an sich ein Unvollständiges, Mangelhaftes. Es ist

Dummheit beim Menschen, zu prahlen mit absoluter Freiheit und Kraft; absolut stark kann nur Gesetzlichkeit ihn machen. Durch sie vermag ein relativ schwaches Lebendiges in kürzester Frist sich stärker zu gewältigen als das relativ stärkste. Wie schön hat die Kunst diese Wahrheit, und auf wie verschiedene Weise hat sie selbe verbildlicht! — Durch Beziehung auf das Aeussere steigert dann ferner das Lebendige seine Kraft. Diese Beziehung ist zwiefacher Art: Es steht zu sich selber als ein ihm Aeusseres in specieller und allgemeiner Beziehung; auch diese Beziehung ist wesentlich in seine Willkür gestellt; durch sie vervielfältigt es die Form und steigert die Kraft seines Lebens, absolut der absoluten Bedeutsamkeit beider entsprechend. Es steht in Beziehung zu der ihm rein äusseren Lebenserscheinung. Hinsichtlich der letzteren Beziehung findet allerdings eine äussere Bestimmung, ein Zufälliges, eine Gnadenwahl Statt, ein Fatum, ein Fatalismus. Sie ist's, die wir unter den Benennungen Glück und Unglück begreifen.

Absolut lebendig aber geht das Lebendige mit dem Aeusseren und mit sich selbst als ein ihm Aeusseres unablässig Beziehungen ein, vervielfältigt seine Form, steigert durch deren Vervielfältigung seine Kraft, sei's, minder wirksamer, demselben seine Form ertheilend, unter dieser modificirt und vervielfältiget der Form desselben entsprechend; sei's, sich fortsetzend in verringerter selbstständiger Wirksamkeit.

Wer kann uns sagen, wie gross und erhaben über kurz oder lang dieses oder jenes Lebendige im Verhältniss zu einem andern erscheinen werde, im Verhältniss zu welchem es heute als das geringste erscheint? Wer hat Gewalt über die äusseren Bedingungen, von denen dies zum Theil abhängt?

Daher auch der eingeborene Widerwille der Seele gegen Hochmuth, gegen absolute Bevorrechtung, gegen Despotismus und alle Gewalt ausser jener absoluten göttlichen des Gesetzes.

14.

Gewicht und Maass.

Das Gewicht giebt den absoluten Gehalt des Lebens als einen allgemein bestimmten, das Maass giebt ihn als einen absolut bestimmten kund. Beide kommen überein mit Quantität und Qualität; wie die Zahl zu Raum und Zeit, verhalten sie sich zu jenen letzteren.

Maass und Gewicht correspondiren unbedingt und sind unbedingt verschieden. Dem Gewichte nach lassen sich keine so einfachen Verhältnisse hinsichts der Vereinigung von zwei chemischen Körpern zu einem dritten, als durch das Maass ermitteln *). Das allgemein bestimmte Wesen der Bestimmungen durch das Gewicht bringt dies mit sich. Ueberhaupt aber sind die Bestimmungen durch Maass und Gewicht nur aproximativ.

Bei der absoluten Lebendigkeit des Lebens, der imponderabeln Verkörperung, unter welcher dasselbe seinen Grundformen nach wirkt, und indem es allen seinen Erscheinungen nach zu diesen Grundformen in Beziehung steht: verändert es fort und fort seine Kraft, seine Form. Wie dicht ein Körper eingeschlossen werden mag, Wärme, Kälte, Licht, Elektrizität dringen durch Metall, Glas, Thon, und ihre flüchtige, rastlose Lebendigkeit wartet nicht auf unsre langsamen sinnlichen Auffassungen und Bestimmungen.

Dem fortwährenden Uebergange des Flüchtigen in das

*) Mitscherlich's Lehrbuch der Chemie. Th. 1. 3te Auflage. 384. S. 351.

Flüssige, dieses letzteren in das Feste und so fort, der fortwährenden chemischen Veränderung der einzelnen Partikelchen bei der organischen Lebensverkörperung zufolge, sind hinsichts der Zusammensetzung dieser, und dem Verhalten des Einzelnen zum Einzelnen bei derselben, überhaupt keine Bestimmungen durch Gewicht und Maass möglich. Ebenjener Ursach möchten wir den Umstand zuschreiben, dass die Daguerrotypbilder von organischen Körpern weniger Bestimmtheit der Umrisse und Formen als die von anorganischen Körpern zeigen.

Durch reine Verstärkung der Lebenskraft wird das Gewicht der Körper gesteigert, deren Maass vergrössert, so lange diese Verstärkung nicht deren wesentlichen Kraftgehalt, wie derselbe, durch deren Form bestimmt diese bedingt, als einen dreifach progressiv in Uebereinstimmung und in Einheit bestimmten überwiegt. Nächstdem ist damit Verflüchtigung, Verflüssigung, Krystallisation ihrer Verkörperung verbunden. Im letzten Falle verlieren sie an Maass, was sie an Kraft gewinnen, und die Grösse der Form wird durch Vervielfältigung der Form vertreten.

15.

Die Formen der Lebensbewegung.

Der Formen der Lebensbewegung ist im Abschnitt von den allgemeinen Grundformen des Lebens ziemlich ausführlich Erwähnung geschehn.

Die einfache, impulsive, verticale Form einer solchen bringt durch rein quantitative Steigerung sich als eine zwiefache verticale und horizontale in Uebereinstimmung und in Einheit, als eine oscillatorische hervor.

Als eine zwiefache einzelne stellt die impulsive Bewegung, der dreifachen quantitativen Bedingtheit des Lebens gemäss, sich in dreifacher Progression und Form dar, als Her- und Hin-, Pendelbewegung, Pendelschwung, als mechanische Thätigkeit. So tritt sie in Beziehung auf quantitative Steigerung, und derselben entsprechend, als spiralförmige Bewegung auf.

Die chemische Bewegung umfasst diese sämmtlichen Formen, und stellt sich im Zusammenhang mit denselben und in Bezug auf sie als eine kreisförmige dar. Allemal bleibt beim chemischen Leben die Kreisform unvollständig; der Linie untergeordnet oder bezüglich auf die Linie als eine vervielfältigte tritt sie auf. In Bezug auf seine dreifache, progressive, quantitative Bedingtheit, erscheint das chemische Leben in entsprechenden Formen, die wir mit einer veralteten Benennung hier als Säure, Base, Salz, bezeichnen wollen.

Die organische Bewegung bezieht sich auf die chemische als eine zwiefache entsprechende und verschiedene. Beim organischen Leben tritt der Kreis als Grundform auf, und stellt sich so in doppelter Erscheinung, in flüchtiger, flüssiger, fester Verkörperung als in einer, in rein flüchtiger oder geistiger Verkörperung dar. Das organische Leben umfasst alle Formen der irdischen Lebensbewegung.

Ihrer rein quantitativen Bestimmung zufolge manifestirt die Bewegung sich als Ungestüm oder als Trägheit. Einer zwiefachen entsprechenden und verschiedenen quantitativen Bestimmtheit zufolge stellt sie sich als Haltung dar. Wird sie einer der zwei Bestimmungen nach, welche ihr diese Form ertheilt, verstärkt, erscheint sie, einer solchen Verstärkung entsprechend, als Schwung im Bogen, als vollständiger Kreisschwung, als ein solcher im Einzelnen, so wie vervielfältigt in Einheit, als spiralförmige Bewegung.

Jeder Körper, der fällt, nimmt, während er fällt, successive die erwähnten Formen der Bewegung an. Keiner fällt in gerader Linie zur Erde; denn jedem sind sie in der angegebenen Folge wesentlich eigenthümlich, und jeder steht ihnen zufolge in Beziehung zum irdischen planetarischen Leben. Das Fallen aber ist der Akt allgemeiner Beziehung eines speciellen Lebens in reiner Bewegungsform zum irdischen planetarischen Leben. Da das specielle Leben in solcher unbedingt minder wirksam als das allgemein planetarische Leben ist, muss dieser Akt dasselbe nothwendig in dessen Form übertragen. Ein Bewusstsein hievon wohnt dem organisch Lebendigen bei; darum scheut dies durchweg zu fallen. Für eine specielle Manifestation dieses Bewusstseins halten wir den Schwindel.

Der primitive irdische Lebensakt hat alle Formen der irdischen Lebensbewegung bedingt. Rein impulsiv erscheint letztere dem ersten Moment desselben zufolge, wo die irdische Lebensthätigkeit noch einzeln, als Emanation der Sonne wirkt. Als eine zwiefache impulsive bringt sie sich dem zweiten Momente nach hervor, wo die Emanation des Merkur in Beziehung zu jener der Sonne tritt. Als Her- und Hin-, Pendelbewegung, Pendelschwung, stellt sie sich dem dritten Momente nach dar, wo sich zu beiden Emanationen die Emanation der Venus gesellt. In unvollständiger Form als eine kreisförmige, in Spiralform, erscheint sie ihrem ersten contrahiven Momente nach; in solcher vollständigen Form, noch nicht vollkommen unter derselben, in elliptischer Form, vermittelt sie der Schluss ihrer contrahiven Wirksamkeit, der Moment, welcher sie hervorbringt, als Licht. In reiner Form als Kreis stellt das irdische Leben erst seine fortgesetzte Thätigkeit in Bezug auf sich selber dar.

Alle Formen der irdischen Lebensbewegung sind Expansion und Contraction, einzeln, in Uebereinstimmung, in Einheit. Nichts kann das Lebendige thun, das es nicht in solcher Form vollbrächte. Sein Ernährungsleben, sein Reproductionsleben, seine materielle Bewegung als Stehen,

Gehen, Langen, Fassen, Halten, seine Sinnenthätigkeit, sein geistiges Leben sind nur jene eine Form der Bewegung. Durch sie ist die Natur in ihrer wundarbaren Mannigfaltigkeit und Schönheit hervorgebracht; durch sie sind alle herrlichsten Kunstwerke entstanden; alle Thaten geschehn, die uns mit Bewundrung erfüllen. Ihre Einfachheit ist das grösste Wunder der göttlichen Macht und Weisheit, das der Mensch begreift.

Mit der expansiven und contrahiven Form des planetarischen Lebens als einer speciellen stehen Tag und Nacht, mit derselben als eine allgemeine Frühling und Sommer, Herbst und Winter in Verbindung

Hinsichtlich des organischen Lebens bedingt jene Grundform der irdischen Lebensthätigkeit eine dreifache Erscheinung: Ruhe, Schlaf, Tod.

Das organische Leben ruht, wenn es einzelnen Momenten seiner Thätigkeit zufolge, in Beziehung zu sich selber tritt. Es schläft, wenn es seinen Momenten nach in bestimmter Allgemeinheit sich auf sich selber bezieht. Es stirbt, sobald es allen seinen Momenten nach in Beziehung zu sich selber trat.

Ebenjene Beziehung zur Luft, wodurch es als ein hyperchemisches bedingt ward, als ein solches sich auslebte zu organischem Leben, Respiration als Moment der Ernährungsthätigkeit als eigentliches Athmen, so wie in allgemein bestimmter Form durch die Poren, vermittelt den Unterschied zwischen Schlaf und Tod. Dieser einzige luftige Faden erhält den Zusammenhang des organischen Lebens an sich, dessen Bezüglichkeit auf sich selbst, er erhält dessen Zusammenhang mit dem irdischen planetarischen Leben.

Mit beiden Formen der Respiration steht die Erscheinung des Traumes in Verbindung; vollständig wird durch sie dies geheimnissvolle Lebensphänomen erklärt.

Als eigentliches Athmen vermittelt die Respiration die

organische Bewegung in hyperchemischer Form, unter ihren drei Manifestationen als Bewegung, Ernährungsthätigkeit, Reproduction.

Durch das Athmen werden dem organischen Leben als Ernährung und Bewegung, auch während des Schlafes, fort und fort Formen, demnach Modalitäten, demnach Aperceptionen des Aeussern zugeführt; seiner Beziehung nach auf beide Thätigkeiten hat das Reproductionsleben an diesen Modalitäten und Formen Theil.

In allgemeinbestimmter Form vermittelt die Respiration die Nerventhätigkeit als eine absolute; bedingt sie das Leben des Gehirns. Durch den Akt der Respiration in solcher Form werden die Auffassungen, welche das organische Leben während des Schlafes vermöge des eigentlichen Athmens überkommen, in die sinnliche Auffassung, in die bildliche, in die logische Auffassung übertragen; es werden letzteren auch unmittelbar Aperceptionen des Aeussern mitgetheilt.

Solches bedingt die Erscheinung des Traumes.

Ihrer Beziehung nach auf einen organischen Lebensakt, der sich unbedingt in flüchtiger Form verkörpert, haben jene Aperceptionen an sich etwas Schattenhaftes. Sie haben etwas allgemein Bestimmtes, Undeutliches, dem Einzelnen der Thätigkeit zufolge, womit sie in Verbindung stehen, dem Mittelbaren ihrer Wirkung zufolge. Sie haben etwas Mangelhaftes, indem sie nur auf einen Moment der organischen Lebensthätigkeit, deren Beziehung zum Aeussern diesem einen Momente nach beruhn. Durch den mangelnden Antheil des Gesichts erhalten sie etwas Dunkles: nie sind die Traumbilder vollkommen bestimmt und licht. Der mangelnde Antheil des Geschmackes macht, dass man im Traume nicht schmeckt; eben so wenig hört, fühlt, riecht man im Traume: geschieht es, so bezieht sich dies auf einen zufälligen unmittelbaren Antheil der letzteren Sinne an den Traumvorstellungen. Ihrem flüchtigen Wesen nach ertheilen die Aperceptionen, welche das organische Leben während seines Schlafes durch seine Respirationsthätigkeit unter der einen und der andern ihrer Formen erhält, den Traumvorstellungen, sofern sie die Thätigkeit der Bewegung betreffen, etwas Absolutes: daher die Fähigkeit im Traume, nicht nur wiederholt und ohne Schwierigkeit von ungeheuren Höhen herabzusetzen, sondern auch zu fliegen, zu schweben.

Weil das organische Leben während des Schlafes vollständig sich nur in Bezug auf sich selber, nicht auch in Bezug auf das Aeussere bestimmt, ist jenen Aperceptionen etwas Zufälliges eigen, unter Umständen etwas Heterogenes. Sie werden durch die Lage bedingt, worin die Beziehung der organischen Thätigkeit auf selbst den Körper zurückliess, die er während des Schlafes annahm, durch die Luft, welche denselben während der Dauer dieses letzteren umgab. Sie werden modificirt durch momentane Zustände der Bewegungsthätigkeit, der Thätigkeiten der Ernährung, der Reproduction, des Gedankenlebens. So haben die Traumbilder auch etwas Unzusammenhängendes, Heterogenes.

Dem Schattenhaften, Unvollständigen zufolge, das ihnen eigen, gehen sie oft gar nicht über in die bildliche, in die logische absolute Auffassung, oder verschwinden spurlos wieder aus derselben. Dieses geschieht zumal, wenn die Beziehung des Lebens auf sich selbst, die sich als Schlaf kund giebt, tief und vollständig ist; daher der traumlose Schlaf der Jugend, der Gesundheit, nach angestrengter Arbeit, bis zur Mitte der Dauer eines solchen. Menschen, deren Gedankenleben überhaupt nicht lebendig oder stark ist, träumen weniger.

Bei der allgemeinen Beziehung des organischen Lebens auf sich selber im Schlafe, und indem dasselbe absolut auf den Akt Beziehung hat, dem zufolge es während dieses Zustandes zum Aeussern in Beziehung bleibt, nehmen die Traumvorstellungen andererseits auch einen rein absoluten Charakter an. Das Bewusstsein des organischen Lebens von sich selber ist intensiver und reiner indem keine Auffassungen des Aeussern ihm vielartige oder bedeutende Modalitäten ertheilen; die logische und bildliche Thätigkeit wirken unzerstreuter, ungebundener. Damit bringen wir das Tiefironische und Vorschauende gewisser Träume in Zusammenhang, die erhöhte Fähigkeit und Fertigkeit des Wesens im Traum. Da das Selbstbewusstsein eine Erkenntniss der Unfähigkeit absoluter Thätigkeit des Wesens in Bezug auf das Aeussere während des Schlafes umfasst, werden die Traumvorstellungen auch dadurch modificirt; und so erscheint in Bezug auf das Aeussere die Thätigkeit im Traume meist unvollständig.

Die logische Thätigkeit verändert, vervielfältigt in Bezug auf einander und auf frühere Auffassungen des organischen Lebens, die bildlichen Vorstellungen, unter welchen die Aperceptionen, welche dasselbe während seines Schlafes aufgenommen, sich darstellen, entwickelt aus ihnen, und in Bezug auf sie ein phantastisches Leben. Der Akt der Bildlichkeit vertritt in Bezug auf sie die wirkliche Lebenserscheinung: so ist den Träumen unbedingt auch ein symbolisch-phantastischer Charakter eigen.

Und so lebt das Lebendige im Schlaf ein höheres zugleich und ein mangelhaftes Leben.

Nehmen die Traumbilder eine absolute Bedeutsamkeit an, bestimmen sie mit entsprechender Gewalt das organische Leben, bestimmt es daher auch zur Beziehung auf das Aeussere. Seiner allgemeinen Beziehung auf sich selbst kann dadurch eine entgegengesetzte Richtung ertheilt werden; sein Schlaf endet, es erwacht. Aus gleicher Ursache können äussere Einwirkungen dem Schlaf ein Ende machen.

Gegen den natürlichen Schluss dieses Zustandes, wo

die organische Thätigkeit durch sich selbst, in Gemässheit ihres Bewusstseins von ihrer Stärke, der ihr zum Grunde liegenden Kraft und der Uebertragung derselben in Form, zu Beziehung auf das Aeussere bestimmt wird; die Respiration durch die Poren sich bereits als ein allgemeinbestimmtes, undeutliches Gefühl kund giebt; das Ohr schon Laute, Klänge, das Allgemeine, noch nicht das Specielle, Harmonie, Melodie, Wort auffasst; durch die durchsichtige Decke des Augenliedes das Gesicht schon Licht, noch nicht Farben und Formen erblickt; nehmen die Auffassungen der Sinne Theil an den Traumvorstellungen, und diese erhalten dadurch mehr Bestimmtheit, Mannigfaltigkeit, Zusammenhang.

Büssen sie deswegen nichts von ihrem absoluten Wesen ein, steigert sich dessen Bedeutsamkeit. Hierauf beruht wohl die Vorstellung, dass den Morgenträumen etwas Prophetisches eigen.

Ohne Zurückführung des organischen Lebens auf seine wesentlichen Bezüglichkeiten ist keine vollständige Erklärung des Traumlebens möglich.

Man hat dasselbe auf die Respiration bezogen; nur im Allgemeinen, ohne die zwei Formen dieser organischen Thätigkeit und deren eigenthümliche Functionen zu unterscheiden. Man hat ihm eine Beziehung auf die Bilder ertheilt, welche beim Einschlafen auf der Retina schwimmen. Man hat ihm einen übernatürlichen symbolischen Character beigemessen, und auf geistreiche Weise albern, damit Bände angefüllt.

Alles organische Leben schläft und träumt im Schlafe. Dass schlafende Felder und Wälder nicht nur eine poetische Metapher sind, lehrt der Augenschein. Wer hat nicht das Zusammenfalten der Blätter, ihr Aneinanderlegen, wie Brust an Brust zum Schlafe, das Sichschliessen der Blumenglocken Abends auf Wiesen und in den Feldern bemerkt, das Sichüberlassen der Bäume und schlanken Gesträuche der Bewegung der Luft? — Da der Pflanze selbstständige Lebendigkeit zukommt, expansive und contrahive Bewegung als ein auf sich selbst bezüglicher Akt; da ihr Nerventhätigkeit, Ernährung, Reproduction und Bewegung in körperlicher, wie in flüchtiger Manifestation, der letzteren zufolge, als Auffassung zusteht, kann man nicht ein Mal der Pflanze ein, wenn auch noch so leises, dunkles Traumleben absprechen.

Beim Thier ist ein solches Leben unverkennbar.

Der Traum der Pflanze muss der vegetabilen Lebendigkeit, der Traum des Thiers der animalen entsprechen.

Indem das Nervenleben durch organische elektromagnetische Thätigkeit bedingt wird; das organische Leben dabei auf zwiefache Weise thätig ist, eines Theils in chemischer Form, als Leiter elektromagnetischer Strömungen, andres Theils in Form dieser Strömungen selbst; da es in dieser letzten Form in Beziehung zum primitiven Leben sich als Bewegung in rein flüchtiger Verkörperung in contrahiver Form, als Auffassung manifestirt: kann das gesammte organische Leben durch unverhältnissmässige Gewalt seiner Lebendigkeit in elektromagnetischer Wirkungsform, sei diese vermittelst dessen Schwäche in chemischer Wirkungsform, der zufolge es als Leiter solcher elektromagnetischen organischen Strömungen dient, oder durch unverhältnissmässige Gewalt derselben an sich bedingt, ganz und gar in eine contrahive Wirkungsform, und zu absoluter Thätigkeit in der Form als Auffassung bestimmt werden. Auch die relative, sinnliche, instinctartige, affinitive Form der organischen Auffassung nimmt in diesem Fall einen absoluten Character, gleich der logischen an, der gesammte Zustand stellt sich dar als Schlaf.

So erklärt sich der Somnambulismus, das Hellsehen während dieses Zustandes; so auch, wie eine Beziehung der organischen Thätigkeit zur magnetischen ein wesentliches Heilmittel sei.

Allemal ist bei dessen Anwendung zu unterscheiden: ob eine Regellosigkeit des Nervenlebens mit dessen Thätigkeit als ein chemisches in Zusammenhang stehe, damit, dass selbes als Leiter elektomagnetischer Strömungen seiner Function nicht genügt, oder damit, dass die elektoorganische Thätigkeit in Form dieser Strömungen selbst, ihrem allgemeinen quantitativen Gehalt unverhältnissmässig wirke? —

Beim gegenwärtigen Moment der menschlichen Entwickelung, dem wesentlichst bildlichen, analogisch combinativen der menschlichen Auffassung, ist mit Sicherheit nur der anorganische Magnetismus als Heilmittel zu gebrauchen. An sich schwächer als der organische, wird er von diesem im Allgemeinen in dessen Form übertragen. Sein allgemeinbestimmtes anorganisches Wesen entspricht im Allgemeinen dem absolutbestimmten Wesen des organischen. Bei diesem, dem thierischen Magnetismus, lässt sich dasselbe nicht mit Gewissheit sagen. Er bedroht die organische Lebendigkeit, zu der er in Beziehung gebracht wird mit Modalitäten, welche nicht zu berechnen sind, und die ihr wesentlichstes Leben betreffen.

In Bezug auf das Aeussere vervielfältigt das Leben die Form seiner Wirksamkeit; in Bezug auf sich selbst steigert es deren Kraft ihrer vervielfältigten Form entsprechend, vollendet die Vervielfältigung letzterer als eine intensive, verändert ihr entsprechend die Form seiner gesetzlichen Bestimmung seiner selbst.

Daher tritt nach dem Schlafe das Leben wieder wie neubeseelt auf. Der Schlaf ist eine Rückkehr desselben, wenn auch nicht zu Gott, doch zu reinem göttlichen, gesetzlich bestimmten Seyn.

„Der heilige Schlaf!“ sagt Shakespear.

Das Lebendige stirbt, wenn es allen seinen Akten oder Momenten nach in Beziehung zu sich selber tritt. Der organische Lebenszusammenhang wird dadurch absolut aufgelöst. Indem derselbe durch das Respirationsleben vermittelt wird, hat das Aufhören dieser den Tod augenblicklich zur Folge.

Indem die organische Thätigkeit als eine hyperchemische sich auf das chemische und auf das elementarische Leben bezieht, steht sie in absoluter Beziehung zum Leben unter diesen Formen. Da das Leben nach seiner Vollendung in bestimmter Form unter derselben sofort wieder expansiv auftritt: setzt das organische Leben sich nach seiner Vollendung und Auflösung als ein solches in Beziehung zum chemischen und elementarischen Leben, in dadurch vermittelter Beziehung zum primitiven Leben fort. Solches ist die Unsterblichkeit der Materie. Ihr entspricht die Vorstellung der Hölle. Mit der Lebendigkeit in diesen Formen ist eine Verdunkelung der Vorstellung von der Gottheit verknüpft, die das organische Leben bedingte; eine Entfernung von der Gottheit wird dadurch bedingt. Unter den gedachten untergeordneten Formen lebt das Lebendige sich wieder aus zu einem solchen Begriff; allen Schmerzen, allen Qualen aber, welche mit rein quantitativer, mit sinnlicher, mit bildlicher, mit logischcombinativer Auffassung und Bestimmung des Lebens verknüpft sind, dem Irrthume, dem Unrecht ist es auch wieder unterworfen.

In elektromagnetisch-organischer Wirkungsform; seiner Beziehung nach unter solcher zum primitiven Leben, wodurch es hervorgebracht ward, als Bewegung in flüchtiger körperlicher Manifestation, als Geistesthätigkeit, befand das Leben sich in dadurch vermittelter Beziehung zum allgemeinen planetarischen Leben. Eine Fortdauer desselben in jener Form; eine Beziehung desselben zu letzterem, als Form solcher Fortdauer, müssen wir annehmen. Wir begreifen diese

Fortdauer nicht vollständig, weil wir das planetarische Leben und dessen Zusammenhang mit dem irdischen Leben nicht vollständig begreifen.

Eine dritte Form der Fortdauer des organischen Lebens nach seiner Auflösung als ein solches bezieht sich auf dessen Wirkungsform als gesetzlich durch sich selbst bestimmte Kraft, als Seele. In dieser Form der Wirksamkeit ist das Leben unablöslich von der schöpferischen Kraft, fähig der unmittelbaren Rückkehr zu Gott. Eine solche Rückkehr aber setzt unbedingte Gesetzlichkeit desselben voraus: nur das Absolute, rein Göttliche, kann zurückkehren zur Gottheit.

Und so kann es von Christus heissen: er sitze zur Rechten Gottes, von dannen er kommen werde, zu richten die Lebendigen und die Todten. Der schöpferische Lebenswille, das Gesetz des Lebens, war verkörpert in seiner Person, in seiner Lehre, seiner Offenbarung; absolut identisch war es mit ihm. Jenes Gesetz aber liegt allem Urtheile, allem Gericht zum Grunde. Und so auch kann kein Mensch zu Gott, als durch Christus gelangen, richtet Christus die Lebendigen und die Todten. Ob dabei ein Zusammenhang walte, welcher der menschlichen Vernunft unerfasslich ist, und welcher Art derselbe sei, kann diese nicht bestimmen; weil der Mensch, ein absolut speciell Bedingtes und Bestimmtes, nicht das allgemeine Absolute, nicht das rein Absolute, die Gottheit, zu begreinfe vermag.

16.

Formen der Lebensverkörperuug.

Wir haben die Lebensverkörperung auf die Lebensbewegung bezogen; nicht nur auf diese, auch auf die dreifache Emanation der Sonne, des Merkur, der Venus, wodurch wir das Leben als bedingt erachten. Diese Emanationen bilden den Stoff, woraus die irdische Lebensbewegung die Lebenserscheinung gestaltet; in dreifacher allgemeinbestimmter, in zwiefacher absolutbestimmter Form.

In primitiver, anorganischer Lebenswirksamkeit umfafst die Bewegung sämmtliche irdische Formen einer solchen einzeln und in Einheit.

Mit der impulsiven Bewegung bringen wir die flüchtige Form der Verkörperung in Zusammenhang; mit der mechanischen die flüssige, mit der chemischen die feste. Auf die erstere beziehen wir die Linie als eine verticale und horizontale einzelne; auf die zweite die Linie als eine vervielfältigte in Bezug auf sich selber; die Linie in der Form als Bogen, Halbkreis, Spirale.

Das primitive Leben stellt sich unbedingt in flüchtiger Verkörperung dar. Das Flüssige und das Feste treten bei demselben noch unvollständig, als Modalitäten des Flüchtigen auf. Wir nehmen also ein flüchtiges Flüssiges und Festes wahr; so wie wir ein festes Flüssiges oder vielmehr ein fixirtes Flüssiges, in der Erscheinung des Quecksilbers wahrgenommen. Als absolute Formen des Flüchtigen sprechen wir die Wärme, unter ihren sämmtlichen Manifestationen als solche an; als flüchtige Form des Flüssigen Wärme und Kälte in wechselseitiger Beziehung; als flüchtige Formen des Festen positive Elektrizität, negative Elektrizität, Magnetismus, Licht.

Das elementarische Leben stellt die drei allgemeinbestimmten Formen der Verkörperung in absolutbestimmter Folge, in einzelner Erscheinung dar.

Das chemische Leben bringt sie auch in allgemeiner Erscheinung, als selbstständige Formen hervor: das Flüchtige in der Erscheinung als Luft, das Flüssige in der Erscheinung als Wasser, das Feste in der Erscheinung von Erde, Metallen, Halbkrystallen und Krystallen der Erden und der Metalle.

Der Beziehung welche wir der flüchtigen Form der Verkörperung ertheilt, entspricht die Wirkung der impulsiven Bewegung in jeglicher Beziehung und Form; eine vervielfältigende, in Einzelnen, wie in Einheit; demnach eine zerstreuende, den räumlichen Bereich erweiternde.

Auf die impulsive Bewegung, als eine correspondirende, entsprechende und auf entsprechende Weise verschieden, durch sich selbst absolut bestimmte mechanische, beziehen wir die flüssige Form der Verkörperung. Flüssigkeit beruht, nach Link, nicht auf Cohäsion, sondern auf Gleichheit der Anziehung zwischen den Theilchen der Körper*); durch mechanische Bewegung, wird eine solche bedingt. Der Umstand, dass die mechanische Thätigkeit das Feste nicht in flüssiger Verkörperung darstellt, bildet keine Einwendung gegen diese Annahme. Das Feste, bezüglich auf absolutbestimmtes, expansives und contrahives correspondirendes, auf chemisches Leben, lässt durch mechanische Thätigkeit, an sich eine minder wirksame Form der Bewegung, als diejenige, welche dem Festen zum Grunde liegt, sich nicht unbedingt in deren Form übertragen.

Auf expansive und contrahive correspondirende absolutbestimmte Bewegung das Feste zu beziehen, wird zunächst durch die Wirkung der impulsiven Thätigkeit in der Form als Druck gerechtfertigt, in welcher Form selbe, in Beziehung auf eine gleiche Gegenwirkung, das Flüchtige fest darstellt; es wird durch die Wirkung einer solchen Thätigkeit in jeglicher Beziehung gerechtfertiget. Als eine einzelne stellt jene Bewegung das Feste, rein als ein solches, in allgemeinbestimmter Erscheinung dar; als eine vervielfältigte in Uebereinstimmung bringt sie es in be-

*) Poggendorff's Annal. der Physik und Chemie. 1834. Bd. 51. Nr. 38. LXXXVIII. Link. Ueber Capillarität.

allgemeinbestimmter Erscheinung, krystallinisch zuwege; als eine vervielfältigte in Uebereinstimmung und in Einheit stellt sie es in reiner Krystallform dar.

Der absoluten dreifachen Bedingtheit des Lebens gemäss ist dem Flüchtigen eine dreifache Modalität eigen: ihr zufolge tritt dasselbe transcendental, imponderabel, gasoder luftförmig auf.

Eben eine solche Modalität kommt dem Flüssigen zu. Es erscheint in Bezug darauf dampfartig, dünnflüssig, dickflüssig. In der letzten Erscheinung stellt es sich dann wieder zwiefach bedingt dar: schleimig und ölig. Auf die mechanische Bewegung, als eine zwiefache impulsive und und repulsive durch sich selbst in Uebereinstimmung einem verdoppelten Gehalte nach bedingte, beziehen wir die erste; auf selbe als eine absolute, einem verdreifachten Gehalte nach bedingte, die zweite dieser Formen des Dickflüssigen. Mit dem letzteren bringen wir die Erscheinung in Verbindung, dass Oel die Bewegung des Wassers beschwichtigt. Die Natur der Bewegung, womit es im Zusammenhange steht, ertheilt dem Oeligen unbedingt den Character der Haltung. Das Dünnflüssige oder Wässrige, bezüglich auf eine mechanische Bewegung verhältnissmässig von geringerer quantitativer Bedeutsamkeit, muss bei Beziehung zum Oeligen, dem Gesetze des Lebens gemäss, dessen Form und Charakter der Haltung annehmen.

Der dreifachen Modalität des Festen ist bereits Erwähnung geschehen.

Das Dampfartige ist die Form, unter welcher das Flüssige zum Flüchtigen in Beziehung steht; das Schleimige und Oelige vermittelt dessen Uebergang zum Festen. An den Granitbetten der Gebirgsströme bildet sich ein solcher Ueberzug, er bekleidet Felsstücke die aus ihnen emporragen.

Wir haben hinsichts der primitiven expansiven allgemeinbestimmten Thätigkeit des Lebens eine Manifestation als Wärme aufgefasst; eine Manifestation als Kälte hinsichts dessen allgemeinbestimmten contrahiver Wirkungsform. Erwägen wir Wärme und Kälte, Bewegung in Beziehung zum Flüchtigen, Flüssigen, Festen, so wird sich bestätigen, dass Wärme die Grundform des Lebens ist, dass die drei allgemeinbestimmten Formen der Verkörperung wirklich die ihnen zugetheilten Beziehungen auf die Bewegung haben.

Die flüchtigen, gasförmigen Körper unterliegen bei Beziehung zur Wärme einer Ausdehnung, welche gleich ist, bei gleichen Graden der Steigerung der Temperatur, alle Grade hindurch einer solchen; hinsichts der permanenten Gase, die übrigens jene Bezeichnung nicht unbedingt verdienen, da sie, wie Faraday erwiesen, durch Compression, welche sie verhindert, die flüchtige Form anzunehmen, flüssig dargestellt werden können, 0,375 ihres ursprünglichen Belanges beträgt. Bei Alkohol und Aether finden andere Beziehungen Statt: beide sind flüchtige Körper, welche schon mit vervielfältigten Formen des Lebens in Verbindung stehen.

Unterm Drucke steigt die Spannkraft der flüchtigen Körper im umgekehrten Verhältniss zu dessen Gewalt und sie entwickeln während desselben ungemein viel Wärme. Die brennbaren Gase werden fest unterm Druck, und stellen sich in Form dünner Schichten dar. Brewster ist gelungen, Gas durch Druck rothglühend zu machen, es zu verdichten zu Schwärze und zu völliger Undurchsichtigkeit. Bei Beziehung zur Kälte, Wärme in contrahiver Wirkungsform, mit andern Worten, bei verringerter Temperatur, gehen die Gase aus der flüchtigen Form in die flüssige über; durch Druck allein nehmen sie diese Form nicht an. Allein durch Kälte wird das Ammoniakgas flüssig.

Den Dampf betrachten wir als eine Modalität des

Flüssigen, nicht als einen wesentlich flüchtigen Körper. Dieser Annahme legen wir den Umstand zum Grunde, dass der Dampf keine allgemeinbestimmte Spannkraft, wie die Gase besitzt, sondern eine absolutbestimmte Spannkraft, wie die Beziehung des Flüssigen auf mechanische Bewegung es mit sich bringt.

In Bezug auf das Wasser, den Repräsentanten des Flüssigen, hat Biot die Spannkraft des Dampfes in der folgenden Formel ausgedrückt:

$$\text{Log}:F = \log:30 + an + bn^2 + cn^3.$$

Auch die Ausdehnung des Flüssigen wächst, wie jene des Flüchtigen, gleich, bei gleicher Beziehung desselben zur Wärme. Der Grad von Wärme aber, der bedingt wird, das Flüssige in die dampfartige, und flüchtige Form zu übertragen, ist verschieden in Gemässheit der Beschaffenheit des Flüssigen. Gewisse flüssige Körper gehen fort und fort aus der flüssigen Form in die flüchtige über: so das Wasser. Andere bedürfen einer bestimmten Beziehung zur Wärme, diese Beziehung ist verschieden bei verschiedenen Flüssigkeiten. Während das Flüssige in die flüchtige Form übergeht, dehnt es sich unregelmässig aus; im Allgemeinen aber wächst seine Ausdehnung, nach Maassgabe, als es mehr flüchtiger oder mehr fester Beschaffenheit ist. Gewissen Flüssigkeiten ist ein Maximum von Dichtigkeit eigen, so, dass bei Beziehung derselben zur Wärme, statt der Ausdehnung, Zusammenziehung erfolgt: wir möchten sie als absolut flüssige Naturen bezeichnen, die, mittelst gesteigerter Lebenskraft durch eine solche Beziehung, die Fähigkeit erlangen, sich in fester Verkörperung zu vollenden und darzustellen. Nach Maassgabe als die flüssigen Körper dichter oder minder dicht sind, entwickeln sie bei Beziehung zur Wärme mehr und minder Dampf und Gas im Dampfe. Wird das Flüssige bis zu einem gewissen Grade erwärmt, nimmt es keine Wärme mehr an. Es verwandelt sich in Dampf, der Dampf wird zu Gas; die allgemeinbestimmte quantitative Gewalt dieses letzteren sprengt das Feste, das Gefäss, worin die Flüssigkeit erhitzt wird.

Ein Stückchen Platin oder Silber, Metalle denen wir eine absolute Beziehung auf die contrahive Form der Lebenswirksamkeit beimessen, welche dem zufolge in absoluter Beziehung zu deren expansiver Wirkungsform als Wärme stehen, verringert, in Beziehung zur Flüssigkeit gebracht, die Gewalt ihrer Verwandlung in die flüchtige Form und erhält das Gefäss.

Bei Beziehung von reinem Dampf zur Wärme, wächst dessen Masse entsprechend jener der Gase oder Luft, er wird rein verflüchtiget, und nimmt die Eigenschaft eines Flüchtigen an. Bei Beziehung desselben zur Wärme im Zusammenhange mit dem flüssigen Körper, worauf er sich bezieht, wächst seine specifische Schwere mit seiner Spannkraft und entsprechend derselben. Das Flüssige, verflüchtigt sich durch solche Beziehung in der Modalität als Dampf.

Beziehung zur Kälte stellt jenes dar als ein Festes. Dass hiebei Bewegung wesentlich betheiligt sei, erweist das Festwerden des Wassers durch Beziehung zur Kälte, dessen Gefrieren.

Das Wasser zieht sich zusammen, sobald die Temperatur unter 40° Fahrenheit sinkt. Wird alle Bewegung vermieden, das Wasser von atmosphärischer Luft befreit, kann dasselbe bis unter 22° Farenheit flüssig erhalten werden. Die geringste tremulirende Erschütterung, ohne dass das Wasser umgerührt werde, jeder kleinste durchsichtige Körper, der im Wasser schwimmt, ein Stückchen Eis, folglich Körper, die ihrer Natur nach in Beziehung zum Wasser treten können, und als feste dessen flüssige Verkörperung der ihren entsprechend bestimmen würden, machen, dass dieses weniger Grade unter 32° Fahrenheit gefriert*).

Gas und Dampf stellen bei Beziehung zur Kälte sich in zarterer und dichterer flockiger Krystallform dar.

Was hinsichts der Verflüchtigung des Flüssigen vermöge einer Beziehung desselben zur Wärme bemerkt ist, leidet in umgekehrtem Sinne Anwendung auf dessen Festwerden vermöge seiner Beziehung zur Wärme in contrahiver Manifestation als Kälte. Da das Wasser, Repräsentant des Flüssigen, ein absolut Flüssiges ist; da das Flüssige sich auf Bewegung in entsprechender expansiver und contrahiver Form bezieht; alle irdischen Naturen in Beziehung zur Wärme stehen, die sich in expansiver Form als solche, in contrahiver als Kälte manifestirt: hat das Wasser Beziehung auf beide Formen, und somit ist eine absolut temperirende Wirkung ihm eigen. Wie es fortwährend in die flüchtige Form übergeht, geht es fortwährend in die Feste über und ersetzt sich fortwährend als ein Flüssiges der einen und der andern Beziehung nach. Auch in fester Verkörperung als Eis bleibt dem Wasser diese zwiefache Beziehung, deshalb verflüchtigt es sich fortwährend auch in dieser Form.

Das Feste stellt seine Beziehung zur Wärme, theils in flüssiger, theils in flüchtiger Verkörperung dar. Wir sind noch nicht im Stande, alle festen Körper in die eine oder andre Form zu übertragen, weil wir nicht der Wärme einer quantitativen Bedeutsamkeit nach gewaltig sind, wie solche unbedingte Uebertragung erfordern würde. Seit

*) Encyclop. Metrop. Div. II. Vol. 4. Heat. c. I. §. 2. (67.) p. 245. Mit Beziehung auf Philosophical Transactions. 1788. p. 125. Alles was in Betreff der Beziehungen des Flüchtigen, Flüssigen, Festen zu Wärme, Kälte, Bewegung hier beigebracht, ist aus derselben Abhandlung entnommen, sofern kein anderes Citat dabei angeführt wird.

Erfindung des Löthrohrs und der galvanischen Säule, wodurch ein viel höherer Grad von Wärme in des Menschen Gewalt kam, als derselbe früher bewirken konnte, sind so viele Körper durch Beziehung zur Wärme flüchtig und flüssig dargestellt, hinsichts deren man früher eine Unmöglichkeit solcher Transformation angenommen, dafs jetzt eine solche Möglichkeit als eine absolute nicht mehr bezweifelt wird.

Im Allgemeinen dehnen die festen Körper bei Beziehung zur Wärme sich weniger als die flüssigen, diese weniger als die flüchtigen aus. Einige feste Körper werden weich, bevor sie flüssig werden, andre gehen direct in diese Form, aus derselben in die flüchtige über, noch andere werden unmittelbar flüchtig, einige fortwährend; so Phosphor und Arsenik, einige nur bei Beziehung zur Wärme.

Der Uebergang des Festen ins Flüchtige hat mehrere Formen, Verdampfen, Verflüchtigen, Verglühen, Verflammen. Sie werden durch specielle Beschaffenheit des Festen bedingt, durch die Art seiner Beziehung zur Wärme.

Die festen Körper dehnen sich ungleich aus, im Moment, da sie durch Beziehung zur Wärme in die flüssige Form und in die flüchtige übergehen. Jeder derselben bedingt einen eigenthümlichen Wärmegehalt, um die eine oder die andere Form anzunehmen. Dieser Grad steigert sich im Allgemeinen, verhältnifsmäfsig seiner Dichtigkeit. Die Atome der einfachen Körper besitzen eine gleiche Fähigkeit der Beziehung zur Wärme; bei den Atomen der elementarischen, ist diese Fähigkeit verschieden, nach einem sehr einfachen Verhältniss. Wir bemerken hiebei, dass zu ersteren manche gezählt werden, die wir als elementarische, zu letzteren, die wir als chemische bestimmt.

Die Beziehung zur Wärme äussert verschiedene Wirkungen hinsichts fester Kärper die keine Krystalle, und hinsichts solcher die Krystalle sind.

Einige der ersteren werden bei solcher Beziehung

nicht ausgedehnt sondern zusammengezogen; indem sie flüssig werden, nehmen andre die Krystallform an. Bei festen Körpern, denen jene Form nicht eigen, so wie bei den Krystallen, welche zum netzförmigem System gehören, bringt eine gleichmässig gesteigerte Beziehung zur Wärme eine gleicheAusdehnung nach allen Richtungen hin mit sich; der Körper wird grösser, die wachsende Kraft bedingt ein ihr entsprechendes Maass, seine Form verändert er nicht. Bei Krystallen, deren Form sich nicht regelmässig auf drei rechte Winkel bezieht, wird die Ausdehnung von entsprechender Contraction begleitet. Etwas Analoges findet Statt hinsichts des Eisens, hinsichts des Glases: hiemit hängt das Springen dieses letzteren bei Beziehung zur Wärme zusammen. Streift freie Wärme über eine Glasplatte, so dehnt sie selbe aus, wo sie nicht fühlbar ist, zieht einen nächstliegenden Theil, wo sie fühlbar ist, zusammen; dehnt einen Theil aus, wo sie fühlbar ist, und zieht den nächstliegenden Theil zusammen.*)

In jeder Form stellt das Leben sich nicht nur in allgemeinbestimmter, auch in absolutbestimmter Verkörperung dar. Mit der impulsiven Bewegung des Flüchtigen ist eine lineare Körperform verknüpft. Seiner Beziehung nach auf Wärme steht das Flüchtige in absoluter Beziehung zum Licht; seiner rein expansiven Wirkungsform nach ist diese Beziehung keine absolute; daher ist das Flüchtige Träger des Lichtes: es ist durchscheinend, wiederleuchtend nicht.

Mit der mechanischen Form der Wasserbewegung bringen wir Durchschimmmern, Glänzen, Schillern und Wiederleuchten des Wassers, Hallen und Wiederhallen desselben, in Beziehung zu Licht und Ton in Zusammenhang.

Wir erklären dadurch das Phänomen des Wellenschla-

---

*) Brewster. Philosophical Transactions. 1814. 1815. 1816.

ges, der Ebbe und der Fluth. Als eine allgemeine bringt jene Bewegung das letztere Phänomen, als eine specielle das erstere hervor.

Ebbe und Fluth sprechen wir an als einen allgemeinen, sich selbst bedingenden Wellenschlag. Zu seiner Manifestation bedarf es eines bestimmten quantitativen Gehaltes, einer Kraft des Wassers, die demselben in Flüssen, Landseen, kleinen Binnenmeeren nicht eigenthümlich ist. Der dreifachen absoluten Bedingtheit des Wassers gemäss, ist beim Wellenschlage die dritte Welle immer eine stärkere im Verhältniss zu den vorhergehenden; die neunte eine absolut stärkere überhaupt, bei gewissen Meeren aber die siebente.

Als bezüglich auf die flüchtige und auf die flüssige Form der Verkörperung umfasst das Feste beide als integrirende Formen. Es stellt sich beiden Formen gemäss zarter oder dichter dar; es erscheint splittrig, säulenförmig, strahlig, blättrig, muschlig, körnig im Bruch, eben denselben Beziehungen entsprechend. Rein als ein Festes erscheint es, seiner Beziehung auf contrahive Bewegung zufolge, wodurch das Licht als Dunkelheit bedingt wird, undurchsichtig. Seine Beziehung auf das Flüssige stellt es durchschimmernd, glänzend, schillernd, wiederleuchtend dar; seine Beziehung auf das Flüchtige durchscheinend. Da es in reiner Krystallform, absolut vollendet als ein Chemisches, die eine und die andre wesentliche Beziehung hat, kommen ihm in solcher, bei Beziehung zum Licht, alle diese Eigenschaften zu. Und so erklärt sich das Wort des geistreichen Link: „Damit das Mineral zum Krystall übergehe, muss sich das Durchsichtige vom Undurchsichtigen, von dem an den Kanten Durchscheinenden, vom Durchscheinenden, vom Halbdurchsichtigen sondern.“ Auch Link bezieht den Glanz des Oeligen (Fettglanz) auf eine Biegung der kleinsten Theilchen.

Die Luft haben wir angesprochen für die absolute Form des Flüchtigen, jene Form desselben, welcher zufolge das irdische Leben in Beziehung zu sich selbst unter allen Formen steht, wodurch es in flüchtiger Verkörperung erscheint.

Wir haben der speciellen Beschaffenheit der Luft im Abschnitte vom gesetzlichen Zusammenhang des Lebens Erwähnung gethan, derselben eine impulsive, eine mechanische und chemische Bewegungsform beigemessen.

Diese dreifache Form der Bewegung der Luft wird durch diese selbst erwiesen.

Zunächst bemerken wir bestimmte einzelne Strömungen, Monzone. Auf der nördlichen Erdhälfte, in der chinesischen See, herrscht der Nordostwind vom October bis zum März, vom März bis zum October der Südwestwind. Auf der südlichen Hälfte unsrer Erdkugel, über Borneo, Java, der nördlichen Küste von Neuholland hin, weht der Wind sechs Monate hindurch aus Nordwest, sechs Monate hindurch aus Südost. Während dieser Zeit hängt derselbe wie mit dem Südostpassat des grossen indischen Meeres zusammen. In den Passaten erscheinen dann zwei correspondirende und verschiedene einander entsprechende bedeutendere Strömungen der Luft. Die eine dieser Strömungen, auf der nördlichen Erdhälfte geht von Nordwest nach Südost, die andre auf der südlichen von Südost nach Nordwest. Auf der nördlichen Erdhälfte wehen zwei von einander getrennte Passate; auf der südlichen drei; ihnen entsprechen hier drei Meere, der äthiopische, der indische, der stille Ocean.

Der nördliche Passat beginnt unterm 24° bis 30° nördlicher Breite. Viel tiefer gegen den Pol scheint der südliche Passat hinabzugehn. In der Gegend des Aequators, wo die Passate beider Hemisphären zusammentreffen, erscheint die Bewegung der Luft durch deren Wechselwirkung gleichsam paralisirt. Hier findet sich eine Zone von 2° bis 3° Breite, wo heftige Gewitterregen stets mit Windstillen wechseln.

Ueber die Breiten hin, wo gegen die Pole beide Passate ihre Grenzen haben, weht ein ziemlich beständiger Wind aus Westen, ganz entgegengesetzt dem angrenzenden Passat, man nennt ihn den zurückkehrenden oder Westpassat. Diese Westpassate wehen in der nördlichen, wie in der südlichen Erdhälfte, bis hinab über den 28° der Breite, und erstrecken sich oft weit über den 40° hinaus.

Eine absolute kreisförmige Bewegung der Luft ist erfasst, welche sich in regelmässiger Folge von Nordost nach Südwest, von Südwest nach Nordost richtet; der ersteren Richtung nach mit positiven, der letzteren zufolge mit negativen correspondirenden Differenzen wechselt; ungestümer auf der Ostseite, als auf der Westseite ist, durch zwei Strömungen gebildet wird, die mit ihren rechten Seiten aneinanderstossen — und schon hat Galle diese Bewegung der Luft als eine Function der Luft aufgefasst, und so ihr eine gesetzliche Beziehung ertheilt.*)

Das Uebereinkommende der Bewegung der Luft mit denjenigen Formen einer solchen, die wir als deren Grundform angenommen, wird durch das Vorhergehende klar. Specielle Modalitäten dieser Bewegung werden durch die Beziehung der Luft zum Flüchtigen überhaupt, zum Flüssigen, zum Festen bewirkt, Orkane, Stürme, Wirbelwinde.

Der Beziehung der Luft zu Wärme, Klang und Licht ist gedacht. Ihre Beziehung zu den zwei Electrizitäten erklärt die Erscheinung der Gewitter. Dass eine Beziehung

---

*) v. Poggendorffs Annal. 1834. Band 31. No. 30. LXIX. G. Galle. Zur Prüfung des von Dove aufgestellten Gesetzes über das verschiedene Verhalten der Ost- und Westseite der Windrose. p. 465—482.

der Luft zum Leben des Mondes Statt findet, ergiebt sich durch den Einfluss des Mondes auf die Witterung.

Der Bewegung des Wassers ertheilt die Luft eigenthümliche Modalitäten. Ihr Impuls verstärkt den Wellenschlag; er verstärkt im Einzelnen die Kraft der Wasserbewegung so sehr, dass diese aus der wogenförmigen in eine spiralförmige übergeht.

In Verbindung mit Bedingungen des festen Landes stellt der Passat in der nördlichen Hälfte des atlantischen Oceans jene grosse Strömung dar, welche einer Strecke ihres Laufes zufolge der Golfstrom heisst. Zwischen Afrika und dem südlichen Amerika bilden dort die Wässer einen Kreislauf. Dem Nordostpassate folgend, welcher gegen den Aequator zu mehr und mehr reiner Ostwind wird, treiben sie gegen die Nordküste von Südamerika. Wie ein Damm tritt diese ihnen entgegen, und treibt sie nach Norden. Sie laufen durch den Golf von Mexico, kommen an der südöstlichen Küste von Nordamerika wieder heraus, laufen wieder nach Osten, und kehren in die Gegend zurück, von wo sie ausgegangen sind; während in der Tiefe eine entsprechende Strömung kälteren, dichteren, daher schwereren Wassers, durch die warme, lebendigere Strömung längs der Küste von Grönland und Labrador, vom Nordpol zum Südpole gerissen wird.

Eine entsprechende Rotationsströmung erscheint in der südlichen Hälfte des atlantischen Oceans. Minder bestimmt denn der Golfstrom, verbindet sie die Westküste des südlichen Afrika mit der Ostküste Südamerika's. Der Rücklauf der Gewässer findet Statt zwischen 30° und 48° südlicher Breite.*)

Zwischen dem Wasser und der elektromagnetischen

---

*) Sir Charles Lyell. Principles of Geology. Edit. third. Vol. I. B. 1. p. 160.

und magnetischen Thätigkeit mögten wir, der Form der Wasserbewegung zufolge, eine vorzugsweise Beziehung ansprechen. Der Lauf der elektrischen Strömungen in der Luft wird durch den Lauf der Gewässer bestimmmt.

Auf die Beziehung zwischen dem Leben des Wassers und dem Mondleben hat man die Erscheinung von Ebbe und Fluth bezogen, wiewol selbe dadurch nicht vollständig erklärt werden kann, während die Annahme der Fluth als eines allgemeinen und absoluten Wellenschlags sie durchaus, auch den speciellen Modalitäten nach erklärt, welche derselben besondre Eigenthümlichkeiten des Festen, zu dem sie in Beziehung tritt, gesellen.

Diese modificiren, der unbedingten Beziehung zwischen dem Flüssigen und Festen gemäss, überhaupt dies Phänomen, so wie jenes des Wellenschlags.

An glattabschüssigen, steilen Felsenwänden stellt der Wellenschlag sich in verticaler Erscheinung dar; die Welle tritt auf in Form von Bogengehängen. Eine solche Form des Wellenschlags zeigt ein Wasserfall vor Divedro am Abhange des Simplon nach Italien zu. Der Stromfall verhindert ebenfalls die volle Entwickelung der Wellen; bei grossen Strömen vielleicht selbst Ebbe und Fluth.

Im mittelländischen Meer sind beide kaum merklich: wir mögten dies im Zusammenhange bringen mit jener Strömung, welche hier der atlantische Ocean bewirkt, indem er durch die Strasse von Gibraltar stürzt, und in einer mittleren Strömung von der Breite von sechs englischen Meilen, zwei seitlichen Strömungen von halber Breite, mit einer Gewalt, wodurch eine Schnelligkeit des Laufes von drei bis zu sechs englischen Meilen in einer Stunde bedingt wird, mitten durch das mittelländische Meer nach dem Marmormeer, an dessen südlichem Ufer hin bis zur Küste von Kleinasien und an dessen nördlicher europäischer Küste entlang geht. Die zwei seitlichen Strömungen werden durch Ebbe und Fluth bedingt, und werden rückläufig mit jener.

Mit unsrer Annahme im Betreff der Entstehung der Erde kommt die Annahme des Marquis de la Place in eben derselben Hinsicht überein, welcher bestimmt, dass selbe erst in flüchtiger Verkörperung dagewesen, durch Erkältung flüssig, endlich fest geworden sei.*) Ihr entspricht die Muthmassung Links, dass der Erdball sich einst in dem Zustande befunden, „worin sich die leuchtenden Punkte in der Mitte jener Lichtnebel befinden mögen, die wir am Himmel sehn und für werdende Weltkörper halten." Sie erklärt die Erscheinung der Cometen und wie deren Schweif sich nie von deren Kerne trennt, ob dieser auch noch so klein im Verhältniss zu ersterem sei.

Auf die drei allgemeinbestimmten Formen der Verkörperung und deren absoluten Uebergang aus der einen in die andre bezieht sich die rotative Bewegung der Erde, die Erscheinung der Jahreszeiten, die materielle Beschaffenheit unsres Planeten.

Nach der Tag- und Nachtgleiche des Winters, dem Moment einer vollendeten, expansiven und contrahiven Bewegung desselben, tritt das irdische Leben wieder expansiv auf, und in Beziehung zu sich selbst in primitiver, expansiver Wirkungsform als freie Wärme, Temperatur, absolute Wärme, positive Elektrizität, in dadurch vermittelter Beziehung zum planetarischen Leben. Da seine Thätigkeit unter den gedachten Formen dasselbe absolut in flüchtiger Form verkörpert, dient ein absolutes Flüchtiges, die Luft zur Vermittelung jener Beziehung. Durch Beziehung zur Wärme wird die Luft einer bestimmten, dreifachen Progression nach erwärmt und verflüchtiget. Die elektri-

*) Links Handbuch der physikalischen Erdbeschreibung. Berlin 1826. Th. I. S. 78.

schen Strömungen in der Luft nehmen, als positive, durch selbe eine ihr entsprechende Verstärkung an.

Indem mit der Erscheinung des Lebens unter dieser Form nothwendig eine contrahive Wirksamkeit desselben verbunden ist, weil es unter dieser Form absolutbestimmt erscheint; indem ferner das Leben in der Form als positive Elektrizität sich auf Wärme bezieht: muss mit seinem Auftreten als positive Elektrizität eine entsprechende Wirkungsform desselben als Wärme in contrahiver Form, als Kälte, verknüpft sein, wodurch die Erwärmung der Luft ihr verhältnissmässig temperirt wird. Ein Gleiches findet in verstärktem Grade bei dessen Wirksamkeit in der Form als negative Elektrizität Statt. So kühlt die elektrische Thätigkeit der Luft, sei's rein als eine positive, sei's in Beziehung zu negativer Elektrizität, als Wetterleuchten, als Gewitter, die Luft ihr verhältnissmässig ab. Sie stellt deren gasförmige Verkörperung verdichtet, stellt sie flüssig als Dampf und Wasser dar, ja fest, sofern ihre contrahive Bedeutsamkeit dazu ausreicht. Und so werden trübe Luft, Nebel, Regen, Hagel, vermittelst der Zusammenziehung der Luft auch Wind, Orkane, Wirbelstürme bewirkt.

Als wesentliche gehören die ersteren, als zufällige die letzteren Erscheinungen dem Sommer; wir sagen Sommer, denn nur zwei Jahreszeiten nehmen wir an, entsprechend der expansiven und contrahiven Form der irdischen Lebensbewegung; Frühling und Herbst werden durch die Momente des Ueberganges aus der einen in die andre vermittelt.

Der Sommer ist ein allgemeines Inbeziehungtreten der Erde zu sich selbst unter ihren expansiven primitiven Formen. Er bedingt die irdische Lebensthätigkeit überhaupt als eine quantitativ verstärkte ihren Wirkungsformen nach als Wärme, positive Elektrizität, als Sauerstoff, der mit beiden in wesentlicher Beziehung steht, in Verbindung mit welchem die Wärme rein an sich erscheint, welcher in gasförmiger Verkörperung durch positive Elektrizität aus seinen Verbindungen gelöst wird, welcher zusammengepresst Licht entwickelt, was sonst bei keiner Flüssigkeit, ausser vermöge specieller Beziehung derselben zu Sauerstoff der Fall ist. Der Sommer weckt die Töne in allem irdisch Lebendigen; er lichtet die Farben. Er ist in Bezug auf das irdische planetarische Leben, was die Jugend in Bezug auf das organische Leben überhaupt, was jeder Moment des Einathmens in Bezug auf jedes specielle organische Leben ist, wodurch das contrahive, venöse Blut in arterielles expansives Blut verwandelt, neugeröthet wird, kohlensaures Gas und Stickstoffgas ausgetrieben werden, die Lebenswärme erneut, die organische Bewegung in materieller und in flüchtiger Verkörperung bewogen und befähigt wird zu Fortsetzung ihrer selbst in contrahiver Form und so fort. Er ist ein Athemzug der Erde, wodurch diese das Leben der verwandten Gestirne in sich saugt, und an dem alles Lebendige Theil hat.

Diese Thätigkeit setzt sich fort bis zu einer Zeit, welche die irdische Lebenskraft bedingt, welche jene selber bestimmt, wo sie ihre expansive Richtung in eine contrahive verkehrt, bis zur Zeit der Tag- und Nachtgleiche des Winters. Nun tritt das irdische Leben in Beziehung zu sich selbst unter den contrahiven Formen seiner primitiven Wirksamkeit, Kälte, Magnetismus und Licht. Die Lufterscheinungen, welche dem Sommer wesentlich eigenthümlich waren, Wärme, Hitze, Wetterleuchten, Gewitter, zeigen sich nicht mehr oder ausnahmsweise; an ihre Stelle treten andre, auf magnetische Thätigkeit bezüglicbe, das Nordlicht, eigenthümliche Lichterscheinungen; diejenigen, welche ihm als zufällige angehörten, treten als wesentliche auf: bis mit der Tag- und Nachtgleiche des Winters der vollendete Lebensmoment einen neuen, denselben Kreislauf in veränderter Erscheinung bedingt.

Was das Jahr in allgemeiner Beziehung, stellt der Tag in specieller, wesentlich gleicher, Modalitäten nach dar, welche die allgemeine irdische Lebensthätigkeit bedingt.

Und so wiederholt sich der absolute primitive Lebensmoment in einzelner, in bestimmter allgemeiner, in absoluter Beziehung.

Der Erdball umfasst sämmtliche drei allgemeinbestimmten Formen der Verkörperung in wechselseitiger Bezüglichkeit und in Einheit. Der absoluten Lebendigkeit der Lebenskraft als Bewegung in solcher Verkörperung entsprechend, gehn diese Formen fort und fort eine in die andere über. Immerdar senkt die Luft sich herab in Wassertropfen, steigt das Flüssige und das Feste verflüchtiget auf in die Luft. Ströme, Seen, Meere werden fort und fort fest, als Erde, Metall, Gestein, und das Feste wird fort und fort vom Wasser überfluthet und verschlungen, dargestellt in organischer, vegetabiler, oder in untergeordneter animaler Form.

Schon Aristoteles hat die Bemerkung gemacht, dass festes Land da sei, wo zuvor Meer gewesen.

Den Uebergang des Festen in's Flüssige und Flüchtige, die Betheiligung der primitiven Lebenswirksamkeit bei diesem Uebergang hat Humphry Davy auf seinen Reisen schön beobachtet und dargestellt, zum Theil auch die Entstehung des Festen aus dem Flüssigen und aus dem Flüchtigen. Mit der grössten Umsicht, Einfachheit, Vielfältigkeit aber stellte Sir Charles Lyell in seinem oft angeführten Werke das Ganze dieser Transformation beim Erdkörper dar. Das vegetabile, animale, menschliche Leben sind dabei betheiligt. Sie haben Formen des Festen bewirkt, unter welchen dasselbe ursprünglich nicht vorhanden war. Solche Form sind der Humus, der Muschelkalk, der Ceramicus, der Travertin. Diese Formen vervielfältigen sich fortwährend. Nuron, am linken Ufer der Oka, ward gegen die Mitte des vorigen Jahrhunderts neu erbaut. Der Boden bestand aus Schichten von verrodetem Kehricht und Unrath, verkohltem Holze, Trümmern von Gebäuden. An einigen Stellen waren diese Schichten hie und dort mit phosphorsaurem Eisen durchzogen, und die Bildung erschien völlig geognostisch.*)

Ein Uebergang des Flüchtigen in das Flüssige, des Flüssigen in das Feste muss sowohl im Innern der Erde als auf deren Oberfläche Statt finden. Die Erde kann demnach keine hohle Kugel sein. Dass sie keine solche ist, ergiebt sich aus ihrem Verhalten zum Monde, den Beobachtungen mit der Pendel.**) Sie muss wesentlich gleiche Formen im Innern, wie auf der Oberfläche enthalten. Was die Erscheinung des Flüchtigen im Innern der Erde betrifft, geben die Vulkane auch hier eine kreisförmige Bewegung kund. Sie erstreckt sich eines Theils von den aleutischen Inseln unter Sumatra, den Sundainseln, den Moluccen hin nach den Philippen; andres Theils vom caspischen Meer nach dem mittelländischen, Meer den Azoren.***) Dass auch im Innern der Erde ein wesentlicher Zusammenhang zwischen Flüchtigem und Flüssigen herrsche, beweisen die heissen Quellen, die Geyser, die Eruptionen der Vulkane, welche Wasserströme begleiten.

Wegen des mechanischen Druckes, dem das Feste im Innern der Erde unterliegt, muss es daselbst in dichterer Beschaffenheit, als auf der Oberfläche der Erde sein; und da die impulsive Form der Bewegung, Grundform der chemischen, diese bedingt, müssen die festen Körper da-

---

*) Ermann's Reise um die Erde u. s. w. Berlin 1833. IV. p. 187.
**) Principles of Geology. Ed. third. Vol II. B. II. P. 2, p. 276.
***) Ibid. p. 41—50.

selbst in Krystallform oder in Metallform erscheinen. Eine solche Beschaffenheit des Erdkornes ist von Humphry Davy, und nach ihm vielfältig angenommen.

Unsre Auffassung einer constanten Beziehung zwischen dem irdischen planetarischen und dem allgemeinen Leben der Gestirne, einer fortwährenden Steigerung der Kraft und Vervielfältigung der Formen der irdischen Lebensthätigkeit vermittelst solcher Beziehung bringt mit sich, dass der Erdball fortwährend wüchse. Dem widerspricht, dass der Durchmesser der Erde seit 2000 Jahren keine Veränderung erlitten hat.*)

Einerseits wird dieser Widerspruch durch die Zusammenziehung der Theilchen im Innern der Erde, durch ihre Compression und den damit verbundenen Uebergang in die Krystallform erklärt. Andres Theils lösst ihn die Annahme einer Beziehung zwischen dem irdischen planetarischen und dem Leben des Mondes. Auf dieses Gestirn würde ein Theil der Kraft und Materie übertragen, so die Erde von den Gestirnen überkommt, auf deren Leben ihr Leben sich bezieht.

16.

Körper und Geist.

„Was ist die Materie, wie sie sich der Psycholog denkt? — So Etwas giebt es vielleicht in der Welt nicht. Er tödtet die Materie und sagt hernach, dass sie todt sei!"**)

Drei absolute Formen der Lebensmanifestation haben wir aufgefasst: Seele oder absolute, durch sich selbst gesetzlich bestimmte Kraft, Bewegung, Verkörperung; zwei absolute Formen der Lebensbewegung: Expansion und Con-

*) Principles of Geology Vol. II. B. II. P. 2. p. 319.

**) Lichtenberg's vermischte Schriften. Band I. S. 157.

traction. Wir haben die erste dieser zwei Bewegungsformen im Verhältniss einer bedingenden zur zweiten; die zweite im Verhältniss einer bestimmenden zur ersteren begriffen: eine Aeusserung der ersteren als Lebenstrieb, Lebenswille, Lebensthat aufgefasst; eine Aeusserung der letzteren als Lebensauffassung. Wir haben das Leben angesprochen als ein Ganzes, welches aus bestimmten einzelnen, allgemeinen, absoluten Momenten expansiver und contrahiver Bewegung besteht, die sich auf einander beziehn, als Akte absolutbestimmter Lebensthätigkeit Unveränderlichkeit besitzen.

In Gestalt eines jeglichen von diesen Momenten ist das Leben wirksam als Trieb, Wille, That. Der letzteren Form nach betrifft seine Thätigkeit das Aeussere: sie vervielfältigt unbedingt die Form, steigert die Kraft des Lebens, zu dessen Momenten sie gehört, bedingt eine Wirksamkeit desselben in contrahiver Richtung, bedingt auch seine Wirksamkeit in dieser Beziehung und Form, seine Thätigkeit der Auffassung, als eine vervielfältigte in eigenthümlicher Modalität und dem entsprechend gesteigerter Kraft.

Von der Wirksamkeit des Lebens in der Form als durch sich selbst gesetzlich bestimmte Kraft geht dasselbe in jeglicher Erscheinung aus. Lebensbewegung, Lebensverkörperung beziehn sich auf die Lebenskraft und deren gesetzliche Bestimmtheit durch sich selber.

Unbeseelt ist kein Lebendiges: Gott ist, der in uns wirket das Wollen und Vollbringen. Alles Erkennen bezieht sich auf diese Urform. Sie richtet die Lebensbewegung in der Manifestation als Lebensverkörperung auf das ihr entsprechende und auf entsprechende Weise von ihr verschiedene äussere Leben. Mit diesem stellt es sich dann, dasselbe in seine Form übertragend, oder übergehend in dessen Form, unter jener abgeändert dieser entsprechend, diese abändernd jener entsprechend, in vervielfältigter, gewaltigerer, auf beide Formen und der ihnen zum Grunde liegenden Kraft bezüglicher Erscheinung dar, und wirkt so fort unter solcher. Die eingeborene Erkenntniss der gesetzlichen Bestimmung, wodurch diese Progression des Lebens geregelt wird, des absoluten Wesens derselben, des absoluten Wesens der durch selbe bestimmten Kraft an sich und in der Manifestation, worin eine solche Bestimmung sie dargestellt, liegt aller Erkenntniss zum Grunde: Erkennen heisst die Dinge auf ihre Urbeziehungen zurückführen. Ohne absolute, ohne Erkenntniss a priori von diesen wäre keine solche Zurückführung möglich. Sie manifestirt sich in der Form als Auffassung; und da die Auffassung das Leben in absolutbestimmter Erscheinung betrifft, jegliches specielle Leben in solcher vollendet und darstellt, ist auch der Auffassung Unveränderlichkeit eigen.

So ist das Erkennen ein absolutes Erinnern. Etwas viel Tieferes jedoch, Vollkommneres und Reicheres als der Moment des Gedächtnisses, womit dieses Erinnern oft vermengt worden ist, und worauf wir sogleich kommen. Es betrifft das gesammte Leben, seinen innern und äussern Beziehungen nach, seinen Beziehungen nach zu Gott, zu sich selbst, zu der äussern Welt, es betrifft dasselbe unmittelbar.

Wohl wahr hat Locke das Erkennen als ein Erinnern angesprochen; wohl wahr hat Bacon bemerkt, dass des Menschen Zuthun bei seiner Erkenntniss gering sei. Wie das Athmen, Trinken, Nahrung nehmen, ist das Erkennen eine Nothwendigkeit seiner Natur.

Die gesetzliche Bestimmung des Lebens bildet das Gesetz der Erkenntniss. Als Gesetz der Analogie stellt sie sich dar dieser Beziehung nach und Form. Die übrigen Formen der Erkenntniss werden eben sowohl durch das Leben bestimmt, als deren gesetzliche Grundform.

Die Auffassung betrifft das Leben seinen Manifestationen als Bewegung und als Verkörperung zufolge. Jener ersteren entsprechend, stellt sie sich als logische Thätigkeit dar. Die Logik ist nichts als ein einfacher Akt rein gesetzlich bestimmter Bewegung in flüchtiger Verkörperung. Durch die Logik selber wird dies klar.

Als Combination betrifft selbe die Erscheinungen in wechselseitiger Berührung; als Unterscheidung und Vergleich (Analyse und Synthese) betrifft sie selbe in wechselseitiger bestimmter Beziehung; als Folgerung (Schluss) betrifft sie selbe in wechselseitiger absoluter Beziehung als Einheit. Sie betrifft als Urtheil selbe im Verhältniss zu ihrer gesetzlichen Bestimmung als Einheit. Im Urtheil liegt die specielle Bestimmung des Gesetzes der Analogie; wie jenes die bedingende, ist dieses die bestimmende Form des Aktes der Erkenntniss.

In Bezug auf die Lebensverkörperung stellt diese sich dar als sinnliche und als bildliche Auffassung. In zwiefacher Form als letztere: als Einbildungskraft in Bezug auf eine bestimmte körperliche Erscheinung; als Phantasie in Bezug auf die Verkörperung, sofern sie bestimmt wird durch die Bewegung. Der ersteren Form nach steht die bildliche Auffassung in Zusammenhange mit der sinnlichen, der zweiten zufolge in Zusammenhang mit der logischen Erkenntniss.

Die bildliche Auffassung hat zwei Formen, ihrer Beziehung nach auf die Sinne des Gehörs und des Gesichtes.

Der ersteren Beziehung nach stellt sie sich, entsprechend dem Sinne, womit sie in Zusammenhange steht, in allgemeinbestimmter Undeutlichkeit dar. Auch in dieser Beziehung erscheint sie zwiefach: rein bezüglich auf den Ton als solchen, und seinen Modalitäten nach als solchen: auf denselben in wechselseitiger Beziehung letzteren zufolge und in Bezug auf seine gesetzliche Bestimmung; als musikalisches Gedächtniss; ferner dann in Beziehung auf den

Ton, sofern derselbe Ausdruck allgemeinbestimmter und absolutbestimmter Beziehungen und Zustände des Lebendigen an sich, oder der Auffassung derselben im Allgemeinen ist; so stellt sie sich als Wortgedächtniss dar.

Ihrem Zusammenhange nach mit dem Sinne des Gesichts erscheint die bildliche Auffassung als eigentliche Bildlichkeit. Wie dem Gesichte absolute Bestimmtheit der Aperceptionen eigenthümlich, besitzt das Bild absolute Bestimmtheit; wie das Gesicht, alle Formen sinnlicher Auffassung bestimmend, zu allen in absoluter Beziehung steht, umfasst das Bild, als ein vollendetes, auch die Aperceptionen sämmtlicher Sinne.

Im Akte der Bildlichkeit möchten wir den Uebergang von der allgemeinbestimmten expansiven Form der Lebensauffassung in die contrahive absolutbestimmte Form derselben ansprechen; die sinnliche Auffassung in Zusammenhang bringen mit der ersteren Richtung, die Phantasie mit der letzteren, den Akt der Einbildungskraft als den Moment bezeichnen, der beide Richtungen vereint. Wie bei der contrahiven Richtung des Lebens die Momente in umgekehrter Ordnung auf einander folgen, verhältnissmässig zur Folge, worin expansive Lebensthätigkeit sie dargestellt; beginnt der Moment absoluter Auffassung mit derjenigen Form, womit der expansive Lebensmoment schloss. Auf Wirksamkeit des Lebens als gesetzlich bestimmte Kraft folgte bei diesem dessen Wirkungsform als Bewegung, auf letztere dessen körperliche Erscheinung. Die absolute Auffassung beginnt mit der Beziehung auf letztere, dann folgt deren Beziehung auf die Bewegung, endlich deren Beziehung auf die gesetzliche Bestimmung des Lebens und auf dessen Kraft. Die sinnliche Auffassung, welche zu allen vorhergehenden Lebensmomenten im Verhältniss einer sie bestimmenden Thätigkeit wirksam ist, tritt als eine bedingende im Verhältniss zu allen folgenden auf.

Wie das Leben durchweg in correspondirender allgemeinbestimmter und absolutbestimmter Form wirkt, hat auch die Auffassung jene Formen. Der ersteren gemäss erscheint sie subjectiv, als Auffassung eines bestimmten Lebens von ihm selber, in den Formen, Bewusstsein, Gefühl; objectiv, als Auffassung der Lebensthätigkeit im Allgemeinen, in den Formen, Wissen, Ahnen, Glauben. In absolutbestimmter Form, stellt sie sich als Erkenntniss dar.

Und wie die allgemeinbestimmte Form durchweg im Leben die absolutbestimmte begleitet, so ist auch jedem Moment der Erkenntniss ein ihm entsprechender Moment des Bewusstseins, des Gefühls, des Wissens, des Ahnens, des Glaubens gesellt. Umfassender, doch unbestimmt in den letzten Formen, ist das Leben vollkommen bestimmt und klar in der ersteren thätig. Das Gefühl giebt der Erkenntniss Kraft und Wärme, diese theilt ihm Bestimmtheit und Klarheit mit. Wie ein Dunstkreis die Erde, umgiebt, umgeben Bewusstsein, Wissen, Ahnen, Glauben die Erkenntniss.

Bewusstsein und Gefühl enthalten zwei absolute, verschiedene Manifestationen; unter beiden werden sie auch durch die Erkenntniss bedingt: sie stellen sich als Freude dar, als Schmerz. Diese Formen nehmen verschiedene Modalitäten an, in Uebereinstimmung mit der Beziehung der Auffassung auf materielle oder auf geistige Lebendigkeit. Im Zusammenhange mit ersterer stellen sie sich dar als Behagen, Vergnügen, Lust, als Unbehagen, Schmerz, Qual; im Zusammenhange mit geistiger Thätigkeit des Lebens erscheinen sie als Zufriedenheit, Freude, Entzücken, als Wehmuth, Traurigkeit, Verzweiflung.

Diese zwei allgemeinen Formen beziehen sich auf das Leben als ein rein gesetzlich bestimmtes, oder auf eine mangelhafte gesetzliche Bestimmtheit desselben, eine solche, wobei eine halb gesetzliche Auffassung dasselbe absolut bestimmt.

Alles rein Gesetzliche im Leben, stehe dasselbe in Zusammenhange mit der Thätigkeit des Lebendigen an sich, oder mit der Thätigkeit des ihm äusseren Lebens; möge es welchen Akt seiner Thätigkeit immer betreffen, in welcher Erscheinung, als Schönheit, Gesundheit, Ordnung, Maass, Zweckmässigkeit, als Güte, Wahrheit, Recht sich manifestiren: es bewirkt Behagen, Lust, Vergnügen, Freude. So im Gegentheil bewirkt das mangelhaft Gesetzliche in der Manifestation als ein Krankhaftes, Wüstes, Halbes, ein Unwahres, Ungerechtes, Liebloses: Schmerz, Traurigkeit. Als subjective körperliche Empfindung im Zusammenhange mit dem Ernährungsleben erregt es Ekel, das Verlangen auszuwerfen, was der organischen Thätigkeit widergesetzlich beigesellt worden, ohne dass sie vermöchte, es durch ihre allgemeine Lebendigkeit sich selbst als ein Gesetzliches beizuordnen.

Da die Seele an sich gesetzlich lebendig ist und wirkt: sind Lust und Freude auch unvertilgbar, Grundgefühle in der Brust des Lebendigen. Mit Staunen, mit Anbetung wird der Mensch sich ihrer bewusst, mitten im Schmerz, bei der tiefsten Trauer: ja, ihre intensive Gewalt steigt, so mehr als der Schmerz ihn mehr in sich selbst zurück, zum Urquell seines Lebens drängt. Die Freude ist das Ewige in ihm, das Wesentliche, sein göttliches Erbtheil. So mächtiger und beziehungsreicher sein Leben, so dauernder die Freude in seiner Brust.

Indem alles Leben anhebt von seiner Wirksamkeit als Seele, die Auffassung des Lebens von ihm selber sich absolut auf diese Form seiner Wirksamkeit bezieht: ist ein Bewusstsein von der Wesentlichkeit der Gefühle des Vergnügens der Lust, des Behagens der Zufriedenheit als Lebensempfindungen, von ihrem angestammten Recht an diesen Gefühlen lebendig in jeder Creatur. Es durchdringt das Leben; alles Lebendige verlangt nach Behagen, Zufriedenheit, Vergnügen, Freude als nach dauernden, ihm gebührenden Zuständen seines Lebens, verlangt nach Glück. Eine allgemeinbestimmte Erwartung solcher Zustände, die Hoffnung, begleitet dasselbe durch's Leben.

Den Formen der Lebensauffassung entsprechen Formen der Bestimmung des Lebens. Mit den allgemeinbestimmten Formen ersterer kommen gleiche Formen letzterer überein; mit den absolutbestimmten Formen jener, absolutbestimmte Formen dieser. An sich haben Trieb und Wille nur eine Form: diese bezieht sich auf das gesetzliche Lebensbewusstsein: Trieb und Wille sind sie der Förderniss des Lebens: specielle Modalitäten in dieser Beziehung empfangen sie durch specielle Auffassungen.

Gleich wie der Empfindung ist den Trieben, dem Willen eine absolute entgegengesetzte Manifestation, und denselben Beziehungen nach, wie jener, ist sie diesen eigen: sie äussert sich als Abneigung, als Hass.

Wie Freude das wesentliche Gefühl, ist Liebe der wesentliche Trieb und Wille des Lebens. An sich zu hassen ist unmöglich; an sich bestimmt das Leben das Lebensgesetz; und dies Gesetz ist ein Gebot der Liebe. Man hasst nur in Bezug auf dieses Gebot: aller Hass ist relative Liebe; er bezieht sich auf Förderniss eines bestimmten Lebens, die als behindert durch anderes Leben aufgefasst wird. Man hasst nur, so lange man das Leben nicht absolut begreift und dieser Begriff die Thätigkeit des Lebens noch nicht lange genug bestimmt hat, um dasselbe, auch seiner Auffassung von ihm selber nach gesetzlich zu machen. Mit der Liebe ist Freude wesentlich verknüpft; Liebe nähert das Wesen der Gottheit: „ces malheureux, qui n'aiment pas!“ ruft, in Bezug auf die Verdammten, die heilige Therese.

Die Auffassung des Lebens wird bedingt durch dessen Form. Aus so wenigeren Momenten das Leben besteht: so beschränkter die Lebensauffassung; so vielförmiger, daher beziehungsreicher das Leben: so umfassender die Erkenntniss. Auch in dieser Hinsicht kommt die Bestimmung des Lebens durch sich selber in Bezug auf sich selbst und das Aeussere, mit der Auffassung des Lebens von ihm selber und vom Aeussern überein.

Alles Leben hebt an von seiner Wirkungsform als gesetzlich bestimmte Kraft, als Seele. Die primitiven Formen der irdischen Lebensthätigkeit sind die Grundformen derselben in jeglicher Erscheinung. Unter diesen Formen steht demnach das irdische Leben in unmittelbarer Beziehung zu sich selbst in der Form als gesetzlich bestimmte Kraft, als Seele; und da es in dieser Form unmittelbar bezüglich ist auf ein Absolutes, das Wirkende an sich, die schöpferische Kraft und Gottheit, Emanation ist derselben, muss es in dieser Form auch ein Absolutes seyn und als ein solches wirken. Mächtiger demnach unter derselben als in bedingter und bestimmter primitiver, so wie in jeder andern bedingten und bestimmten Form: geht es in primitiver Form über in die Form seiner Wirksamkeit als gesetzlich bestimmte Kraft und modificirt selbe seiner primitiven Wirkungsform gemäss. Unter allen seinen späteren Formen bezüglich auf seine primitiven Formen, wird es so unter allen gesetzlich bedingt. Die gesetzliche Bestimmung des Lebens an sich bleibt dieselbe; zugleich tritt sie anders modificirt in Anwendung auf das Leben in jeder Erscheinung, als Bestimmung desselben auf.

Die Wirksamkeit des Lebens in primitiver Form und flüchtiger Verkörperung ihrer Beziehung nach zur Seele nennen wir Geist. Der Geist hat verschiedene progressive Formen, in Gemässheit der Beziehung des Lebens auf sich selbst in jener Wirkungsform.

Der Beziehung des anorganischen Lebens auf die primitiven Formen der irdischen Lebensthätigkeit, so wie dessen reiner Wirksamkeit in primitiver Form zufolge hat auch das anorganisch Lebendige Geist, und der absoluten Beziehung des Lebens auf seine Wirksamkeit als durch sich selbst gesetzlich bestimmte Kraft zufolge hat es Seele.

Das anorganische Leben ist kein vollständiges Leben; es ist absolut getheilt zwischen zwei Naturen. Ein impulsives in bestimmter Kraft und Richtung bei der einen, ein impulsives in entsprechender und auf entsprechende Weise verschiedener Kraft und Richtung bei der andern, bedingt und bestimmt es sich wechselseitig als eines.

Im Moment ihrer vollendeten wechselseitigen Beziehung und mit der Vollendung dieses Momentes stellt sich ihr vereintes Leben absolutbestimmt dar. Auch dieser Moment ertheilt demselben nicht Vollständigkeit. Seine Kraft wird durch denselben nicht dem vollen Gehalte nach bedingt, den sie annehmen kann; nicht bestimmt allen Formen nach, unter welchen sie thätig sein könnte.

So ist den anorganischen Naturen auch keine vollständige Auffassung des Lebens eigen. Ihre Lebensauffassung betrifft die Lebenskraft nur einzelnen Bestimmungen nach, nur einzelne Formen des Lebens.

Lebensauffassung und Lebensbestimmung fallen bei denselben zusammen in einen Moment; denn ein Moment ist ihr Leben; Geburt und Tod grenzen aneinander in ihm. Ihre geistige Thätigkeit manifestirt sich nur durch Vermittelung der körperlichen, problematisch und symbolisch.

Affinität nennen wir diese Form anorganischer Auffassung und Lebensbestimmung. Die Naturen, denen sie eigen ist, ermangeln keineswegs der einen und der andern. Wer sie beim Akte der Wahlverwandtschaft, unterm Löthrohre, im Schmelztiegel oder bei sonstiger Wechselwirkung beobachtet, kann nicht verkennen, dass Bewegung, ebensowenig, dass selbstbestimmte Bewegung ihnen zukömmlich sei, dass diese Bewegung und ihre Bestimmung auf Wärme, Kälte, die zwei Elektrizitäten, Magnetismus, Licht beruhen, jenen Formen, welche dem irdischen Leben seiner primitiven Thätigkeit nach zu kommen; dass sie Quantität, Qualität, Raum, Zeit, Zahl, die drei allgemeinbestimmten Formen der Verkörperung betreffen, die Formen, unter denen es sich jenem Akt zufolge manifestirt; er kann einen gewissen Character der anorganischen Bewegung nicht verkennen. Dem Obigen zufolge müssen wir auch annehmen, dass den anorganischen Naturen eine gewisse Lebensempfindung zukomme. Sie beschränkt sich jedoch auf den Moment ihrer Wechselbeziehung, ihrer Darstellung durch eine solche in gesteigerter Kraft, vervielfältigter Form der Lebendigkeit.

Wie das Leben dieser Naturen nur einfach bestimmt ist, muss es absolut gesetzlich sein. Erst wenn das Leben in allgemeinbestimmter und in absolutbestimmter Wirkungsform auftritt, bevor seiner Vollendung in letzterer, in den Momenten, wo zu seiner absoluten relativen Bestimmung, eine unvollständige rein absolute Bestimmung kommt, ist ein Widerspruch zwischen der einen und der andern möglich, der es momentan widergesetzlich machen kann.

Behagen, Lust, sei's wie schwach, wie dunkel, wie augenblicklich, würden demnach Character der Lebensempfindung der anorganischen Naturen sein. Und so könnten wir unserm Planeten ein allgemeinbestimmtes undeutliches Erkennen, ein Bewusstsein von ihm selber im grossartigsten Sinne, eine Freude seines Daseins im Kreise der Gestirne nicht absprechen.

Der absoluten, dreifachen, progressiven Bedingtheit des Lebens, der Vervielfältigung des Lebens durch sich selber entsprechend, muss auch die affinitive Auffassung und Bestimmung des Lebens eine dreifache, progressive sein; stärker, beziehungsreicher bei den elementarischen, als bei den primitiven Naturen; stärker beziehungsreicher bei den chemischen, als bei den elementarischen. Bei den chemischen Körpern dritter Ordnung betrifft die Affinität das anorganische Leben schon in einzelner Vollendung.

So aber ist die Auffassung dieser Naturen, so wie der anorganischen Naturen überhaupt, weder eine sinnliche, noch eine bildliche, noch eine logische, noch ist eine Form derselben zukömmlich, in welcher sie das Leben ganz vollständig, seinen absoluten Wirkungsformen nach, als Seele, Bewegung, Verkörperung umfasste.

Nichts destoweniger wird dadurch ihr Leben rein gesetzlich bestimmt, und dasselbe zeigt klar, wie die Logik nichts sei als ein Moment absoluter Bewegung, in flüchtiger Verkörperung, einer rein gesetzlichen Bestimmung zufolge. Logik ist es in körperlicher Manifestation: Zusammentreffen, wechselseitige Bezüglichkeit einer gesetzlichen Bestimmung gemäss, Darstellung mittelst einer solchen in Einheit; mit anderen Worten: Combination, Analyse, Synthese, Schluss. Ebendasselbe ist das Leben in jeglicher Erscheinung. Ernährung, Reproduction, jeder Akt materieller Bewegung sind nur dies. Das ganze Leben ist nichts weiter, vielleicht die Welt nichts weiter, als ein solcher Moment schöpferischer Wirksamkeit.

Der Geist Gottes durchdringt alle Creatur. Alles in der Natur, jedes kleinste Stäubchen, ja der Staub jedes kleinsten Stäubchens ist lebendig, verständig nach seiner Art. Die Kraft und die Weisheit sind in sich selber unendlich; manches auf Erden ist erhabener, nichts ist gering.

„Giebt es ein Princip der Intelligenz,“ sagt Humphry Davy, „muss dasselbe die ganze Natur hindurch wirksam sein!“ —

Was bedeute der Ausdruck Princip, der in seiner Allgemeinbestimmtheit Alles undeutlich, Alles schwankend lässt, und welchen deshalb die Philosophie als einen absoluten ganz aus ihrem Gebiet verbannen sollte, denn die Grundform der Dinge, das Criterium ihrer Beurtheilung? — Forschen wir nach dem Princip der Intelligenz in der Natur, wir begegnen dem Lebensgesetz. Es ist jenes Princip, es verbindet, es trennt, es bewegt die Kraft, es schafft Alles.

Die primitiven, die elementarischen, die chemischen Naturen gehen keine andere, als gesetzliche Bestimmung ein. Unbedingt treibt die Molecüle der zwei Elektrizitäten die gleiche Molecüle von sich ab, vor sich hin; unbedingt tritt sie in Beziehung zur andern. Ein Gewichttheil Sauerstoff und zwei Gewichttheile Wasserstoff bilden Wasser: über diess Verhältniss hinaus, unter demselben, gehen sie keine Wechselbeziehungen ein, sofern sie sich nicht darstellen als Wasserstoffsuperoxyd, dem Maass nach in analogem Verhältniss, oder in einer mehr zusammengesetzten bestimmten Form. Was über dergleichen Bestimmungen hinaus geht, was darunter ist, setzt sich in eigenthümlicher anfänglicher Wirkungsform fort. Die gesetzliche Bestimmtheit, die absolute Lebendigkeit des Lebens sind Ursach, dass der Zutritt eines dritten Körpers, einer Contactsubstanz, Beziehungen zwischen Naturen vermitteln kann, welche dergleichen ohnedies nicht eingehen würden, indem er deren quantitativen und formellen Gehalt durch seine Beziehung zu beiden sofort anders bedingt und bestimmt. Wärme aber, welche den quantitativen Gehalt aller Lebensformen verändert, da alle, auf sie ursprünglich bezüglich, zu ihr in Beziehung stehn, ist eine absolute Contactsubstanz.

Der Beziehung des organischen Lebens auf das anorganische ist gedacht. Wir haben die Erscheinung jenes ersteren zunächst durch zwei entsprechende und auf entsprechende Weise verschiedene chemische Naturen erklärt, eine elektropositive, eine elektronegative, welche, in gemeinschaftlicher Beziehung zum allgemeinen chemischen Leben, zu Wasser und Luft, in dadurch vermittelter Beziehung zum allgemeinen elementarischen, elektromagnetischen Leben, zu Wasserstoff, Sauerstoff, Stickstoff und Kohlenstoff, als Leiter elektromagnetischer Thätigkeit in wechselseitige Beziehung treten; so, als eine hyperchemische Lebensform, in durchaus veränderter körperlicher Erscheinung, mit selbstständiger Bewegung auftreten. Wir haben sie nächstdem dadurch erklärt, dass jenes hyperchemische Leben, in eigenthümlich modificirter, elektromagnetischer Form der Wirksamkeit in Beziehung trete zum primitiven Leben, zu Wärme, Kälte, zu den zwei Elektrizitäten, zu Magnetismus, Licht; dass es dadurch eine eigenthümlich modificirte Form der Bewegung in flüchtiger Verkörperung annehme, welche, mit der Bewegung, in materieller Verkörperung, die ihm als einem hyperchemischen zukömmlich, in wesentlicher Verbindung steht, und es als ein organisches, als absolutes specielles irdisches Leben vollendet; wobei Seele, Bewegung, Verkörperung in der Erscheinung als primitives, als elementarisches, als chemisches anorganisches Leben sich wechselseitig bedingen und bestimmen; also sich absolut bestimmend, sich auch absolut begreifen: eine Bestimmung, ist jeder Begriff.

Wir haben bemerkt, wie der Moment, welcher das hyperchemische Leben in solcher Bewegungsform vermittelt, dessen Schlussmoment, derjenige sei, der es als ein organisches vollende; wie er dem zufolge, als ein contrahiver in Bezug auf dessen gesammte expansive Wirksamkeit auftrete, und so sich als Moment absoluter Auffassung in Bezug dasselbe darstelle. Er nimmt dem entsprechend auch zwei Formen an, eine allgemeinbestimmte, seiner Beziehung nach auf jene expansive Wirksamkeit, eine absolutbestimmte an sich selbst.

Da das organische Leben seiner Bewegung in flüchtiger Verkörperung zufolge vielförmiger, denn seiner materiellen hyperchemischen Bewegung, somit auch verhältnissmässig stärker der Kraft nach, als jener zufolge wirkt; da es in der ersteren Bewegungsform Bezug auf letztere hat, folglich unter beiden in wesentlichem Zusammenhange steht, geht es unter der letzteren absolut über in die Form ersterer und modificirt die Form ersterer seiner Form entsprechend.

Jenen Moment der Bewegung des organischen Lebens in flüchtiger Verkörperung nun, sprechen wir an als diejenige Form seiner Thätigkeit, welche wir unter der Benennung Geist verstehen; seine hyperchemische Form und Thätigkeit als dessen Körper und körperliche Bewegung.

Der Geist ist demnach eine eigenthümlich modificirte organische Thätigkeit in elektromagnetischer Form, in Beziehung zu den primitiven Akten, Wärme, Kälte, Elektrizität, Magnetismus, Licht. Diese Thätigkeit hat zwei Formen: sofern das hyperchemische Leben, sofern das primitive Leben sie bedingt und bestimmt, und sie sich elektromagnetisch darstellt; sofern sie sich auf das hyperchemische Leben als Leiter solcher elektromagnetischen Strömungen bezieht. Die letzte Form dient den ersteren als Vermittelung. Unter beiden Formen erscheint die elektromagnetische, als Nerventhätigkeit. Mit dem Antheil der elektropositiven Thätigkeit am Nervenleben bringen wir die Erscheinung in Zusammenhang, dass die Nerven sich nicht wie die Adern verästeln, sondern gleich der positiven Elektrizität, seitlich ausspringend erscheinen. Mit dem Antheil der elektronegativen, das Auftreten der Nerven als Ganglien, die Modalitäten, welche sie in der letzteren Wirkungsform erhalten. Wir bringen mit der elektrischen und magnetischen Natur des Nervenlebens die Zustände des Hellsehens beim Somnambulismus, des absoluten Hörens und

Schauens während dieses Zustandes, die Beschreibung innerer Organe durch Kranke in Verbindung, bei denen keine frühere Kenntniss derselben vorauszusetzen war. Brewster befestigte einen Draht an der äussersten Bekleidung einer geladenen Flasche, einen zweiten an deren Entladungsstab. Die andern Enden der Drähte näherte er einander bis auf das zehnte Theil eines Zolles und drückte den Daumen auf beidem; mit dem andern Ende des Entladungsstabes berührte er den Knauf der Flasche, so dass diese entladen wurde. Indem der Funke unterm Daumen durchging, erschien dieser so durchleuchtet, dass der Knochen und die hauptsächlichsten Blutgefässe sichtbar waren *). Liesse mit einer ähnlichen aber innern elektrischen Durchleuchtung sich nicht jenes Phänomen des Hellsehens in Zusammenhang bringen? —

Die organische Thätigkeit in flüchtiger Verkörperung, welche wir als Geist angesprochen, nimmt erst beim organischen Leben eine absolute Form an. Dieser Form nach stellt sie erst bei demselben sich in selbstständiger Erscheinung, in wechselseitiger Bezüglichkeit, den verschiedenen Momenten nach dar, unter welchen sie die Verkörperung, die Bewegung, das Lebensgesetz als Bestimmung der Lebenskraft betrifft. In dreifacher Form, wie in dreifacher Beziehung wird so durch sie jenes Gesetz aufgefasst: in symbolischer in Bezug auf die Verkörperung; in problematischer in Bezug auf die Bewegung; in absoluter allgemeinbestimmter, als Gesetz, welches das Schwächere der Bestimmung durch ein Stärkeres unterwirft und in rein absoluter, als Lebensgesetz.

Unter der Benennung Geist, wird jene Thätigkeit überhaupt verstanden. Der Mensch hat Geist, bedeutet so

*) Encyclop. Metrop. Div. II. Vol. 4. Electricity. (34.) p. 65.

viel, als: sein Leben ist in Form jener Bewegung stark oder lebendig. Rein in der Form als Auffassung, in absolutbestimmter Manifestation, wird jene Bewegung als Verstand bezeichnet. In ebenderselben allgemeinbestimmten, daher undeutlichen Wirkungsform; so wie ihrer Manifestation nach in solcher als eine bestimmende im Verhältniss zur materiellen Bewegung, bezeichnen wir sie als Gemüth: Empfindung, Bewusstsein, Ahnen, Glauben, Verlangen, Triebe, diese undeutlichen Formen der geistigen Thätigkeit nennen wir Gemüth, Herz. Als eine absolut bestimmte, daher rein gesetzliche, bezeichnen wir sie, in der Form als Auffassung wie als bestimmende in Bezug auf die gesammte Bewegung, mit dem Namen Vernunft. Die ganze Natur ist vernünftig; aber die Vernunft hat viele Stufen, und absolute Vernunft ist menschliches Vorrecht. Verstand und Vernunft sind nothwendig vereint, ohne Vermittelung des Verstandes ist keine Vernunft möglich. Der Geist kann stark sein ohne Lebendigkeit; lebendig ohne Stärke. Im ersten Falle hat und ist der Mensch beschränkt; im letzten hat er Geist und ist albern. Verstand ist verträglich mit Beschränktheit, Geist mit Albernheit. Kraft und Lebendigkeit des Geistes beziehen sich auch, einer speciellen Beschränktheit nach, auf einzelne, auf mehrere bestimmte Formen. Dieses verdient genaue Unterscheidung. Der Geist ist stark und lebendig in contrahiver Form als Lebensauffassung, oder in expansiver als Lebensbestimmung. Er ist stark und lebendig als Auffassung des äusseren Körperlichen der Erscheinung, als sinnliche, bildliche, logisch combinative Auffassung; oder seinen einzelnen abstracten logischen Formen nach, als Combination, Unterscheidung, Vergleich, oder zu folgern. Stärke und Lebendigkeit des Geistes seiner Wirksamkeit als Einbildungskraft, Phantasie, Combination zufolge, ist, was wir unterm Namen geistreich verstehen. Durch solche einzelne Kraft und Lebendigkeit nimmt der Geist ein impulsives Wesen, eine quantitative Bedeutsamkeit an. Er vertauscht seinen absoluten Character mit dem relativen der materiellen Bewegung; seine flüchtige mit deren materieller Gewalt. Nur durchgängige Kraft und Lebendigkeit befähigen ihn zur Vermittelung der Vernunft, ertheilen ihm sein allgemeines Herrscherrecht.

Affinität ist die allgemeine Grundform der Geistesthätigkeit, diejenige, welche allem Lebendigen eigen.

Wir haben bemerkt, wie das vegetabile organische Leben nur den Character eines hyperchemischen Lebens trüge; nur die drei Momente eines solchen, Ernährung, Reproduction, absolute Bewegung umfasst; wie sich also auch nur auf diese drei Momente, dessen Bewegung in rein flüchtiger Verkörperung beziehe, dergestalt auftrete in der Form als Instinct; wie der Instinct aber bei demselben, absoluten Beziehungen nach, wie z. B. in Bezug auf allgemeine Erhaltung des vegetabilen Lebens durch sich selbst, auf dessen Reproduction seiner selbst einen rein absoluten Character annehme, welcher ihn der Sinnenthätigkeit nähert.

Da die Verkörperung Bezug hat auf die Bewegung, die Erscheinung jener ersteren durch diese letztere bestimmt wird, fehlen den anorganischen Körpern Formen, die den vegetabilen zuständig, fehlen diesen Formen die den animalen eigen sind. Jegliche organische Thätigkeit wird repräsentirt durch ein ihr entsprechendes Organ. Das Organ ist identisch mit derselben: sie kann da ohne nicht wirksam sein, und dasselbe wäre nicht da ohne sie. Seiner Beziehung nach zum chemischen Leben in flüchtiger allgemeiner Verkörperung als Luft, streckt der vegetabile Körper Stamm und Zweige aus in diese (caudex adscendens). Das absolut zwiefache jener letzteren, möchten wir auf dessen wesentliche Bedingtheit durch zwei verschiedene chemische Naturen beziehen. Seiner absoluten Beziehung nach auf das Leben in flüchtiger und in fester chemischer Verkörperung zufolge, streckt jener Körper auch Stamm und Zweige, eigenthümlich modificirter Art in den Grund (caudex descendens), seine Wurzeln. Bei gewissen vegetabilen Organismen stellt die Wurzel sich in vegetabiler holzartiger Krystallform dar, und die Zweige entsprossen unmittelbar aus derselben. Der unmittelbare Zusammenhang zwischen anorganischem und vegetabilem organischen Leben erscheint hier gleichsam symbolisch ausgesprochen. Wurzel und Zweige repräsentiren bei den vegetabilen Organismen in allgemeinbestimmter Unvollständigkeit und Undeutlichkeit, die Beine und Arme des animalen Körpers; während die Blätter und Nadeln an den Zweigen gleichalso die Hand mit ihren Fingern erscheinen lassen. Man kann die Bewegung der Bäume nicht aufmerksam betrachten, ohne in der Bewegung der Zweige und Blätter ein allgemeinbestimmtes undeutliches, unvollkommenes Langen, Reichen, Fassen, Halten; in jener der Blätter ein solches Darbieten, Abstossen, Deuten zu erkennen. Die Spaltöffnungen der Drüsen auf den Blättern, die Organe des Athmens der Pflanze, haben eine bestimmte Aehnlichkeit mit der Lippe des animalen Körpers; während die Spongiola an den Wurzeln, kleine, dicht zusammengedrängte Zellen, jede aus einer Summe vereinter Spiralfasern gebildet, und wodurch die Pflanze die chemische Flüssigkeit einsaugt, die ihr als Nahrung dient, eine gleiche Aehnlichkeit mit der Zunge des animalen Körpers darthun.

So mehr die Akte der vegetabilen Lebensthätigkeit sich vervielfältigen; vervielfältigen sich auch die Formen des vegetabilen Körpers; und die Pflanze tritt als eine vollkommnere auf *). Bei der Entwickelung derselben stellt eine absolute dreifache Progression sich, gleich wie bei der chemischen Lebensentwickelung dar. So in den drei Abtheilungen: Acotyledone, Monocotyledone, Dycotyledone. So bei der Wurzel, in den Formen Knollen, Zwiebel, Wurzel. So bei den Stempeln, Fruchtknoten, Narben u. s. w. Das Product der gesammten vegetabilen Lebensthätigkeit, die Blume, ist auch das vielförmigste Gebilde des Pflanzenkörpers. In Hinsicht einer gleichen Beziehung beider auf die Lebensthätigkeit, als eine absolute, hatte Link durchaus Recht, das Krystall als Blüthe des Minerallebens anzusprechen.

Affinität und Instinct ertheilen dem Leben unbedingt eine egoistische Bestimmung. Sie betreffen dasselbe nur in einzelner Erscheinung: sie betreffen das äussere Leben nur in Beziehung zu demselben in solcher. Allemal stellt beim Instinct der Egoismus im Zusammenhange mit der Reproduction sich als ein vervielfältigter in bestimmter Allgemeinheit, als eine relative Liebe, dar, ohne dadurch seinen wesentlichen Character einzubüssen.

In solcher Form aber ist der Instinct dem vegetabilen Leben noch nicht eigen. Das chemische Leben endet mit dem Momente seiner Hervorbringung seiner selbst in bestimmter Erscheinung; das vegetabile Leben endet mit dem Moment der Reproduction seiner selbst in solcher. Nach Maassgabe, als die vegetabilen Organismen vollkommenere, das heisst vielfältiger zusammengesetzte in Einheit sind; beschliesst dieser Moment als ein einzelner, ein bestimmter allgemeiner, ein absoluter allgemeiner ihr Leben.

*) Vergl. Flora. 1836. p. 1—16. Fries Entwurf zu Beantwortung der Frage, welche Gewächse die vollkommensten sind? Aus dem Schwedischen übersetzt von Hornschuh.

Wie der Instinct das vegetabile Leben nur in quantitativer Beziehung regelwidrig bestimmt, haben wir im Abschnitt vom gesetzlichen Wesen und vom gesetzlichen Zusammenhange des Lebens berührt. Mit seiner absoluten Lebendigkeit als ein organisches Leben stehen Irrthum und Unrecht in wesentlichem Zusammenhange; da es aber nur einfach absolut bestimmt ist, folglich so nur allgemeinbestimmt, können beide nur Beziehung haben auf die quantitative, allgemeinbestimmte Form seiner Lebensthätigkeit.

Als Form der Lebensauffassung und der Lebensbestimmung der animalen Naturen, vervielfältigt der Instinct seine Beziehungen. Entsprechend ihrer absolutbestimmten hyperchemischen Lebendigkeit, vermöge welcher ihnen eine selbstständige Erscheinung in der Form einer bestimmten Gattung und der zwei Geschlechter einer solchen zukömmlich ist; Bewegung in selbstständiger, sich selbst bedingender und bestimmender Form: nimmt derselbe bei den animalen Organismen einen andern Character als bei den vegetabilen, an. Allemal bleibt er undeutlich, als eine absolute Form der Auffassung, welche sich auf ein specielles Leben beschränkt, das Leben noch nicht in absoluter Allgemeinheit betrifft. Die instinctartigen Auffassungen treten auch bei den animalen Naturen nur in der Form als Bewusstsein, Gefühl, die Bestimmungen, welche sie dem animalen Leben ertheilen nur in der Form als Triebe auf.

So bestimmt der Instinct wesentlich das animale Leben seinen drei hyperchemischen Momenten, den Momenten seiner Bewegung, Ernährung, Reproduction zufolge. Im Zusammenhange mit den Akten der Bewegung und der Ernährung bestimmt er dasselbe rein egoistisch. Und indem es beiden Akten zufolge in wesentlicher wechselseitiger Bezüglichkeit steht, nimmt diese Bestimmung des Ernährungslebens einen Character an, dem zufolge das rein absolute Erkennen sie als grausam begreifen muss, sofern sie die Ernährungsthätigkeit solcher animaler Naturen betrifft, deren Leben durch andre animale Organismen erhalten wird; während das Raubthier so wenig grausam an sich ist, als das Kind, der rohe, der einfältige Mensch, die gedankenlos Insecten oder andere Thiere zur Beschäftigung und um sich durch letztere zu erhalten martern.

In Bezug auf die Thätigkeit der Reproduction erweitert der Instinct als ein animaler seine wesentliche egoistische Beschränktheit. Er betrifft nicht nur das Leben des einzelnen Individuums, er umfasst das Leben eines Individuums anderen Geschlechtes derselben Gattung; er umfasst in bestimmter Allgemeinheit die Gattung an sich, die Jungen beider Individuen. Allemal bleibt die instinctartige Bestimmung auch in dieser Beziehung wesentlich egoistisch. Sie betrifft das zweite Individuum nur während gewisser Zeiten; sie betrifft die Gattung nur in Zusammenhange mit dem Leben der Individuen, ihrer Beziehung nach auf dieses; sie betrifft selbe auch so nur beim weiblichen Geschlecht, bei diesem auch nur während gewisser Fristen, wo das Leben der Jungen mit dem Leben der Mutter in Zusammenhange steht, und auf dieses Bezüglichkeit hat oder haben kann. Wirft das Säugethier mehr Junge, als es säugen kann, beseitigt es gefühllos einige, und opfert sie dem Hungertode. Eine quantitative regellose Bestimmung der Ernährungsthätigkeit ordnet die höhere instinctartige Bestimmung des Reproductionsleben sich unter: das Thier verschlingt seine Jungen. Ein Analoges findet Statt hinsichts einer solchen Bestimmung des Bewegungslebens: aus Trieb umherzustreifen, verlässt das Thier seine Jungen.

Zu den drei hyperchemischen Lebensakten, der mit diesen zusammenhängenden instinctartigen Form der Auffassung und der Bestimmung des Lebens, kommt, wie dessen Erwähnung geschehn, beim animalen Leben ein zweiter allgemeiner Moment, welcher der quantitativen absoluten Bedingtheit des Lebens gemäss, in drei verschiedene progressive, einander entsprechende Momente zerfällt: Sinnenthätigkeit, bildliche Auffassung als Einbildungskraft und als Phantasie, bildlich combinative Auffassung.

Auch der einzelnen Formen der Sinnenthätigkeit und ihrer wesentlichen Beziehungen, so wie ihres wesentlichen Zusammenhanges mit dem instinctartigen Leben, ihres Zusammenhanges an sich, ihren einzelnen Momenten nach, ihres Zusammenhanges mit der bildlichen Thätigkeit ist Meldung gethan; und wie die sinnliche Auffassung der instinctartigen absolute Bestimmtheit, somit Klarheit, beziehungsweise sogar einen rein absoluten Character vermittelt, indem sie selbe zu einer bildlichen erhebt, und so der logischen verbindet.

Der gedachte Moment ist dem animalen Leben nicht durchweg, sondern in den verschiedensten Modalitäten, allen seinen Abstufungen nach zukömmlich. Wir möchten diesem zufolge die Progression des animalen Lebens bestimmen. So absoluter ein Thier durch das Auge begreift: so höher steht dasselbe in der Reihe der animalen Organismen. Gewisse Thiergeschlechter begreifen vorzugsweise durch den Tastsinn; andre durch den Geruch; noch andre durch das Gehör. Den vollkommensten thierischen Organismen, das heisst so viel, als den stärksten und vielförmigsten, ist Einbildungskraft eigen, den zwei Beziehungen derselben nach auf Gehör und Gesicht, in gewisser Hinsicht besitzen sie sogar Phantasie und Combination. Das logisch combinative Erkennen des Thiers tritt allemal nur als ein bildliches auf; in der bildlichen Vorstellung erscheint es gleichsam verkörpert. Nur einzelner logischer Combinationen in Bezug auf sinnliche und bildliche Auffassung ist das Thier fähig; absolutes logisches Erkennen ist den animalen Naturen versagt. Aus dieser Ursach vermag das Thier nicht rein selbstbestimmt sinnliche Auffassungen als bildliche Vorstellungen wieder in sich hervorzurufen. Eben so wenig ist es abstracter Vorstellungen fähig. Alle Begriffe, welche mit absoluter logischer Auffassung in Zusammenhange stehn, mangeln dem thierischen Geiste. Das Thier begreift an sich nicht Bewegung, Verkörperung, Kraft, Gesetz, Recht, Unrecht, nicht Gott, nicht die Welt, nicht sich selber. Die Pflanze begreift absolut nur ihr individuelles Leben, ihr generelles, das Leben ihrer Gattung begreift sie als in jenem enthalten. Sie begreift die äussere Erscheinung nur in Zusammenhange mit jenem. Beziehungsreicher, stärker, umfassender betrifft der thierische Geist schon absolut das animale Leben als ein specielles und als ein generelles, das äussere Leben in Zusammenhange mit seinem speciellen und generellen Leben.

Durch sinnliche Auffassung, Geruch, Gehör, Gesicht, wird das animale Bewegungsleben rein an sich, so wie in Zusammenhange mit dem Ernährungsleben des Thiers bestimmt. Dieses unterscheidet nicht nur dunkel, im Allgemeinen die Gegenstände der Beziehung jenes ersteren, es unterscheidet sie bestimmt; es richtet sich auf sie gewissen Eigenschaften nach, die denselben ausschliesslich eigenthümlich, denen zufolge sie jenen Sinnen entsprechend sind. Es wählt zum Schwimmen vorzugsweise ein klares Wasser, eine heitre Luft zum Fliegen; eine frische blumige Wiese, darauf zu gehn. Es folgt dem Geruch, dem Schalle des Falles einer Frucht, die ihm als Nahrung dienen kann; es flieht bei andern Klängen; es folgt dem Schimmer, der Farbe, der Form gewisser Gegenstände.

Widergesetzlich kann das animale Bewegungsleben und Ernährungsleben durch sinnliche Auffassungen nicht bestimmt werden; wohl aber ist mit der instinctartigen Bestimmung beider Regelwidrigkeit verbunden, wenn das instinctartige Bewusstsein von der Lebenskraft als einer rein absoluten, als einer absolut bedingten und bestimmten, einzeln das animale Leben bestimmt. In Zusammenhange mit dergleichen Auffassungen ist das Thier wild, unbändig, oder faul und feig. Seine Bewegung wird unmittelbar durch beide Auffassungen, sein Ernährungsleben durch die letztere nur mittelbar, unmittelbar nur durch die erstere bestimmt. Das Thier frisst nie zu wenig, ist es der Nahrung mächtig, wohl aber frisst es hinaus über das Vermögen seiner Ernährungsthätigkeit; es hungert und frisst zu wenig aus Faulheit und aus Feigheit.

Das Reproductionsleben der animalen Organismen, welches der Instinct nur im Allgemeinen zu Beziehung auf ein Individuum verschiedenen Geschlechtes und gleicher Gattung bestimmt, wird durch Bestimmungen des Geruchs, des Gehörs, des Gesichtes auf ein specielles Individuum solcher Art gerichtet; dergleichen Bestimmungen wiederholen sich als dieselben, und ertheilen den Trieben des Thiers, welche mit jenem Lebensakt in Zusammenhange stehn eine gewisse Dauer, Treue nennen wir sie. In Bezug auf ähnliche Auffassungen unterscheidet die Mutter unter ihren Jungen, liebt eines vorzugsweise, setzt ein anderes zurück. Das Reproductionsleben des Thiers kann durch Auffassungen des Gehörs und des Geruchs nicht regelwidrige Beziehungen erhalten. Wohl aber nimmt es durch Auffassungen des Gesichts dergleichen Beziehungen an. Eine solche Bestimmung setzt indessen eine specielle quantitative Gewalt des animalen Lebens voraus, welche im allgemeinen nicht in dessen Natur liegt, sie richtet dasselbe, wenn auch auf ein Individuum verschiedenen Geschlechts, verschiedener Gattung, allemal auf ein solches Individuum verwandter Gattungen; und dann noch beschränkt sich diese Regelwidrigkeit auf das männliche Geschlecht der Gattungen.

In Zusammenhange mit seiner instinctartigen Bestimmung unterliegt das animale Reproductionsleben gleicher Regelwidrigkeit als die animale Thätigkeit der Ernährung.

Das Thier ist auch bestimmter Triebe rein in Bezug auf sinnliche Auffassungen, auf bildlich-combinative Auffassungen fähig. Es kommen ihm, seiner Natur nach, rein geistige Triebe, eine Neigung in Bezug auf allgemeine und specielle Vorstellungen von Schönheit, in Bezug auf Wohlwollen und Wohlthaten zu, Dankbarkeit, Anhänglichkeit, Liebe, Bewundrung, und dem entsprechend Abneigung, Geringschätzung, Feindschaft. In Zusammenhange mit seinem Vermögen der Bildlickeit hat es Sehnsucht und Furcht. In Zusammenhange mit seinem Vermögen bildlicher Combination, hat es Neid und List: List ist eine Form der Lebensstimmung, welche wesentlich mit bildlich combinativer Auffassung in Verbindung steht.

So zeigt sich, wie Irrthum und Unrecht nicht nur Bezug auf das menschliche Leben haben, sondern auf das organische Leben überhaupt. Wie Beziehungen und Formen des organischen Lebens sich vervielfältigen, vervielfältigen sich die Formen jener; ihre Bedeutsamkeit, ihr Bereich wächst und verbreitet sich dem gemäss. In höchster Potenz sind beide dem menschlichen Leben eigenthümlich. So zeigt sich auch, wie Irrthum und Unrecht nicht rein widergesetzlich sind, sondern auf eine einzelne Form der Auffassung beruhn, welche das Leben absolut bestimmt; daher wesentlich in Zusammenhange stehn mit Zuständen unvollständiger organischer Lebendigkeit.

Die Form der animalen Lebendigkeit bedingt eine ihr entsprechende Form der animalen Lebensverkörperung. Dadurch unterscheidet der animale Körper sich wesentlich von dem vegetabilen.

Das vegetabile Leben bringt successive die Organe seiner Ernährungsthätigkeit hervor, die Zellen. Aus ihnen gestalten sich die Organe seiner Bewegung der abwärts und der aufwärts strebende Stamm. Wie das vegetabile Leben seine Beziehungen vervielfältigt, vervielfältigen sich die einen und die andern Organe, der Stamm in der Form von Zweigen und Blättern. Endlich tritt das Gebild der Reproductionsthätigkeit auf, die Knospe, und vollendet sich in der Blume und im Samen.

Beim animalen Leben sind die Organe der Bewegung, der Ernährung, der Reproduction zugleich da: und, wie dasselbe absolut bestimmt ist im Einzelnen und im Ganzen, ist jegliches dieser Organe ein allgemeines dem sich specielle unterordnen und beiordnen.

Die Organe der Bewegung stellen am thierischen Körper sich verschieden dar, entsprechend der Beziehung derselben auf ein Flüchtiges, die Luft, auf ein Flüssiges, das Wasser, auf ein Festes, das Land. Bei gewissen Vögeln, gewissen höheren Säugethieren, den Quadrumanen, erscheinen jene Organe schon verschieden, der einen und der andern Beziehung nach; geschickt zu der einen Beziehung, zu Langen, Fassen, Halten, oder zu Stehen, Hüpfen, Gehn. Allemal erscheinen sie unvollkommner im Verhältniss zu der einen oder andern Bewegung, oder überhaupt unvollkommen. Die Bewegungsorgane der Fische, Schwanz und Flossen, entsprechen der einfachen mechanischen Thätigkeit des Wassers. Diese Organismen repräsentiren die Beziehung der hyperchemischen Lebensform zu letzterem. Die Bewegungsorgane der Vögel, die Flügel mit ihren Gelenken, entsprechen der zwiefachen mechanischen Bewegung, welche, verbunden zu einer chemischen die Grundform der Luftbewegung bildet.

Die Organe der Bewegung der Landthiere entsprechen dem absolut Festen des Landes und der impulsiven Bewegung als einer im Einzelnen in Beziehung zu einer andern Lebensform stehenden.

Jene hyperchemische Bewegung in elektromagnetischer eigenthümlich modificirter Form und flüchtige Verkörperung, welche in Beziehung zur primitiven anorganischen Lebensthätigkeit, das hyperchemische Leben als ein organisches vollendet, und zuerst, beim animalen Leben in absoluter Beziehung und Form, als Sinnenthätigkeit, bildliche, bildlich-combinative logische Auffassung erscheint, wird beim animalen Organismus im Allgemeinen durch den Kopf, speciell durch die Sinnesorgane, durch das kleine und grosse Gehirn verkörpert.

Wie der Tastsinn, Grundform aller Sinnenthätigkeit, einfache absolute Bewegung in flüchtiger Verkörperung ist, und wie solche Beziehung hat auf eine gemeinschaftliche Beziehung der zwei chemischen Naturen, welche einer organischen Lebensform zum Grunde liegen; wird derselbe auch beim animalen Körper allgemein durch das allgemeine Organ dieser Beziehung, die Haut repräsentirt; speciell durch die Extremitäten, der Organe der materiellen Bewegung, untere Flächen der Hände und Füsse, äusserste Spitzen beider, Finger und Zehen.

Bei animalen Organismen, deren Leben vorzugsweise der Tastsinn bestimmt, kommen eigenthümliche Organe desselben vor, Fühlhörner u. s. w. Der specielle Zusammenhang zwischen Tastsinn, Gehör, Gesicht, manifestirt sich bei diesen Organen. Bei gewissen Organismen vertreten sie das Gehör; bei andern steht an deren Spitze das Auge, so z. B. bei den Schnecken.

Die Form der Sinnesorgane entspricht den Beziehungen, welche wir denselben ertheilen. In Zusammenhange mit der Beziehung des Sinnenlebens auf das chemische Leben in allgemeiner flüchtiger, flüssiger, fester Erscheinung, Geschmack und Geruch, ist diese eine und dieselbe, eine allgemeinbestimmte, eine kreisförmige Oeffnung. In Zusammenhange mit dem Sinn des Gehörs, dem wir eine absolute Beziehung auf Wärme und magnetische primitive Thätigkeit beigemessen ist sie theils eben eine solche, theils zeigt sie die Gestalt, worunter das magnetische Leben sich verkörpert, eine Spirale; so als Schneckengang im Innern des Ohrs. Dem Gesicht ertheilten wir eine Beziehung auf das primitive Leben in der Wirkungsform als Licht. Das Auge stellt diejenige Form der Bewegung dar, welche wir dem irdischen Leben nach seiner Vollendung in jener Form beigemessen, einen Kreis, bezüglich auf ein Elipsoid. Das letztere wird durch die Hornhaut, der erstere durch den Augapfel repräsentirt. Auch hier findet sich zugleich die allgemeine Form, welche den Sinnesorganen des Geschmakkes und des Geruches eigen, eine kreisförmige Oeffnung: der Augapfel stellt sie dar. Und wie das primitive Leben sich in flüchtiger Form einer allgemeinen dreifachen Modalität nach verkörpert, zeigt sich auch beim Auge das Sehen durch ein dreifaches, durchsichtiges Mittel von entsprechender und verschiedener quantitativer Gewalt, mit andern Worten, Brechungsvermögen bedingt.

Als einem absolutbestimmten, einem solchen, der in vielfältiger allgemeiner und specieller absoluter Beziehung zu sich selber steht, ist dem animalen Organismus ein eigenthümlicher Klang, eine Stimme eigen; dieser Klang enthält vielfache Modulationen. So hat jedes Thier seine Stimme; so drückt die Stimme des Thiers die verschiedenen organischen Zustände desselben aus; sofern solche auf sie Bezug haben auch sinnliche, bildliche, combinative Auffassungen und Triebe desselben. Da dem animalen Leben jedoch absolute Auffassung gebricht, mangelt den Thieren eine absolute Modification solcher Ausdrücke, eine Sprache. Ihr Gedächtniss ist beschränkt, wie ihre Sprache, wie ihre bildlichen Vorstellungen, wie ihr Vermögen der Combination, wie ihre Lebensbestimmung.

Das menschliche organische Leben umfasst in Einheit sämmtliche Formen affinitiver, vegetabiler, animaler, organischer Lebendigkeit; als absolutbestimmte enthält es alle Formen die dem anorganischen Leben als allgemeinbestimmte zukömmlich sind.

Es besitzt einen allgemeinen Moment, der nur ihm eigenthümlich ist: logische Auffassung in einzelner, in bestimmter allgemeiner, in durchgängiger allgemeiner Beziehung und Form; analogisch-combinatives, objectives, rein absolutes Erkennen.

Bei den affinitiven und vegetabilen Naturen erscheint die logische Thätigkeit in materieller Verkörperung, von der festen bis zur luftartigen; bei den animalen Naturen tritt sie schon in bildlicher, abstracter Verkörperung auf; beim Menschen allein erscheint sie absolut in solcher, in solcher rein bezüglich auf sich selbst.

Indem die Verkörperung auf die Bewegung, die Bewegung auf die Kraft bezüglich ist, welche Eines ist mit ihrer gesetzlichen Bestimmung; indem durch logisches Erkennen die Bewegung absolut begriffen wird: ist in der logischen Erkenntniss eine Vervollständigung der bildlichen, eine Kritik letzterer enthalten. Durch logische Erkenntniss wird andrerseits die Lebenskraft ihrer gesetzlichen Bestimmung nach begriffen, und da selbe die Bewegung unter allen ihren Formen bestimmt, enthält das logische Erkennen auch eine Kritik seiner selbst, sofern es in Beziehung auf die Verkörperung, als ein bildlich-combinatives, als ein abstractes, analogisch combinatives, oder als ein solches in bestimmter allgemeiner Beziehung, als ein objectives auftritt.

Und so vermittelt diese Form der Auffassung, und sie allein, vollkommene durchgängige Erkenntniss, und, da des Menschen organisches Leben sämmtliche Formen irdischer Lebendigkeit als absolutbestimmte umfasst, vermittelt sie eine Fähigkeit des Menschen absolut die irdische Natur, sie ihren Beziehungen nach zu ihm, zu sich selbst, zum planetarischen, dem Leben der Welt und zur Gottheit zu begreifen; vermittelt sie eine absolute, relative Erkenntniss des Menschen von Gott: keine rein absolute Erkenntnifs. Ein absolut bedingtes und bestimmtes, kein rein absolutes Wesen, ist der Mensch nur einer bedingten und bestimmten absoluten Erkenntniss der Gottheit fähig.

Die Lebensbestimmung der anorganischen Naturen, ist rein egoistisch: sie ist rein gesetzlich zugleich. Die Lebensbestimmung der vegetabilen Wesen ist egoistisch in specieller und in allgemeiner Beziehung: sie ist fast so gut als durchaus gesetzlich.

Bei den animalen Organismen ist die Lebensbestimmung rein egoistisch: egoistisch in genereller Beziehung; egoistisch subjectiv; sie ist einigen Beziehungen zufolge schon rein liebevoll.

Das Lebensgesetz kann von diesen Naturen in rein absoluter Form nicht begriffen werden. Einmal nicht, weil sie nicht vollkommen logisch begreifen; weil ihre absolute Auffassung mangelhaft ist, wie die Beziehungen und Formen ihres organischen Lebens, mangelhaft im Verhältniss zu den Formen der irdischen anorganischen Lebendigkeit sind.

Die Lebensbestimmung des Menschen bezieht sich auf alle Formen der Auffassung, die affinitive, die instinctartige, sinnliche, bildliche, die logische: sie ist rein egoistisch, egoistisch in Bezug auf die Familie; egoistisch subjectiv; sie ist rein liebevoll in einzelnen, in bestimmten allgemeinen, in allen Beziehungen. So lange der Mensch nur instinctartig, sinnlich, bildlich und bildlich combinativ begreift, ist sein Leben wesentlich ähnlich dem animalen

Leben. Es unterscheidet von diesem sich nur durch grössere Kraft und Vielförmigkeit, welche den Akten der menschlichen Bewegung, Ernährung, Reproduction, sinnlichen und bildlichen Auffassung, verhältnissmässig zu denselben animalen Lebensakten eigen sind; so wie durch ein allgemeinbestimmtes absolutes Erkennen, das den Thieren mangelt: Sinn, Tact, Ahnung, Wissen, Glauben eines rein Gesetzlichen, Göttlichen. So mangelhafter diese Formen der Auffassung eines solchen, so herrlicher manifestirt sich das Göttliche der Lebenskraft und ihrer gesetzlichen Bestimmtheit durch sich selber, bestimmen sie das Leben doch rein gesetzlich; wirft der Mensch sich, seine Wünsche, sein Bangen mit Vertrauen in den heiligen, dunkeln Abgrund, den sie ihm offenbaren.

Das analogisch-combinative Erkennen verhilft zu keiner absoluten Auffassung der Dinge. Durch dasselbe wird nur das Einzelne, und das Einzelne nur im Einzelnen vollkommen begriffen; denn wird dasselbe so allen seinen Beziehungen nach aufgefasst, ist es objectiv erkannt.

Das Lebensgesetz stellt sich dieser Auffassung nach, nur absolut in Beziehung auf die quantitative Form der Lebenswirksamkeit dar, als Bestimmung der Lebenskraft. So erscheint es als ein Gesetz, welches unbedingt das Schwächere der Bestimmung des Stärkeren unterwirft. Diese Auffassung von demselben gilt als eine rein absolute. Sie bestimmt das Leben, als ein schwächeres zu List, als ein stärkeres zu Gewalt. Eine solche Bestimmung gilt als eine nothwendige: die Gewalt begreift sich als Kraft; die List als Klugheit; diese niedrigste, eine wesentlich animale Form der Klugheit gilt für deren absolute, höchste Form.

Jenem Moment menschlicher Geistesthätigkeit gehören alle Leidenschaften, alle Laster, alle Verbrechen. Egoistisch auf jede Art, berücksichtigt die Auffassung nur das Eigene, ausser diesem nur demselben Blutsverwandtes, nur Leben, zu dem es in persönlicher Beziehung steht. Im Zusammenhang mit sinnlicher, bildlicher, bildlich combinativer Auffassung nehmen Bewegung, Ernährung, Fortpflanzung, statt ihres absolut speciellen, einen allgemeinen absoluten Character an. Die Bewegung wird zur Wildheit; zu Schwelgerei die Ernährung; die Liebe zwischen den zwei Geschlechtern zur Ausschweifung, zur Leidenschaft; die blutsverwandte Liebe zur Ungerechtigkeit, zum Nepotismus.

Rein in Bezug auf sinnliche Auffassung entstehen die egoistischen Triebe der Eitelkeit, der Pracht, der Rangsucht. Durch bildliche und durch bildlich combinative Auffassung erhalten auch sie einen absoluten, leidenschaftlichen Character.

Andre egoistische Triebe beruhen unmittelbar auf dem bildlich combinativen Erkennen: Ehrgeiz, Ruhmsucht, Herrschsucht. Diese Triebe sind an sich leidenschaftlich, dem absoluten und dem absolut Beschränkten, Einzelnen, dem Allgemeinbestimmten, daher Unklaren, Problematischen und Symbolischen jener Form der Auffassung zufolge.

Die Gewalt dieser Triebe bedingt eine ihr verhältnissmässige Stärke und Lebendigkeit der Gewalt und der List. Das bildlich combinative Erkennen bestimmt, beim Mangel an absoluter Auffassung, das Gemüth zur Eifersucht, zur Rachgier, zu Neid und Hass.

Durch abstracte logisch-combinative Auffassung wird die Summe jener Uebel vermehrt. Der Mensch begreift vermöge derselben nur einzelne Dinge; diese nicht vollständig, nur einzelnen Beziehungen nach: wird alles Einzelne, und als ein Ganzes allen seinen Beziehungen nach aufgefasst; ist es absolutbegriffen. Der Unterschied zwischen objectivem und absolutem Erkennen beruht nur darin, dafs jenes einzelne Ganze an sich und seinen Theilen nach, dieses die Summe der einzelnen Ganzen so als Einheit betrifft.

Das Mangelhafte logisch combinativer Auffassung kann durch diese selbst nicht begriffen werden. Als eine absolute begreift sie sich; eine solche in bestimmter Beziehung, indem sie dieser zufolge die Erscheinungen unbedingt auf ihre gesetzliche Grundform zurückführt. So wird durch sie Einzelnes bei letzteren als Gesetzlich oder Widergesetzlich, dieses Einzelne aber als ein Allgemeines, ein Absolutes angesehen. Eine solche Ansicht bestimmt im ersten Fall zu unbedingter Liebe und Förderniss; im letzteren zu unbedingtem Hafs, zu unbedingter Hinderung; in beiden zu Fanatismus. Im Bewusstsein der Seele vom absolut Gesetzlichen ist eine Erkenntniss desselben als des höchsten Herrschenden, des Principes aller Herrschaft enthalten. In Erscheinungen, welche als rein gesetzlich begriffen werden, scheint dieses Princip, in Erscheinungen, welche als durchaus widergesetzlich betrachtet werden, das Gegentheil desselben verkörpert. So bestimmt das analogisch-combinative Erkennen die Person, die Lehre, die es als rein gesetzlich erfasst, unbedingt zu einer herrschenden zu erheben. Es bestimmt den Menschen zu eigner rücksichtsloser Verwendung für diesen Zweck, zu rücksichtsloser Verwendung des Aeussern für denselben. Es bestimmt, beim entgegengesetzten Fall, zu gleicher Unterdrückung oder Zerstörung. Der bitterste Hass der Secten und Partheien, die schwersten Ungerechtigkeiten und Unmenschlichkeiten haben diesen Zusammenhang; wie solches schon berührt worden ist. Während des gedachten Momentes menschlicher Auffassung als eines allgemeinen und höchsten, sind Recht und Liebe dem gesetzlichen Lebensbewusstsein, dem Gefühl, der Ahnung, dem Glauben, oder dem positiven, dem Gesetz in einzelner Hinsicht übergeben. Die absolute Stärke der Seele kann sich nur in blindem Gehorsam erproben.

Als ein absolut vervielfältigtes in Bezug auf einen

Gegenstand, wird das bildlich combinative Erkennen zu einem absoluten. Bei der unbedingten Lebendigkeit des Lebens, seinem Wesen nach als Kraft, macht jenes Erkennen sich unbedingt zu einem solchen. Es ist das Schwert, welches die durch ihn geschlagenen Wunden heilt. Seine Beziehung, so wie die Beziehung aller Erkenntniss auf das Gesetz des Lebens, erklärt den Spruch: „durch das Gesetz ist die Sünde in die Welt gekommen; durch das Gesetz wird die Welt von der Sünde frei."

Mittelst objectiver Auffassung wird das Lebensgesetz zwar noch nicht rein an sich, nur in Anwendung auf einen bestimmten Gegenstand und derjenigen Modalität nach begriffen, welche eine solche Beziehung ihm gesellt. Aber die objective Auffassung entkleidet das durch sie bestimmte Leben schon von egoistischer Beschränkung, somit von Leidenschaftlichkeit.

Wie das analogisch-combinative, abstracte Erkennen sich selbst als ein objectives bedingt; bedingt das objective Erkennen sich als ein absolutes. Mit dieser Form der Auffassung, als einer durchaus bestimmenden des menschlichen Lebens, ist das Leben der menschlichen Gattung vollendet. Mit derselben als einer solchen, stehen, wie wir andres Ortes gezeigt, durchgängige Gerechtigkeit und Liebe in Verbindung.

Die Fähigkeit absoluter logischer Auffassung des Menschen bestimmt auch dessen bildliches Erkennen als ein absolutes, seinen beiden Formen, Gedächtniss und Bildlichkeit nach.

Damit hängt eine vervielfältigte Form des menschlichen Daseins zusammen, ein Dasein des Menschen in der Gegenwart, in der Vergangenheit, in der Zukunft.

Die anorganischen Naturen leben, selbst in der Gegenwart, kein vollständiges Leben. Die vegetabilen Naturen leben vollständig in der Gegenwart. Die animalen

Wesen leben momentan schon in dieser und in der Vergangenheit, in dieser und in der Zukunft. Der Mensch lebt durchaus im Augenblick, in der Vergangenheit, der Zukunft. Gleich Flügeln, halten Erinnerung und Hoffnung sein Leben über die Beschränkung des Augenblicks empor.

Vom animalen Körper unterscheidet der menschliche Körper sich wesentlichst dadurch, dass er ein vollständiges Gleichgewicht der elektromagnetischen Lebensbewegung, ihrer hyperchemischen und ihrer Beziehung nach auf das primitive Leben, derselben in materieller und in flüchtiger Verkörperung repräsentirt; absolute Thätigkeit des Lebens in flüchtiger und in fester Beziehung und Form.

Damit steht das Aufgerichtete des menschlichen Baues in Zusammenhang, der bestimmte Unterschied der Bildung von Armen und Händen, Beinen und Füssen, welcher sich bei keinem animalen Organismus zeigt. Bei den animalen Naturen herrscht durchgängig eine Beziehung der Bewegung auf das Flüchtige, das Flüssige oder das Feste. Man könnte das Fliegen als ein Schwimmen im Flüchtigen, das Gehen als ein Schwimmen auf dem Festen bezeichnen; beim Kriechen hat das Gehen ganz diesen Gharacter.

Wie den animalen Organismen ein allgemeinbestimmter Klang, eine Stimme, eigenthümlich ist, welche sich auf die chemische Gonstruction des animalen Organismus bezieht, und als Ausdruck der momentanen Beschaffenheit desselben in verschiedener Modalität, verschiedenen Zuständen desselben zufolge auftritt; wie das animale Gedächtniss dem gemäss gewisse absolute Beziehungen und Formen enthält, und im Zusammenhange mit Auffassungen des Gehörs das animale Leben bestimmt; ist dem Menschen, dem absolut Vollendeten seiner organischen Lebensform als einer irdischen Lebensform zufolge, wie dem Thier, eine Stimme als Ausdruck der chemisch-hyperchemischen

Beschaffenheit jener letzteren und ihrer Zustände eigen; ausserdem eine Stimme als Ausdruck seiner absoluten Auffassungen und der Zustände, worin diese sein hyperchemisches Leben versetzen, eine Sprache. Die Sprache besitzt gewisse allgemeinbestimmte Ausdrücke, Laute: sie besitzt gewisse absolutbestimmte Ausdrücke: Worte.

Auch das menschliche Gedächtniss hat dieser Natur des menschlichen Ausdrucks gemäss verschiedene Formen: es stellt sich als Gedächtniss des Klanges, der Stimme dar; es stellt sich dar als Gedächtniss des Ausdruckes; es erscheint als Wortgedächtniss.

Indem Gehör und Gedächtniss in Zusammenhange mit logischer und mit bildlicher Auffassung und so in dreifacher Beziehung und Form die materielle menschliche Bewegung so wie letztere ihrer Aeusserung nach als Stimme rein gesetzlich bestimmen, veranlassen sie eine eigenthümliche Form menschlicher Lebensthätigkeit und in Uebereinstimmung damit eine eigenthümliche Erscheinung des Lebens: Kunst, als Tonkunst, Instrumental- und Vocalmusik in Bezug auf Klang und Stimme; als Poesie und Beredtsamkeit in Bezug auf Laute und Sprache

Die Musik hat ihrerseits eine allgemeinbestimmte Form: Harmonie. Sie hat eine absolutbestimmte Form: Melodie. Alles hinsichts der Eigenthümlichkeiten des Allgemeinbestimmten und des Absolutbestimmten Beigebrachte leidet Anwendung auf Harmonie und Melodie. Jene wirkt umfassender als diese, doch dunkler; diese wirkt beschränkter als jene, doch klarer: so klar als die Musik bei dem wesentlich Allgemeinbestimmten wirken kann, das ihr jener Form des Lebens zufolge eigen ist, die ihr als Grundform dient, der Wärme. Darin, dafs der Klang, die Stimme, bedingt werden durch die chemische Construction, die Grundform des organischen Lebens; dass die Musik sich also auf diese bezieht, sie erschüttert; liegt wohl das unmittelbar Ergreifende das Materielle ihrer Wirkung. Auch Poesie und Beredtsamkeit haben ihre eigenthümliche Harmonie und Melodie; auch bei der Sprache herrscht ein bestimmtes Verhältniss des Gewichtes und des Klanges der Laute und Worte. Bei der Poesie gesellt der allgemeinen Bestimmung durch Gehör und Gedächtniss sich eine absolute durch das Bild, eine logisch-combinative, sogar eine rein logische, welches der Poesie einen rein absoluten Character ertheilt. Die Beredtsamkelt bezieht sich unmittelbar auf eine solche Bestimmung. Daher wirkt die Beredtsamkeit ergreifender als Musik und Poesie: der ganze Mensch wird dadurch erschüttert. Die Beredtsamkeit bringt diese Wirkung aber nur unmittelbar hervor: denn die Stimme muss die musikalische Wirkung der Rede, des Wortes vermitteln.

Eine rein gesetzliche Bestimmung der materiellen Bewegung durch das Auge, in Verbindung mit Gedächtniss, mit bildlicher und logischer Auffassung, bedingt eine zweite Form menschlicher künstlerischer Thätigkeit: Plastik. Die plastische Kunst hat zwei Beziehungen, Form und Farbe. Der ersteren nach stellt sie sich als Baukunst dar, als Bildhauerei: verwandter in dieser Beziehung der Tonkunst. Der letzteren zufolge betrifft sie die Wirksamkeit des Lichtes, seiner expansiven und contrahiven Manifestation nach, in der Form als Weiss oder einer andern einzelnen Farbe: so erscheint sie als Zeichenkunst. Sie betrifft alle Farbenmanifestationen des Lichtes: so stellt sie sich dar als Malerei.

Der einzelne Mensch entwickelt sich successiv, verschiedene Phasen seines Lebens hindurch unter allen Formen organischer Thätigkeit, welche der Menschheit überhaupt zustehn. Die specielle menschliche Entwickelung aber wird als eine absolute, durch die Entwickelung der menschlichen Gattung bedingt: die Entwickelung des menschlichen Individuums kann nicht hinaus über diese; nicht hinaus über die allgemeine Entwickelung, das heisst über seine Zeit.

Allgemeinbestimmt beginnt das menschliche Leben im Moment, da es nach seiner Vollendung als ein hyperchemisches und als ein organisches sich losreisst von dem Leben, in Zusammenhang mit welchem und in Bezug auf welches es sich unter beiden Formen vollendet hat, und als ein selbständiges in Beziehung tritt zu der ihm äussern Lebenserscheinung. Seine Bewegung ist eine allgemeinbestimmte, analog unter ihren beiden Formen, als Gehen und als Stehen; als Langen, Fassen, Halten. Sie ist allgemeinbestimmt als Stimme. Seine Sinne sind unentwikkelt; nur der Geschmack hat eine bestimmte Beziehung. Gedächtniss und Bildlichkeit, das abstracte logische Vermögen, sind nur als Anlage da. Diese Anlage wird bedingt durch Kraft und Form der Lebensthätigkeiten, worauf das junge menschliche Leben Bezug hat. In Bezug auf die äussere Erscheinung nehmen alle jene Formen absolute Bestimmtheit an. Diese Bestimmung stellt sich als Erziehung dar. Dem Lebensgesetze gemäss nimmt auch die jugendliche menschliche Thätigksit die Formen des Aeussern an zu welchem sie in Beziehung tritt.

Durch Beziehung zu schönen, zu rein gesetzlich bestimmten Erscheinungen des Aeussern das jugendliche Leben gesetzlich zu entwickeln, ist der Zweck, welchen Rousseau seiner Erziehungslehre zum Grunde legt: keinen andern Zweck, als diesen kann die Erziehung haben. Ihm zufolge umgiebt er seinen Emil ausschliesslich mit der Natur, mit Zuständen des gesellschaftlichen Lebens, wobei das menschliche Leben unmittelbar die Natur betrifft, ihr seine ersten Bedürfnisse, seine Bedürfnisse als ein hyperchemisches abzugewinnen; er umgiebt ihn ausschliesslich mit Erscheinungen der Schönheit, der Kunst. — Und der Zweck scheitert in der Ausführung; weil Rousseau als ein Absolutes das sinnliche, das bildliche und das bildlich-combinative Erkennen betrachtet: er macht seinem Zögling die Wirklichkeit zur Lüge, und verdirbt ihn für das Leben, wofür er ihn ausbilden wollte.

Dem gegenwärtigen Moment der menschlichen Lebensentwicklung zufolge, wobei das Leben im Allgemeinen nur durch logisch-combinatives Erkennen bestimmt wird, ja durch untergeordnete Formen der Erkenntniss, ist dem wirklichen Leben, welche dessen Beziehungen sein mögen, nichts weniger als eine durchweg ideale Erscheinung eigen. Logische, rein gesetzliche Auffassung, dadurch eine entsprechende Bestimmung, entsprechende Beziehungen dem Leben im Einzelnen zu vermitteln, und so einen gesetzlichen Zusammenhang, wie jener des Lebens der Natur, auch dem menschlichen Leben: das ist die Aufgabe jedes menschlichen Daseins. Sie zu lösen darf sich der Mensch nicht verzärteln durch Friede und Genuss, welche das Bild des Idealen begleiten. Er muss lernen, sich von der Beschränktheit im Gespräch mit quantitativer Gewalt überrennen zu lassen, nnd innerlich munter zu bleiben, sich zu erheben und den verdriesslichen Kampf der Worte wieder aufzunehmen. Er muss ohne Ungeduld der Unfähigkeit Beziehungen überlassen, welche sie annehmen, nicht eingehen, nicht durchsetzen kann; sie dabei mit seiner Kraft unterstützen, um die Hälfte oder einen Theil des Schönen zu retten, das er vollständig durch dieselben Beziehungen als Beziehungen seines Lebens hätte bewirken können. Er muss sie für ihre unvollständigen Erfolge belohnen. Er muss lernen, was er liebt der Gewalt, der List, der Bornirtheit des Egoismus Preis zu geben. Sein Leben ist ein Kampf wider ihn selbst, wider das Aeussere: das Schlachtfeld sieht unblutig aus, das Innere ist zerrissen — und wie der Bauer der Vendé unter Martern und verscheidend rief: „Vive le roi, quand même!" muss es heissen: quand même, aimer!

Absolute logische Auffassung ist Bedingung einer idealen Form des Lebens. An sie soll man das Kind gewöhnen, wie man es an gesetzliche Folge und Beziehungen der Akte seiner materiellen Bewegung: Stehen, Gehen; Langen, Fassen, Halten gewöhnt. Das objective logische Erkennen leidet Anwendung auf die einfachsten Gegenstände. Es ist das einzige, welches volle Freude an den Dingen, gerechte Würdigung derselben, und deren vollständigen Besitz gewährt. Der Kindheit, dem gemeinen Mann ist die Logik fasslich; sie ist nicht schwierig noch abstrus; der Mensch verfährt logisch ohne davon zu wissen: Mutterwitz ist Logik in Anwendung auf jeden nächsten Gegenstand. Absolut logisch begreifen heisst nichts, als, die Dinge im Ganzen nicht nur, auch ihren einzelnen Theilen nach, und diese ihrer Folge und Verbindung nach zu einem Ganzen aufzufassen.

Wie das menschliche Individuum durch Beziehungen seiner Lebensthätigkeit auf das Aeussere diese mehr und mehr zu einer absolutbestimmten auch ihren höheren Formen nach macht: stellt es sich männlicher dar. Männlichkeit besteht in durchgängiger rein logischer Auffassung, und in einer entsprechenden Bestimmung des Lebens. Absolute Kraft und Selbstständigkeit dieses letzteren sind damit nothwendig verbunden.

Die männliche Reife des einzelnen Menschen wird bedingt durch den Moment allgemeiner Entwickelung der Menschheit. Ueber die generelle Auslebung kann die specielle nicht hinaus; der generellen setzt absolute Schranken, die Entwickelung an sich, der Moment der Zeit.

Verschiedene Phasen menschlicher Entwickelung stellt die Geschichte dar. Es zeigt sich dabei eine Beziehung des menschlichen Lebens auf die Formen der Auffassung, welche wir als absolute Formen menschlicher Auffassung angenommen haben, ganz in der Folge, welche wir als deren nothwendige Folge angesprochen. Es zeigt sich dabei jene dreifache Beziehung des menschlichen Lebens zu ihm selber, zur Gottheit, zur Natur, welche wir als dessen absolute Beziehung begreifen.

Von den anfänglichen Momenten des menschlichen Daseins besitzen wir keine bestimmte Kunde: so lange der Mensch nur hyperchemisch, nur instinctartig lebt, kann er sein Leben so wenig absolut begreifen, als das ihre die Pflanze, das Thier.

Auch über die nächsten Zeiträume seiner Geschichte liegt im Allgemeinen ein Dunkel. Schon aber schiefsen durch dieses allgemeine Dunkel einzelne bildliche Auffassungen wie Strahlen. Die Geschichte ist problematisch oder symbolisch, Sage, Mythe, Bild. Was sie offenbart sind Zustände quantitativer, egoistischer Bestimmung der Lebensthätigkeit, sinnlicher und bildlicher Bestimmung derselben. Die Familie ist der Staat. Mit Gewalt zerstört und bemächtigt sich der Mensch zu seiner oder ihrer Förderniss desjenigen, dessen er gewältig werden kann; des Uebrigen mit List. Von der Gottheit herrscht eine allgemeinbestimmte undeutliche Auffassung, als von einer unbekannten, quantitativ absolut gewaltigen Macht. Diese entwikkelt sich zu einer allgemeinbestimmten symbolischen, welche sich dann wieder in viele einzelne symbolische Auffassungen verwandelt: Gestirne, Gegenden, bestimmte Personen, Thiere und Gewächse, willkührliche figürliche Gebilde werden als Gottheiten verehrt.

So ist der wesentliche Character des Heidenthums; welche Modalitäten, Localverhältnisse und Nationalität ihm beigeben mögen; wie die Familienbeziehungen sich zu Beziehungen eines Stammes erweitert, oder sich ausgebildet haben mögen zu Beziehungen gewisser Familien untereinander und zu einem Herrscherhaus, einem Herrscher. Selbst zur Zeit seiner höchsten Entwickelung, zur Zeit der Blüthe der griechischen Republiken und der römischen Republik war dieses des Heidenthums Character. Die Lebensauffassung war bildlich combinativ; dem gemäss die Lebensbestimmung egoistisch. Das Alterthum kannte nur den Egoismus. In seiner umfassendsten Erscheinung, als ein bildlich subjectiver, trat derselbe bei ihm als Patriotismus auf. Eine allgemeinere Form der Erkenntniss und der Triebe gab es nicht im Alterthum. Sie bestimmt den Character der Philosophie der Alten. Bildlich fasste Plato das Lebensgesetz auf unter der Vorstellung angeborener Ideen der Schönheit, der Wahrheit, des Rechten. Als eine Formel, einen bestimmten Lehrsatz, welcher die Richtigkeit der Erkenntniss verbürgt, begriff dasselbe Aristoteles. Sokrates wandte die Logik an zur Prüfung specieller Momente der Erkenntniss. Seine absoluten Auffassungen, wie wir sie durch Plato kennen, sind problematisch oder symbolisch. Eine absolute Vorstellung von der Gottheit und vom Leben von den Beziehungen zwischen Gottheit und Leben existirte wahrscheinlich unter den Pythagoräern, den Essäern, gewissen Priesterkasten. Wer kennt vollständig die Formen ihrer Auffassungen? Sie existirte allemal als eine geheime, einzelne. Unserer Erkenntniss der Philosophie des Alterthums zufolge müssen wir der Philosophie des Aristoteles den umfassendsten Bereich und die vollkommenste Klarheit zusprechen.

Mit der Erscheinung Christi beginnt die neue Zeit. Das Alterthum sprechen wir an als den expansiven Moment der Thätigkeit der menschlichen Gattung, soweit von derselben unsere Kunde reicht. Ein entsprechender contrahiver Moment beginnt mit Christus: Zurückführung des Lebens auf seinen Urbegriff, auf seine gesetzliche Bestimmung; Zurückführung desselben auf die Gottheit. In der Nacht des allgemeinen Egoismus geht der Stern allgemeiner Liebe auf. Er entzündet jedes edlere Gemüth der Menschen; aber die Menschheit, entnervt durch langes widergesetzliches, egoistisches Leben, hat im Allgemeinen nicht Kraft entsprechend einer solchen Form der Lebensbestimmung. Sie gewinnt sie durch die Völkerwanderung. In den starken Gemüthern unschuldsvoller Barbaren wird das Christenthum lebendig und stark. Allemal ist die allgemeine Form der Lebensauffassung jener Form einer solchen noch nicht entsprechend. So bestimmt das Christenthum noch nicht rein das Leben, denn es wird an sich nicht rein, nur problematisch und symbolisch begriffen. Durch dasjenige, was es zu erhalten dient, seine Uebertragung auf Barbaren, musste es zugleich verdunkelt werden. Die Auffassung des Menschen von ihm selbst ist schon eine absolute; als eine solche betrifft sie das Individuum nur als ein einzelnes, specielles oder collectives, andern einzelnen Individuen oder Gesammtheiten gegenüber. Das Princip des Egoismus ist als herrschendes dem Princip der Ehre gewichen; und dieses wird herrschen, bis die christliche Lehre, vollkommen begriffen und das Leben durchgängig bestimmend zum herrschenden Princip die Liebe macht.

Wie an sich das Leben fortgeht vom Einzelnen zum bestimmten Allgemeinen, zum absoluten Allgemeinen, so auch in dieser Hinsicht. Sowohl in bürgerlicher als in religiöser Beziehung befindet die Menschheit sich in einem Uebergang vom Analogischcombinativen zum Objectiven der Auffassung und Bestimmung des Lebens.

Durch vervielfältigte bildlich combinative und analogisch combinative Auffassungen hat die Menschheit sich ausgelebt zu objectiver Erkenntniss hinsichts der ihr nächsten und wichtigsten Erscheinungen. Sie hat den selbstständigen Antheil eines jeden bürgerlichen Individuums an dem Ganzen des Staates begriffen zu dem es gehört; sein Recht specieller Berücksichtigung bei den Einrichtungen desselben. Sie hat begriffen, dafs einem Individuum, dem herrschenden, welches Kraft und Willen jener Einheit repräsentirt, die speciellen bürgerlichen Interessen nicht bekannt werden können ohne Vermittelung eines vielförmigen, umfassenden Organs, welches ihr die Gewifsheit giebt, jenes herrschende Individuum kenne dieselben, sein Wille werde bestimmt durch diese Kenntniss, seine Kraft dafür verwandt; es sei über Alle und Eines mit Allen. Diese Auffassung macht sich geltend als eine allgemeine, das Leben bestimmende: ihre Aeusserung ist das durchgängige Verlangen nach constitutionellen Verfassungen.

Das Lebensgesetz muss lebendig werden durch seine Auffassung und als ein Bestimmendes in Bezug auf das Leben. Seine Auffassung ist eine progressive. Nur stufenweise wird es, wie in umfassenderer Anwendung auf das Leben, in immer reinerer Form erkannt. Mit einer solchen Erkenntnifs desselben geht eine umfassendere reinere Erkenntniss des Wesens der Gottheit Hand in Hand. Der Geist wird immer mehr ein heiliger, welcher deutet, was noch nicht offenbaret war, den Weg zur Heiligkeit, das Testament, welches der Herr nach den Tagen gemacht, da sie im alten Testament gelebt, seine Gesetze, die er in ihren Sinn gegeben und in ihr Herz geschrieben (Ebräer 9, 8. 8, 10).

Die Auffassungen von der Gottheit, welche mit problematischer, mit bildlicher, symbolischer Erkenntnifs des Lebens in Verbindung steht; können sich mit einer objectiven Auffassung desselben nicht unbedingt vereinen. Die Menschheit verlangt nach bestimmter Aufklärung über die Beziehungen zwischen der Gottheit und dem Leben; sie verlangt nach jener wahren christlichen Kirche, die sich in allen Religionen findet, keinen Cultus ausschliesst und keinen anerkennt, als die Anbetung im Geiste und in der Wahrheit; dieses Verlangen äufsert sich eines Theils in Gleichgültigkeit gegen den öffentlichen Cultus, anderes Theils in Sectirerei. Jene aber wird ihr Verlangen selbst zur Erfüllung bringen: „die Wünsche der Menschheit sind Prophezeihungen in Bezug auf ihre Zukunft," hat einer der ersten Historiker unserer Tage gesagt.

Druckfehler.

Seite 9. Zeile 6 von unten: Im Reiche, statt: In Reiche.
- 130. Zeile 5 von unten. integrirende Formen, statt: integrirende Form.
- 140. Zeile 9 von oben: unorganischen, statt: anorganischen.
- 144. Zeile 7 von oben. Crotonsäure, statt Croconsäure.
- 241. Zeile 1 von oben: allgemeinbestimmter, statt: bestimmter allgemeiner.
- 273. Zeile 15 von unten: elektromagnetisch, statt: rein elektromagnetisch.
- 275. Zeile 15 von unten: hat und ist der Mensch beschränkt, statt: hat der Mensch Geist und ist beschränkt.

Gedruckt bei Julius Sittenfeld in Berlin.

FSC
www.fsc.org
MIX
Papier | Fördert gute Waldnutzung
FSC® C083411

Kolibri 360 GmbH
Ferdinand-Jühlke-Straße 7
99095 Erfurt, Deutschland
produktsicherheit@kolibri360.de